高等职业教育水利类“教、学、做”理实一体化特色教材

工程地质与土力学

主 编 程 健

·北京·

内 容 提 要

本教材为安徽省地方技能型高水平大学重点建设专业——水利水电工程管理专业的课程改革成果之一，是依据安徽省地方技能型高水平大学专业建设方案，本着高职教育的特色，与企业技术人员共同开发编写的教材。本教材共分 10 个项目，从内容上分为工程地质与土力学两部分：项目一至项目四主要讲述与工程地质有关的内容，包括矿物与岩石、地质构造、常见地质灾害、水利工程常见的地质问题；项目五至项目十主要讲述与土力学有关的内容，包括土的物理性质及工程分类、土的渗透性、土体中的应力与地基变形计算、土的抗剪强度与地基承载力、土压力与土坡稳定、地基处理。书后附有工程地质实验指导书和土工试验指导书。

本教材可作为高职高专和高等成人教育水利水电类、土木工程类专业的教材，也可供从事相关工程建设的专业技术人员参考。

图书在版编目（CIP）数据

工程地质与土力学 / 程健主编. -- 北京 : 中国水利水电出版社, 2018.5(2021.8重印)
高等职业教育水利类“教、学、做”理实一体化特色教材
ISBN 978-7-5170-6452-7

Ⅰ. ①工… Ⅱ. ①程… Ⅲ. ①工程地质－高等职业教育－教材②土力学－高等职业教育－教材 Ⅳ. ①P642 ②TU43

中国版本图书馆CIP数据核字(2018)第100269号

书　名	高等职业教育水利类“教、学、做”理实一体化特色教材 **工程地质与土力学** GONGCHENG DIZHI YU TULIXUE
作　者	主　编　程　健
出版发行	中国水利水电出版社 （北京市海淀区玉渊潭南路 1 号 D 座　100038） 网址：www. waterpub. com. cn E-mail：sales@waterpub. com. cn 电话：（010）68367658（营销中心）
经　售	北京科水图书销售中心（零售） 电话：（010）88383994、63202643、68545874 全国各地新华书店和相关出版物销售网点
排　版	中国水利水电出版社微机排版中心
印　刷	天津嘉恒印务有限公司
规　格	184mm×260mm　16 开本　14.5 印张　362 千字
版　次	2018 年 5 月第 1 版　2021 年 8 月第 4 次印刷
印　数	7001—10000 册
定　价	**49.00** 元

前言

本教材为安徽省地方技能型高水平大学重点建设专业——水利水电工程管理专业的课程改革成果之一。根据改革实施方案和课程改革的基本思想，通过分析工程地质与土力学的工作过程，结合岗位要求和职业标准，将课程体系解构为10个实施项目。

本教材根据相关专业最新规范，参考多本相关教材，并结合工程建设实践，以实用性为目的，突出应用，理论以够用为度，不追求系统性和完整性，尽量使教材文字叙述简洁明了。体例是提出问题，然后回答问题，吸引读者对问题的关注。为加强理论与实践的结合，还附录了工程地质实验指导书和土工试验指导书。

本教材由安徽水利水电职业技术学院程健担任主编，安徽水利水电职业技术学院丁友斌、蒋红、李方灵、黄百顺担任副主编，杨凌职业技术学院王建林担任主审。程健编写了绪论、项目一、项目二，丁友斌编写了项目三、项目四，蒋红编写了项目五、项目六、附录一、附录二，李方灵编写了项目七、项目八，黄百顺编写了项目九、项目十，安徽水安建设集团股份有限公司刘敬中、安徽水工程质量监督检测所葛敬明和胡江浩参与了全书编制工作。

向所有在编写工作中给予支持的同志表示感谢！

由于编者水平有限，时间仓促，教材中的疏忽和不妥之处，敬请读者批评指正。

编者

2017年9月

目录

绪　论

一、工程地质学与土力学的概念

随着生产实践的需要和科技的发展，地质学已形成许多独立的分支，工程地质学作为地质学的一个分支，是调查、研究、解决与各种建筑工程活动有关的地质问题的学科。工程地质学的研究目的是查明各类工程建筑场区的地质条件；分析、预测在工程建筑物作用下，地质条件可能出现的变化；对工程建筑地区的各种地质问题进行综合评价，并提出解决不良地质问题的措施，为保证工程建设的规划、设计、施工和正常运行提供可靠的地质依据。

土力学是运用力学的知识和土工试验技术研究土的强度、变形及其规律的一门学科。其研究对象是土，土与工程建筑有着密切的联系，建筑物在外荷载的作用下，地基必须有足够的强度和稳定性，并且不能产生过大的变形。在工程建设中，若对地基土缺乏了解，会给工程建设带来严重后果。

工程地质学与土力学虽然研究的方向不同，但研究目的是相同的，都是为保证建筑物地基的岩土体稳定和建筑物的正常使用提供可靠的科学依据。所以这两门学科在工程实践中是互相依存、互相渗透、互相结合的。

二、工程地质在工程建设中的重要性

水工建筑物，如水库、闸坝、隧洞、水电站厂房等，都是建筑在地壳的表层，在兴建和使用过程中，必然会遇到各种各样的地质问题。实践证明，如果对地质条件事先没有仔细查明或对工程地质问题重视不够，会给工程建设带来严重后果。如西班牙的蒙特哈水库，建成后不能蓄水，库水通过水库周围石灰岩裂隙和溶洞而漏光，使72m高的大坝起不到挡水作用，耸立在干枯的河谷上。再如美国的圣·法兰西斯混凝土重力坝，坝高62.6m，建于1927年，由于坝基中含石膏黏土质砾层，被水浸后软化溶解，引起坝基漏水，于1928年3月12日失稳破坏。类似的例子还可以举出很多。

中华人民共和国成立以来，我国修建了许多水库、水电站和灌溉工程，由于重视工程地质工作，从而解决了许多复杂的工程地质问题，但是，也有极少数工程，由于对工程地质条件研究不够，或对工程地质问题处理不当，造成水库或坝基（肩）漏水、水库淤积、边岸塌滑及隧洞塌方等工程事故，如北京十三陵水库，坝基和库区存在深厚的渗透性较强的古河道冲积层，建坝时未做好垂直防渗处理，致使水库不能正常蓄水。后来虽然补做了坝基防渗墙，但对库区古河道尚未做处理，水库至今不能满库运行。

由上可见，在水利水电工程建设中，工程地质工作是相当重要的。为解决上述问题，工程地质工作的主要任务是：查明建筑地区的工程地质条件，指出可能出现的工程地质问题，并提出解决这些问题的建议，为工程设计、施工和正常运用提供可靠的地质资料，以保证建筑物修建的经济合理和安全可靠。

三、土力学在工程建设中的重要性

工程建设中，土被广泛用作各种建筑物的地基、建筑材料和周围介质。承受建筑物荷载而引起应力变化的地层称为地基；与地基接触的建筑物下部结构称为基础，如图0-1所示。基础底面下的土层称为持力层，持力层以下的地基范围内的土层称为下卧层。

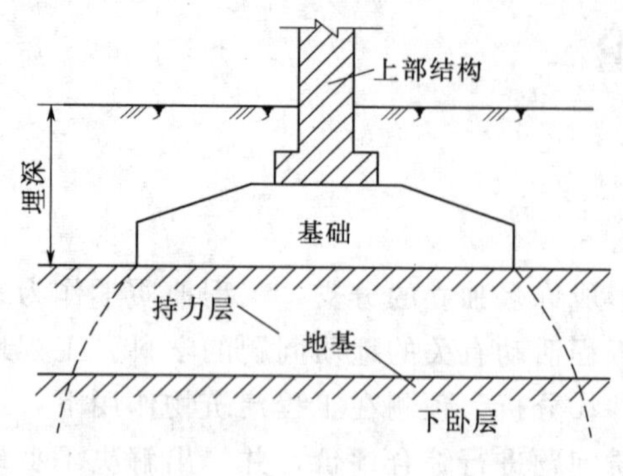

图0-1　地基与基础示意图

在工程建设中，如果不注意研究土的物理、力学性质和工程性状，有时会产生严重的后果，这方面的教训在世界各国是不乏先例的。如加拿大特朗斯康大谷仓高31m，平面尺寸为60m×23m，由于设计时不了解地基下部有软弱土层，致使该谷仓建成后首次装料时，就因地基失去稳定而发生严重倾斜，谷仓一侧陷入土中8.8m，仓身倾斜达27°，以致完全不能使用。又如山西省文水县文峪河水库，土坝高60m，长超过100m，1958年开始修建，在1959年秋后坝下游发生滑坡，土方量达几十万立方米，正在坝下游施工的民工全被埋在土内，伤亡达几十人。1961年坝上游处从高40m处开始下滑，给国家造成重大损失，严重影响了水库效益的发挥。

由此可见，在工程建设中，对土的物理、力学性质研究得是否深入，直接关系建筑物的质量和安全问题。

四、本课程的内容与特点

本课程是水利水电工程建筑、水利工程、水利工程管理、水文水资源、水务管理、给排水等专业的一门专业基础课，是学习其他后续专业课的基础，主要内容如下：

(1) 与工程建设有关的矿物岩石、地质构造、地质灾害等基本知识。

(2) 水利工程常见的工程地质问题的分析与评价。

(3) 土的物理性质和力学性质的基本知识。

(4) 土体的渗透、变形及强度问题的分析。

本课程实践性较强，在学好基础理论的同时，对工程地质部分应加强实践性教学环节，特别应重视野外地质实习，以巩固和验证所学的理论知识。对土力学部分要重点掌握理论公式的意义和应用条件，明确理论的假定条件，掌握理论的适用范围。特别是对土工试验技术，尽可能多动手操作，以提高分析、解决实际问题的能力。

项目一　矿 物 与 岩 石

项目描述： 本项目通过完成五个学习任务：矿物、岩浆岩、沉积岩、变质岩、岩石的工程地质性质评述，讲述矿物与岩石的有关性质。

项目目标： 了解几种特殊造岩矿物对水工建筑物的影响；掌握三大类岩石的成因、结构、构造、分类方法，能评述三大类岩石的工程地质特性，并能对常见岩石进行简单的肉眼鉴定。

项目学习的重点： 矿物的物理性质，岩石主要成分、结构、构造、成因及产状；岩石的肉眼鉴定方法；风化作用的类型，岩石的工程地质性质评价。

项目学习的难点： 用肉眼鉴定方法对岩石进行工程地质分类，岩石的工程地质性质评价。

地球是一个具有圈层结构的旋转椭球体，由表及里可分为外圈和内圈。内圈（固体部分）的平均半径为6371km，根据地震波传播速度的突变，将其分为地壳、地幔和地核，外圈则有水圈、大气圈和生物圈（图1-1）。

地核是自古登堡面以下至地心部分，包括内核、过渡层和外核。地幔介于地核和地壳之间，其上部与地壳的分界面为莫霍面，其下部与地核的分界面为古登堡面。地壳位于莫霍面上部，主要由各种岩石组成，其厚度在各地有很大差异。地壳可分为大陆型和大洋型两种：大陆型地壳厚度较大，平均为33km；大洋型地壳较薄，平均厚度只有6km。整个地壳平均厚度约为16km，仅占地球半径的1/400。所以，地壳是地球表层很薄的一层坚硬固体外壳。

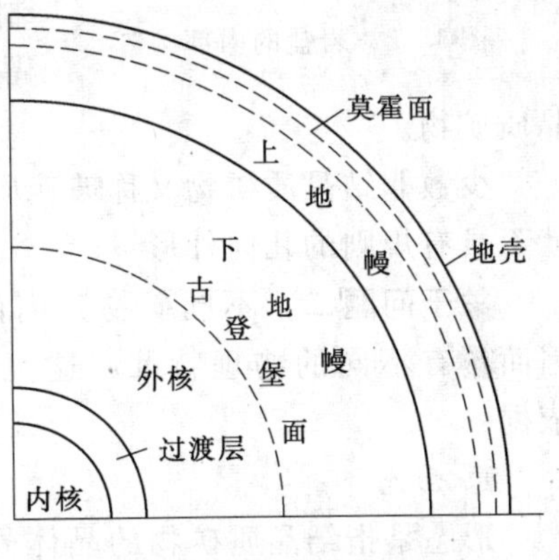

图1-1　地球内部结构

组成地壳的化学元素有百余种，其中最主要的有10种，它们占地壳总质量的99.21%（表1-1）。地壳中的化学元素在一定的地质条件下聚集形成矿物，矿物的集合体又构成岩石。矿物的种类不同，组成的岩石就不同，它们对工程建设的影响也是不相同的。所以，必须对组成地壳的主要矿物和常见岩石以及它们的工程地质性质进行研究。

表1-1　　地壳中主要元素的平均含量

元素	氧(O)	硅(Si)	铝(Al)	铁(Fe)	钙(Ca)	钠(Na)	钾(K)	镁(Mg)	氢(H)	钛(Ti)	其他
克拉克值/%	49.52	25.75	7.51	4.70	3.29	2.64	2.40	1.94	0.88	0.58	0.79

任务一　矿　　物

任务描述： 围绕完成矿物的有关性质这个任务，通过实验推理，解决四个问题，使学生明晰矿物的有关性质及几种矿物对水工建筑物的影响。

课前设问：

问题一：什么是矿物？

问题二：矿物有哪些物理性质？

问题三：什么是造岩矿物？

问题四：对水工建筑影响较大的几种矿物有何特征？

解答：

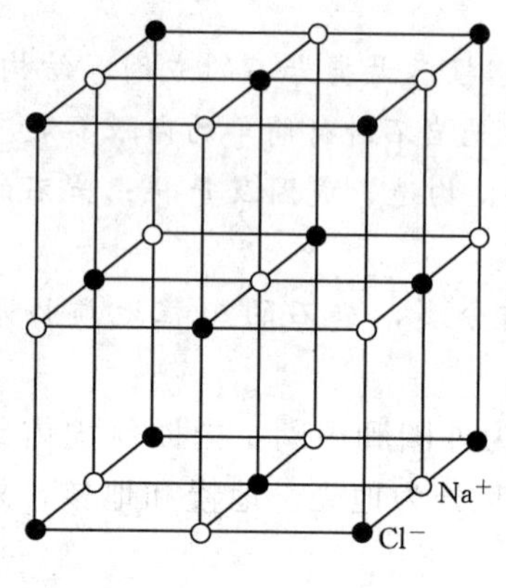

图 1-2　岩盐的内部构造

关于问题一，矿物是天然条件下形成的，具有一定化学成分和物理性质的单质和化合物，如金刚石（C）、石英（SiO_2）、方解石（$CaCO_3$）等。地壳中的矿物通常以固态形式存在，只有少数是液态（如石油）和气态（如天然气）。固态矿物根据其内部结构的特点可分为结晶质矿物和非结晶质矿物。前者是指组成矿物内部的原子或离子按一定规则排列，形成稳定的结晶格架构造，例如岩盐是由钠离子和氯离子按立方体格式排列的，其外形如图 1-2 所示。在适宜的条件下，结晶质矿物能生成具有一定几何外形的晶体，但自然界中大多数矿物结晶时，由于受到许多条件和因素的控制，往往形成不规则的外形。自然界中的矿物绝大多数是结晶质的，根据结晶矿物的大小，可将其分为显晶质矿物和隐晶质矿物。

少数非结晶质矿物又称玻璃质矿物，是指组成矿物的原子或离子不按一定规则排列，也就不具有规则的几何外形。

关于问题二，不同矿物其内部构造和化学组成不同，因而具有不同的物理特征，这也是肉眼鉴定矿物的重要依据。

1. 形态

形态是指结晶质矿物的晶体外形或集合体形状，常见矿物的形态有以下三种：

（1）柱状、针状。例如石英、石棉等。

（2）片状、板状、鳞片状。例如云母、石膏、绿泥石等。

（3）集合体形态。有晶族状［如石英（图 1-3）］，纤维状（如纤维石膏）、钟乳状（如方解石）、鲕状（如赤铁矿）和土状（如高岭土）等。

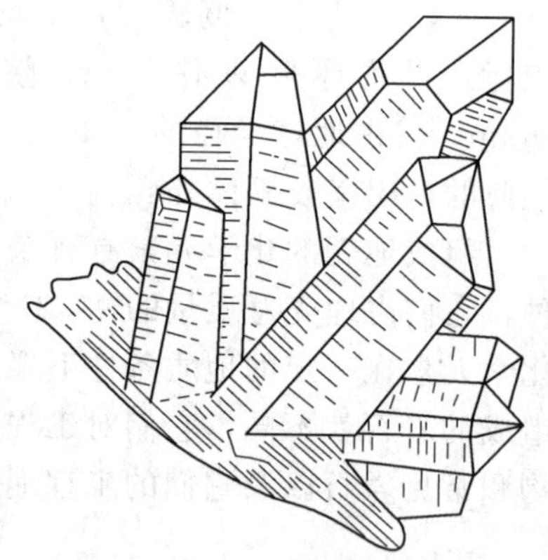
图 1-3　石英晶簇元素微粒

2. 颜色

颜色反映矿物对不同波长可见光的吸收程度，它是矿物最明显、最直观的物理性质。根据成色原因可将矿物颜色分为自色和他色等。自色是矿物本身固有的成分、结构决定的颜色，具有鉴定意义，例如黄铁矿为浅铜黄色；他色则是矿物混入某些杂质所引起的颜色，例如纯净的石英是无色透明的，若混入其他杂质则呈现紫色（紫水晶）、褐色（烟水晶）及黑

色（墨晶）等。

3. 条痕

条痕是矿物粉末的颜色，一般是指矿物在白色无釉瓷板（条痕板）上划擦时所留下的痕迹。某些矿物的条痕与它的颜色是不同的，例如黄铁矿的颜色为浅铜黄色，而条痕为绿黑色。条痕比矿物颜色更为固定，它是鉴定深色矿物的重要依据。

4. 光泽

光泽是指矿物表面的反光能力。光泽按强弱程度常分为四个等级：金属光泽，即反光很强，犹如电镀的金属表面那样光亮耀眼；半金属光泽，比金属的光亮弱，似未磨光的铁器表面；金刚光泽及玻璃光泽。此外，由于其他原因，还可形成某些独特的光泽，例如丝绢光泽、油脂光泽、蜡状光泽、珍珠光泽、土状光泽等。

5. 透明度

透明度是指矿物透过可见光的能力，即光线透过矿物的程度。根据透明度，可将矿物分为透明矿物、半透明矿物和不透明矿物。肉眼鉴定矿物时，应对矿物的边缘较薄处加以比较确定。

6. 硬度

硬度是指矿物抵抗外力作用的能力。一般用10种矿物分为10个相对等级作为标准，称为莫氏硬度计（表1-2）。肉眼鉴定矿物时，常用一些矿物互相刻画比较来测定其相对硬度。

表1-2　　**矿物硬度表**

硬度	1	2	3	4	5	6	7	8	9	10
矿物	滑石	石膏	方解石	萤石	磷灰石	长石	石英	黄玉	刚玉	金刚石

7. 解理与断口

矿物受外力作用后，沿一定方向破裂成光滑平面的性质称为解理，破裂面称为解理面。根据解理产生的难易程度，可将其分为极完全解理（如云母）、完全解理（如方解石）、中等解理（如辉石）和不完全解理（如橄榄石）等。根据解理面方向数目，又可分为一组解理（如云母）、二组解理（如长石）和三组解理［如方解石（图1-4）］。如果矿物受外力作用后，无固定方向破裂并呈各种凹凸不平的断面，则称为断口。常见的断口有贝壳状（图1-5）、参差状等。

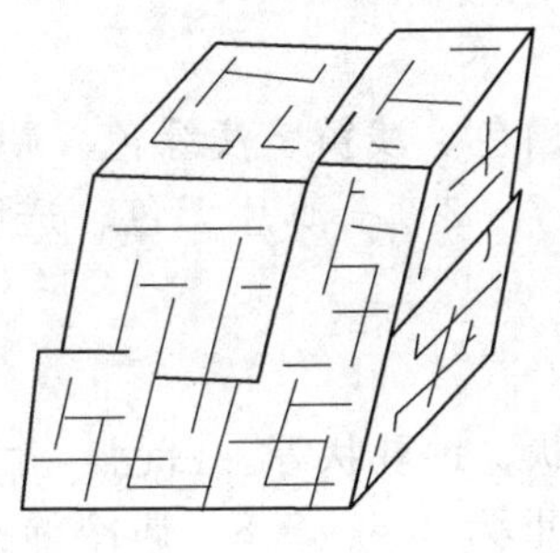

图1-4　方解石的三组解理

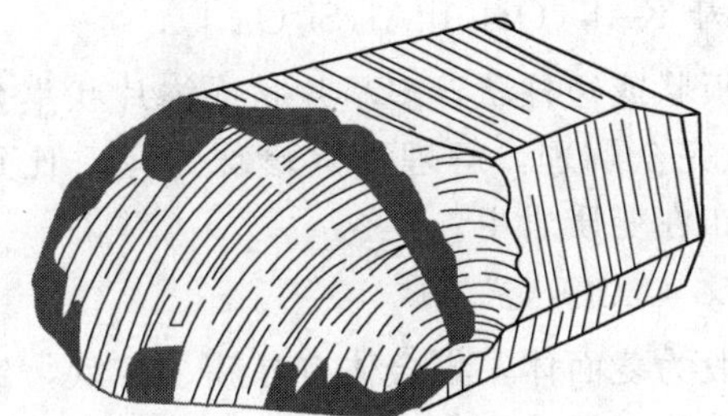

图1-5　贝壳状断口

8. 其他性质

除上述性质外，矿物还具有一些特殊的性质，这些性质对鉴定矿物是非常重要的。例如云母薄片具有弹性，绿泥石薄片具有挠性，磁铁矿具有磁性，滑石具有滑感，岩盐具有咸味，方解石滴稀盐酸能剧烈起泡等。

关于问题三，自然界已发现的矿物有3000多种，但组成岩石的主要矿物仅30余种。这些组成岩石的主要矿物称为造岩矿物。常见的造岩矿物有以下几种。

1. *石英* SiO_2

常见的石英为六棱柱晶簇、致密块状或粒状集合体。纯者无色、乳白色，含杂质时可见多种颜色。晶面为玻璃光泽，断口为油脂光泽。无解理、贝壳状断口。比重为2.6。质坚性脆，硬度为7.0，抗风化能力强。无色透明的石英晶体称为水晶。在地表岩土中广泛分布。

2. *正长石* $K[AlSi_3O_8]$

晶体常为柱状、厚板状。肉红色、浅玫瑰色等浅色调。玻璃光泽。硬度为6.0。有两组近于正交的完全解理。比重为2.5～2.6。易风化形成高岭石和绢云母等次生矿物。地表岩土中长石含量小于石英。

3. *斜长石* $Na[AlSi_3O_8]Ca[Al_2Si_2O_8]$

晶体为板状或条板状。常为白色或浅灰色，玻璃光泽。硬度同正长石。比重为2.6～2.8。风化特征、地表分布特征同正长石。

4. *角闪石* $(Ca,Na)(Mg,Fe)_4(Al,Fe)[(Si,Al)_4O_{11}](OH)_2$

晶体常呈长柱状或纤维状集合体。暗绿色或绿黑色。玻璃光泽。硬度为5.0～6.0。两组解理平行柱面。晶体横截面为六角菱形。比重为3.1～3.6。易风化后形成黏土矿物。

5. *辉石* $(Na,Ca)(Mg,Fe,Al[(Si,Al)_2O_6])_4$

晶体常呈短柱状或粒状集合体。绿黑色或深黑色。玻璃光泽。硬度为5.0～6.0。两组解理平行柱面。晶体横截面为正八边形。比重为3.2～3.5。易风化后形成黏土矿物。

6. *橄榄石* $(Mg,Fe)_2[SiO_4]$

晶体常呈粒状集合体。橄榄绿、淡绿色至黑绿色。玻璃光泽。硬度为6.5～7.0，贝壳状断口。比重为3.2～4.4。性脆，在绿色矿物中硬度较大。易风化，风化后呈暗色。

7. *黑云母* $K(Mg,Fe)_3OH_2[Al,Si_3O_{10}]$

晶体为板状或短柱状，多呈片状或鳞片状集合体。黑色、深褐色。硬度为2.5～3.0。一组极完全解理，解理面具珍珠光泽。比重为2.7～3.1。薄片透明，有弹性。风化后可变为蛭石，薄片失去弹性。在岩浆岩和变质岩中广泛分布。

8. *白云母* $KAl_2(OH_2)[Al,Si_3O_{10}]$

晶体为板状或短柱状，多呈片状或鳞片状集合体。白色、浅黄、浅绿色。硬度为2.5～3.0。一组极完全解理，解理面具珍珠光泽。比重为2.7～3.1。薄片无色、透明，具有弹性。主要分布在变质岩中。

9. *方解石* $CaCO_3$

晶体一般为菱面体，集合体有晶簇、粒状，致密块状、钟乳状等。白色，含杂质时可呈多种颜色。玻璃光泽。硬度为3.0。三组完全解理。比重为2.6～2.8。遇冷稀盐酸剧烈起泡。无色透明的方解石晶体称为冰洲石。

10. *白云石* $CaMg[CO_3]_2$

晶体为菱面体，通常为粒状、致密块状集合体。白色，有时为淡红色或淡黄色，玻璃光

泽。硬度为3.5～4.0。三组完全解理。比重为2.8～3.0。粉末与冷稀盐酸起泡微弱，以此与方解石区别。

11. *石膏* $CaSO_4 \cdot 2H_2O$

晶体常为板状，集合体为块状、粒状及纤维状。白色或无色。玻璃光泽，纤维状集合体呈丝绢光泽。硬度为2.0。易沿发育完全的解理面劈成薄片，薄片具挠性。比重为2.2～2.4。脱水后变为硬石膏（$CaSO_4$），硬石膏吸水又可变为石膏。

12. *高岭石* $AL_4[Si_4O_{10}](OH_8)$

致密细粒状、土状集合体。白色，含杂质时可呈黄色、浅褐色等。蜡状或土状光泽。硬度为2.0～3.5。常具土状断口。比重为2.6～2.7。干时易吸水，湿时具可塑性、压缩性。

13. *蒙脱石* $Al_2Mg_3[Si_4O_{10}](OH_2)$

常呈隐晶质土状块体，有时为鳞片状集合体。白色、浅灰色、浅粉红色或微带绿色。硬度为2.0～2.5。土状或蜡状光泽。比重为2.0～2.7。亲水性比高岭石更强，吸水后体积可膨胀数倍。

14. *滑石* $Mg_3[Si_4O_{10}](OH_2)$

呈致密块状、片状或鳞片状集合体。白色、淡红色或浅灰色。油脂光泽或珍珠光泽。硬度为1.0。一组极完全解理，块状集合体可见贝壳状断口。比重为2.6～2.8。极软，手摸时有滑腻感，薄片可挠曲而无弹性。

15. *绿泥石*$(Mg,Fe,Al)_6[(Si,Al)_4O_{10}](OH)_8$

常呈片状、鳞片状或粒状集合体。浅绿色、深绿色或黑绿色。玻璃光泽，解理面珍珠光泽。硬度为2.0～2.5。一组极完全解理。比重为2.7～3.4。薄片具挠性，在变质岩中分布最多。

16. *蛇纹石*$(Mg)_6[Si_4O_{10}](OH)_8$

常呈致密块状，有时为纤维状或片状集合体。浅黄绿色或深暗绿等。块状为油脂光泽、蜡状光泽，纤维状为丝绢光泽。硬度为2.0～3.0。无解理。比重为2.6～2.7。常有似蛇皮状青色、绿色花纹，可溶于盐酸。

17. *石榴子石* $Fe_3Al_2[SiO_4]$

晶体为菱形十二面体，四角三八面体，集合体为粒状或致密块状。深褐色或紫红色、褐黑色等。玻璃光泽，断口为油脂光泽。硬度为6.5～8.5。无解理，不平坦断口。比重为3.5～4.3。

18. *黄铁矿* Fe_3S_2

晶体为立方体，五角十二面体，常为致密块状。浅铜黄色，条痕为绿黑色。金属光泽。硬度为6.0～6.5。不规则断口。比重为4.9～5.2。易风化，风化后会生成硫酸及褐铁矿。

19. *褐铁矿* $2Fe_2O_3 \cdot 2H_2O$

常呈块状、土状、肾状或钟乳状。黄褐色或黑褐色，条痕为黄褐色。半金属或土状光泽。硬度为4.0～5.0。比重为3.3～4.0。为含铁矿物的风化产物，呈铁锈状，易染手。常分布于地壳表层。

20. *赤铁矿* Fe_3O_4

常呈致密块状、土状、鲕状、豆状及肾状集合体。钢灰至铁黑色，条痕为樱桃红色。金属光泽及半金属光泽。硬度为5.0～6.0。土状断口。比重为5.0～6.0。为重要的铁矿石，土状者硬度低，可染手。

21. 铝土矿 $Al_2O_3 \cdot 2H_2O$

常呈鲕状、土状、致密块状等胶体形态。浅灰色、灰褐色、砖红色等。土状光泽。硬度为3.0左右。不平坦断口。比重为2.5～3.5。粉末略具滑感，常有其他微细矿物颗粒混入，如高岭石、赤铁矿、蛋白石等。

关于问题四：

1. 黑云母与绿泥石

黑云母比白云母容易风化，风化后失去弹性并呈松散状态，降低了原岩强度。所以，当岩石中含黑云母较多且呈定向排列时，建筑物易沿此方向产生滑动，直接影响水工建筑物地基的稳定。绿泥石的特性与黑云母相似，绿泥石薄片具有挠性，抗滑性能很低。

2. 石膏与硬石膏

石膏与硬石膏皆能溶于水。当石膏呈夹层状存在于岩层之间时，就会形成软弱夹层，在流水的作用下，会被溶解带走，这样就使原岩强度显著降低，透水性大大增强；硬石膏遇水作用后会变为石膏，体积将膨胀60%。所以，含有石膏和硬石膏夹层的岩石要避免作为水工建筑物的地基。

3. 黄铁矿

黄铁矿易风化而析出硫酸，而硫酸对钢筋和混凝土具有侵蚀作用，故含黄铁矿较多的岩石不宜作为建筑物的地基和建筑材料。

4. 黏土矿物

黏土矿物（包括高岭石、蒙脱石和水云母等）硬度小、吸水性强，吸水后体积膨胀，易软化，具可塑性，尤其是蒙脱石吸水后体积可膨胀数倍。所以，黏土矿物具有高压缩性，易于引起建筑物较大的沉降，而且吸水后其强度大为降低。因此，由黏土质岩石构成的斜坡和地基，在水的作用下容易失稳破坏。

任务二 岩 浆 岩

任务描述：围绕完成岩浆岩的有关性质这个任务，通过实验推理，解决六个问题，使学生明晰岩浆岩的成因、结构、构造、分类。

课前设问：

问题一：岩浆岩是怎样形成的？

问题二：岩浆岩有哪些产状？

问题三：岩浆岩的组成成分有哪些？

问题四：岩浆岩的结构有哪些类型？

问题五：岩浆岩有哪些构造、分类方法？

问题六：常见岩浆岩具有哪些特征？

解答：

岩石是由一种或多种矿物组成的天然集合体。岩浆岩又称火成岩，是构成地壳最基本的岩石。它的分布极为广泛，约占地壳重量的95%。

关于问题一，岩浆岩是由岩浆冷凝而形成的岩石。岩浆是一种以硅酸盐为主，并由一部分金属硫化物、氧化物、水蒸气及其他挥发性物质（CO_2、CO、SO_2、HCl 及 H_2S 等）组成的高温（940～1200℃）高压（10^8Pa）熔融体。岩浆在地下深处与周围环境处于一种平衡状态，当地壳运动出现深大断裂或软弱带后，平衡被破坏，则岩浆向压力小的方向运动，沿着断裂带或软弱带侵入地壳或喷出地表冷凝而成岩浆岩。由岩浆侵入地壳而形成的岩浆岩称为侵入岩，它又可分为深成岩和浅成岩；而喷出地表形成的岩浆岩称为喷出岩（又称火山岩）。

关于问题二，岩浆岩的产状，是指岩浆岩体的大小、形态和围岩的相互关系及其分布特点。由于岩浆岩形成时所处的地质环境不同，岩浆活动也有差异，因而岩浆岩的产状是多种多样的（图 1-6）。

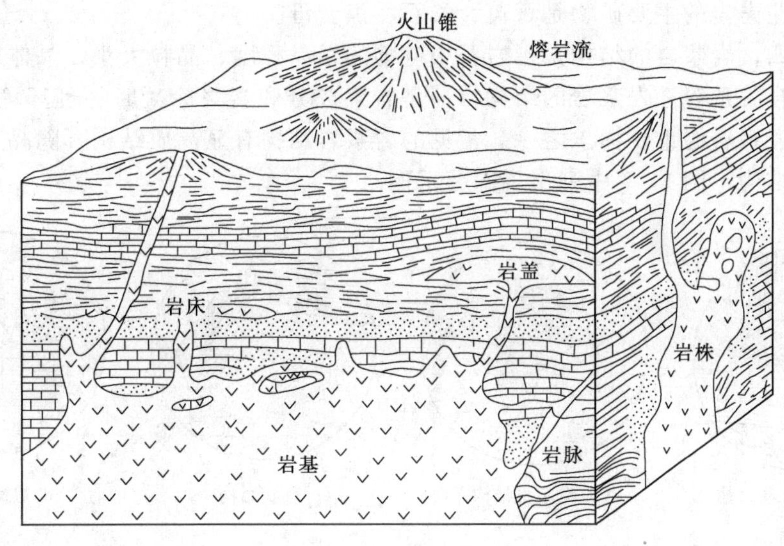

图 1-6 岩浆岩的产状

1. *岩基*

一种规模巨大的深成侵入岩体，出露面积大于 100km^2，形状不规则，表面起伏不平，多由花岗岩等酸性岩石组成，如天山、秦岭等地的岩基。三峡坝址区就是选定在面积约 200km^2 岩基的南部。

2. *岩株*

一种规模较岩基小的深成侵入岩体，平面上近于圆形，与围岩接触面比较陡，下部与岩基相连，多由中酸性岩组成，如黄山的花岗岩等。

3. *岩盘和岩盆*

上凸下平似面包状的岩体称为岩盘（又称岩盖），规模一般不大，直径可达数千米；中央凹下、四周高起的岩体称为岩盆，规模一般较大，直径可达数十至数百千米。

4. *岩床*

岩浆沿岩层层面侵入而形成的板状岩体，其产状与围岩层面一致，厚度小于数十米，但延伸广，主要由基性岩组成，如黄河三门峡坝基就是一处岩床。

5. *岩脉和岩墙*

岩脉是岩浆沿裂隙侵入而形成的狭长形岩体，其产状与围岩层面斜交，宽度为数厘米至数十米，长度可达数十千米以上。其中产状近于直立的又称岩墙。

6. *熔岩流*

岩浆喷出地表后沿山坡或河谷流动，经冷凝而形成的岩体。

7. *火山锥*

岩浆沿火山颈喷出地表而形成的圆锥状岩体。

关于问题三， 岩浆岩的化学成分以 SiO_2、Al_2O_3、Fe_2O_3、FeO、MgO、CaO、K_2O 和 Na_2O 等为主。其中 SiO_2 的含量最高，SiO_2 的含量在不同岩浆中有高有低，很有规律。

岩浆岩的矿物成分分为两大类：第一类为硅铝矿物（又称浅色矿物），富含硅、铝，如石英、长石、白云母等；第二类为铁镁矿物（又称深色矿物），富含铁、镁，如黑云母、角闪石、辉石等。但是，对某种岩石而言，并不是这些矿物都同时存在，通常仅由两三种主要矿物组成，如花岗岩的主要矿物是石英、长石、黑云母。

关于问题四， 岩浆岩的结构是指岩石中矿物的结晶程度、晶粒大小、晶体形状，以及彼此间相互的组合关系等。岩浆岩的结构特征是岩浆成分和岩浆冷凝时物理环境的综合反映，是区分和鉴定岩浆岩的重要标志之一。常见的岩浆岩结构有显晶质结构、隐晶质结构、玻璃质结构、斑状结构，图 1-7 中列出了部分示例。

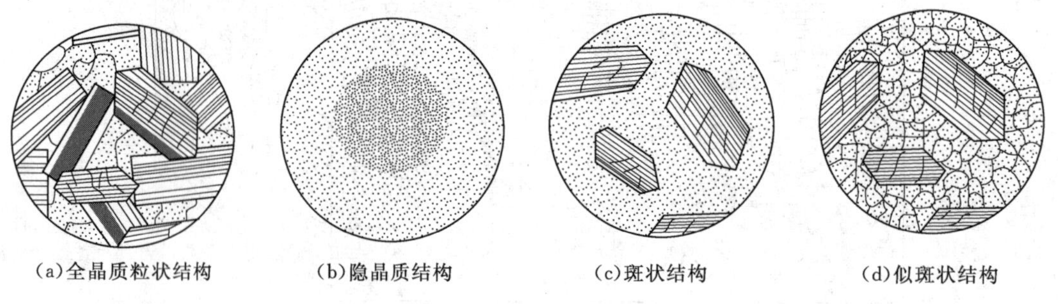

图 1-7　岩浆岩的主要结构类型

关于问题五， 岩浆岩的构造是指岩石中矿物在空间的排列、配置和充填方式，它反映的是岩石的外貌特征。常见岩浆岩的构造有块状构造、流纹构造、气孔构造和杏仁构造。

岩浆岩的分类方法甚多。通常首先按岩石中 SiO_2 含量的高低分为酸性岩、中性岩、基性岩和超基性岩。其次，根据岩浆岩的形成条件，将岩浆岩分为喷出岩、浅成岩和深成岩。然后，再进一步考虑岩浆岩的产状、结构、构造等因素。

关于问题六：

1. *花岗岩*

花岗岩是分布最广的一种酸性深成岩，多呈肉红色、浅灰色，其主要矿物为石英、正长石、斜长石，次要矿物为黑云母、角闪石等。显晶质结构，块状构造。花岗岩质地坚硬，性质均一，可作为良好的建筑地基及天然建筑材料。

2. *正长岩*

正长岩呈浅肉红色、浅灰红色等，其主要矿物为正长石，次要矿物有角闪石、黑云母等。显晶质结构，块状构造，其物理力学性质与花岗岩相似，但不如花岗岩坚硬，且易风化。极少单独产出，主要与花岗岩等共生。

3. 闪长岩

闪长岩呈浅灰至深灰色，其主要矿物为斜长石、角闪石，次要矿物为黑云母、辉石等。块状构造。分布广泛，多与辉长岩或花岗岩共生，常为小型侵入岩产出。岩石坚硬，不易风化，可作为各种建筑地基和建筑材料。

4. 辉长岩

辉长岩为基性深成岩，呈黑色或灰黑色，主要矿物为斜长石和辉石，含少量角闪石、橄榄石等。显晶质结构，块状构造。岩石坚硬，抗风化能力强，是很好的建筑地基和建筑材料。

5. 花岗斑岩

花岗斑岩为酸性浅成岩，呈肉红色或灰色，矿物成分与花岗岩相同。斑状或似斑状结构，斑晶和基质均主要由正长石和石英组成，块状构造。

6. 闪长玢岩

闪长玢岩为中性浅成岩，矿物成分与闪长岩相同。斑状结构，斑晶以斜长石为主，基质为细粒隐晶质。块状构造。

7. 辉绿岩

辉绿岩为基性浅成岩，暗绿色或黑色，矿物成分与辉长岩相同。隐晶质致密结构，杏仁或块状构造。常节理发育，较易风化。多呈岩床或岩脉产出。

8. 流纹岩

流纹岩为酸性喷出岩，呈岩流状产出，颜色一般较浅，常呈浅灰至浅红色、浅黄褐色等。矿物成分为石英、正长石和斜长石。斑状结构，流纹构造。

9. 粗面岩

粗面岩为中性喷出岩，呈浅灰色、浅褐色、肉红色等，矿物成分与正长岩相同。斑状结构，斑晶常为正长石，块状或气孔构造。表面常有粗糙感。

10. 安山岩

安山岩是分布较广的一种中性喷出岩，呈深灰色、黄绿色、紫红色等，矿物成分与闪长岩相同。斑状结构，斑晶以斜长石和角闪石为主，基质为隐晶质或玻璃质。块状或气孔构造。常呈岩流产出。

11. 玄武岩

玄武岩是分布较广的基性喷出岩，呈黑色、灰绿色及暗紫色等，主要矿物成分与辉长岩相同。多呈细粒至隐晶质结构，气孔及杏仁构造。柱状节理发育。岩石致密坚硬、性脆，是良好的地基和建筑材料。

12. 火山碎屑岩

火山碎屑岩是由火山喷发的碎屑物形成的火山集块岩、火山角砾岩、火山凝灰岩等岩石。其中由火山灰形成的凝灰岩分布广泛，性质软弱，强度低，易风化。

任务三 沉 积 岩

任务描述： 围绕完成沉积岩的有关性质这个任务，通过实验推理，解决五个问题，使学生明晰沉积岩的成因、结构、构造、分类。

课前设问：

问题一：沉积岩是怎样形成的？

问题二：沉积岩的矿物组成有哪些？

问题三：沉积岩有哪几种结构？

问题四：沉积岩有哪几种构造？

问题五：沉积岩有哪些分类方法？常见沉积岩有哪些特征？

解答：

关于问题一，沉积岩是地表或接近地表的岩石遭风化剥蚀后，被破碎成碎屑，经流水、风、冰川等搬运，而沉积在地表洼地，并经压密、脱水、固结等复杂作用而形成的岩石。沉积岩是地壳表面分布最广的一种岩石，占陆地面积的75%。沉积岩的形成可分为四个阶段。

1. 风化阶段

地表或接近地表的岩石受温度变化，水、氧气和生物等因素作用，使原来坚硬完整的岩石逐渐破碎成松散的碎屑或形成新的风化产物。

2. 搬运阶段

原岩风化产物除少部分残留在原地外，大部分被流水、风、冰川、海水和重力等搬运带走，其中起主要作用的是流水搬运。搬运方式主要有机械搬运和化学搬运两种。

3. 沉积阶段

当搬运能力减弱或物理化学环境变化，被搬运的物质便逐渐沉积下来。一般可分为机械沉积、化学沉积和生物化学沉积等作用。沉积下来的物质最初是松散状态，故称为松散沉积物。

4. 硬结成岩阶段

早期沉积的松散物质被后来的沉积物不断覆盖，在上覆物质压力和一些胶结物质的作用下，逐渐使原物质压密、孔隙减小、脱水固结或重结晶而形成致密坚硬的岩石。

关于问题二，组成沉积岩的矿物，按成因可分为以下几类。

1. 碎屑矿物（继承矿物）

碎屑矿物为原岩风化后残留下来的抗风化能力相对较强、耐磨损的矿物碎屑，如石英、长石、白云母等。

2. 黏土矿物

黏土矿物为原岩经风化分解后产生的次生矿物，如高岭石、蒙脱石、水云母等。

3. 化学沉积矿物

化学沉积矿物是经化学作用和生物化学作用，从水溶液中析出或结晶而形成的新矿物，如方解石、白云石、石膏、岩盐、铁和锰的氧化物等。

4. 有机物质

有机物质是由生物作用或生物遗骸经有机化学变化而形成的物质，如石油、泥炭、贝壳等。

关于问题三，沉积岩的结构是指组成岩石矿物的颗粒大小、形状及结晶程度。常见的有以下几种。

1. 碎屑结构

碎屑结构是由直径大于0.005mm的碎屑物质被胶结而形成的一种结构。按颗粒大小可

分为砾状结构（粒径大于 2mm）、砂状结构（粒径为 0.05～2mm）、粉砂状结构（粒径为 0.005～0.05mm）；按颗粒形状可分为棱角状结构、次棱角状结构、圆状结构和次圆状结构；按胶结类型可分为基底胶结、孔隙胶结和接触胶结（图 1－8）；按胶结物的成分又可分为硅质、钙质、铁质、泥质等。

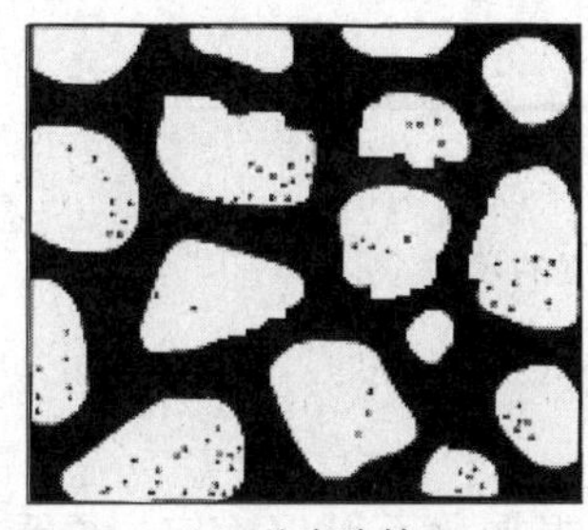

(a) 基底胶结

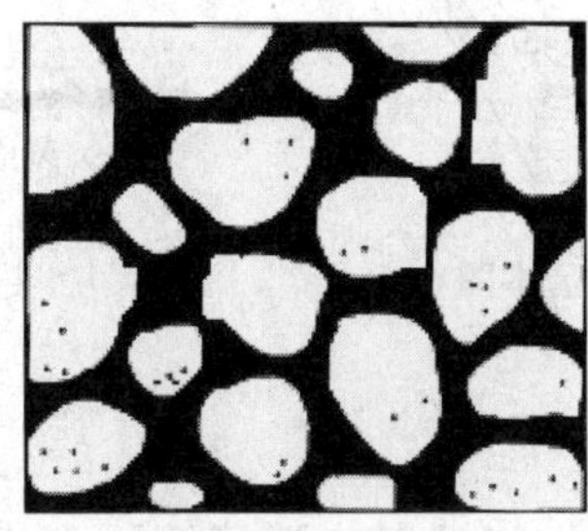

(b) 孔隙胶结

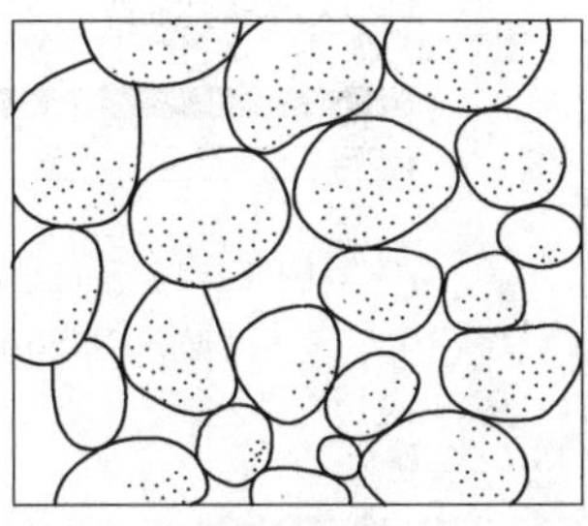

(c) 接触胶结

图 1－8　沉积岩的胶结类型

2. 泥质结构

泥质结构是由粒径小于 0.005mm 的黏土矿物和细小矿物碎屑所组成的结构，它具有黏土岩的主要特征。

3. 结晶结构

结晶结构是由溶液中的沉淀物经结晶作用和重结晶作用而形成的一种结构，它是化学岩或生物化学岩所特有的结构。

4. 生物结构

生物结构的岩石几乎全由生物遗体或碎片所组成，如贝壳状结构、生物碎屑结构等。

关于问题四，沉积岩的构造是指沉积岩各个组成部分的空间分布和排列方式。

1. 层理构造

层理是沉积岩在形成过程中，由于沉积环境的改变，使先后沉积的物质在颗粒大小、形状、颜色和成分在垂直方向上发生变化而显示出来的成层现象。层理构造是沉积岩最重要的一种构造特征，是沉积岩区别于岩浆岩和变质岩的最主要标志。根据层理的形态，可将层理分为水平层理、单斜层理、交错层理（图 1－9）。

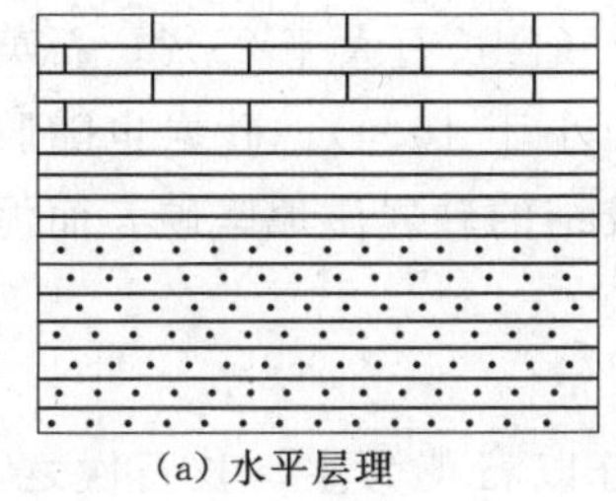

(a) 水平层理

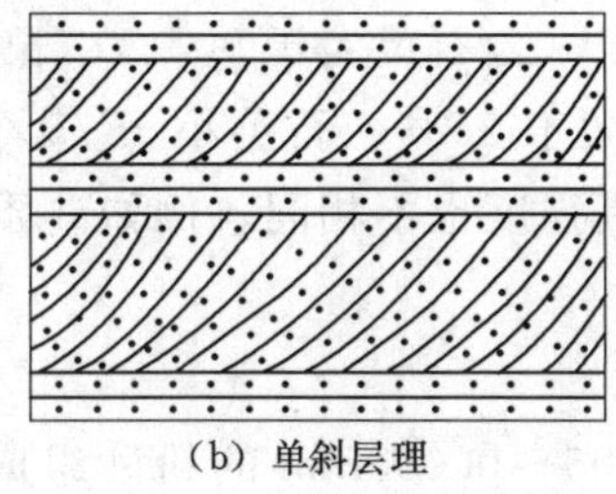

(b) 单斜层理

(c) 交错层理

图 1－9　层理类型

2. 层面构造

沉积岩层面上由于水流、风、生物活动、阳光暴晒等作用留下的痕迹，称为层面构造，如泥裂（图 1－10）、波痕（图 1－11）、雨痕等。

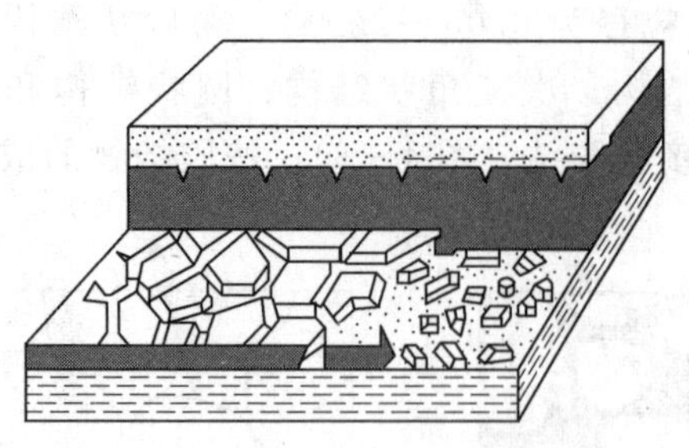

图 1-10 泥裂的示意立体图

(据 R. R. Shrock，1948)

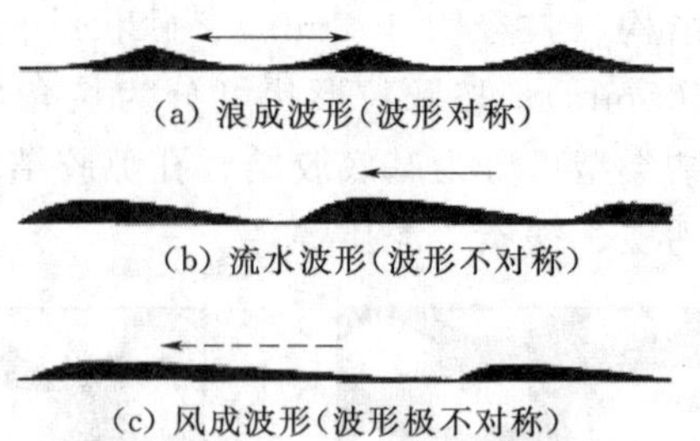

图 1-11 波痕的示意立体图

3. 化石

保存在岩石中被石化了的古代生物遗骸、遗迹统称为化石。根据化石可以确定岩石形成的环境和地质年代，这也是沉积岩独有的构造特征(图 1-12)。

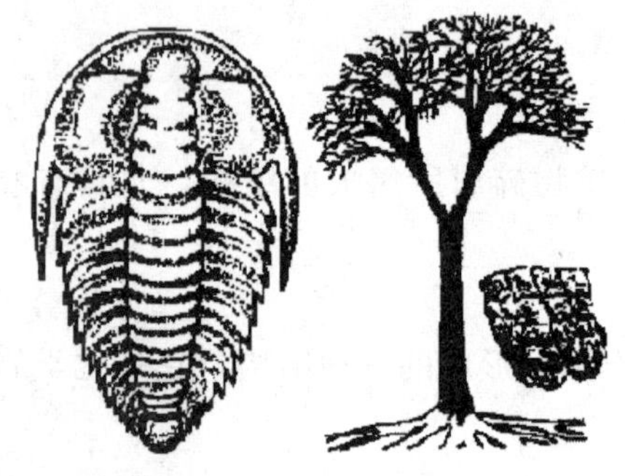

图 1-12 两种典型化石

4. 结核

结核是指沉积岩中含有与周围沉积物质在成分、颜色、结构、大小等方面不同的物质团块，如石灰岩中常见的燧石结核、黄土中的钙质结核等。

关于问题五，根据沉积岩的矿物组成、结构和形成条件，可将沉积岩分为碎屑岩、黏土岩、化学岩及生物化学岩类。

1. 砾岩及角砾岩

砾岩及角砾岩是由 50%以上大于 2mm 的碎屑颗粒胶结而成的。由磨圆度较好的砾石胶结而成的称为砾岩；由带棱角的角砾胶结而成的称为角砾岩。胶结物的成分与胶结类型对砾岩的强度有很大影响，例如硅质基底胶结的石英砾岩非常坚硬、难以风化，而泥质胶结的砾岩则相反。

2. 砂岩

砂岩由 50%以上 2～0.05mm 的砂粒组成。按颗粒大小可分为粗砂岩、中砂岩和细砂岩；按碎屑成分又可分为石英砂岩（含石英大于 90%）、长石砂岩（含长石大于 25%、石英小于 75%）和岩屑砂岩（含岩屑大于 25%、石英小于 75%、长石小于 10%）。砂岩也随胶结物的成分和胶结类型的不同，其强度也不相同，例如硅质基底胶结的砂岩质地坚硬，而泥质接触胶结的砂岩松散易碎。

3. 粉砂岩

粉砂岩由 50%以上粒径为 0.05～0.005mm 的粉砂组成，成分以石英为主，长石次之。胶结物常为黏土、钙质和铁质。颜色多为棕红色或褐色，常显水平层理。

4. 泥岩

泥岩由黏土经脱水固结而成，矿物成分主要为高岭石、蒙脱石和水云母等。其特点是固结不紧密、不牢固、强度较低；层理不发育，常呈厚层状、块状；遇水易泥化，其强度显著降低。

5. 页岩

页岩成因与泥岩相同，但具明显薄层理（又称页理），能沿层理面分成薄片，岩性致密均一、不透水。根据混入物的成分或岩石的颜色可分为钙质页岩、硅质页岩、黑色页岩或碳质页岩等。除硅质页岩强度稍高外，其余的易风化，性质软弱，浸水后强度显著降低。

6. 石灰岩

石灰岩又称灰岩，常呈浅灰至深灰色等。矿物成分以方解石为主，其次含少量的白云石和黏土矿物等。结构致密、质地坚硬，强度较高，遇冷稀盐酸剧烈起泡，可溶蚀成各种岩溶形态。按成因和结构不同，还有生物碎屑灰岩、竹叶状灰岩、鲕状灰岩等类型。

7. 白云岩

白云岩多为浅灰色、淡黄色，矿物成分主要为白云石，其次含有少量的方解石。白云岩的外观与石灰岩相似，但滴上冷稀盐酸基本不起泡。硬度较石灰岩略大。岩石风化面上常有刀砍状溶蚀沟纹（刀砍纹）。

8. 泥灰岩

石灰岩中黏土矿物含量达25%～50%时，称为泥灰岩，颜色有灰色、黄色、褐色等，强度低，易风化。

任务四 变 质 岩

任务描述：围绕完成变质岩的有关性质这个任务，通过实验推理，解决五个问题，使学生明晰变质岩的成因、结构、构造。

课前设问：

问题一：变质作用有哪些类型？

问题二：变质岩的矿物成分有哪些？

问题三：变质岩有哪几种结构？

问题四：变质岩有哪几种构造？

问题五：常见的变质岩有哪些特征？

解答：

地壳中已成岩石，由于构造运动和岩浆活动等所造成的物理化学环境的改变，使原来岩石在成分、结构和构造上发生一系列变化而形成的新岩石称为变质岩。这种改变岩石的作用称为变质作用。

关于问题一，促使岩石变质的因素主要是温度、压力及化学性质活泼的气体和液体，它们主要来源于地壳运动和岩浆活动。根据各种变质因素所起的主导作用不同，可将变质作用分为以下几种类型（图1-13）。

1. 接触变质作用

岩浆上升侵入围岩时，围岩受到岩浆高温或岩浆分异出来的挥发组分及热液的影响，从而使接触带附近的围岩发生变质的作用，称为接触变质作用。其中主要变质因素是温度的变质作用，称为热接触变质作用；变质因素除温度以外，主要是从岩浆中分离出来的挥发物质所产生的交代作用，称为接触交代变质作用。接触变质带的岩石一般较破碎、裂隙发育、透水性大、强度较低。

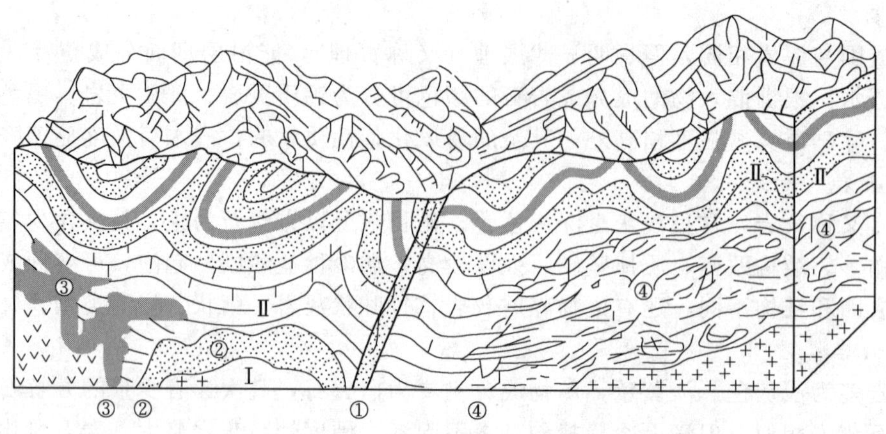

图 1-13 变质作用的类型示意图

①—动力变质作用带；②—热接触变质作用带；③—接触交代变质作用带；
④—区域变质作用带；Ⅰ—岩浆岩；Ⅱ—沉积岩

2. 区域变质作用

在广大范围内发生，并由温度、压力等多种因素引起的变质作用，称为区域变质作用。区域变质作用方式以重结晶、重组合为主，例如黏土质岩石可变为片岩和片麻岩。

3. 动力变质作用

地壳运动产生的强烈定向压力，使岩石发生的变质作用，称为动力变质作用，也称碎裂变质作用。其特征是常与较大的断层伴生，原岩挤压破碎、变形并有重结晶现象。

关于问题二，组成变质岩的矿物，一部分是与原岩所共有的，如石英、长石、云母、角闪石、辉石、方解石等；另一部分是变质作用后产生的特有变质矿物，如红柱石、蓝晶石、硅灰石、绿泥石、绿帘石、绢云母、滑石、叶蜡石、蛇纹石、石榴子石等。这些矿物可作为鉴别变质岩的重要标志。

关于问题三：

1. 变余结构

原岩在变质过程中，由于重结晶、变质结晶作用不完全，使原岩的结构特征被部分保留下来的一种结构，称为变余结构。这种结构在低级变质岩中较常见。

2. 变晶结构

原岩在固体状态下发生重结晶、重组合等变质作用过程中所形成的结构，称为变晶结构。这是变质岩中最常见的结构。

3. 碎裂结构

原岩在定向压力作用下，岩石发生破裂、弯曲，形成碎块状甚至粉末状后又被黏结在一起的结构，称为碎裂结构。它是动力变质岩中常见的一种结构。

关于问题四：

1. 片理构造

片理构造系指岩石中含有大量片状、板状和柱状矿物，在定向压力作用下平行排列而形成的一种构造。岩石极易沿此方向劈开，劈开面为片理面。一般片理面平整光亮，延伸不远。它又可分为以下几种构造。

(1) 片麻状构造。指石英、长石等浅色粒状矿物和云母、角闪石等暗色片状、柱状矿物相间定向排列所形成的断续条带状构造。

(2) 片状构造。指岩石中片状、柱状、纤维状矿物定向排列所形成的薄层状构造，具有沿片理面可劈成不平整薄板的特征。

(3) 千枚状构造。指由细小片状变晶矿物定向排列所形成的一种构造，片理面上具有丝绢光泽。

(4) 板状构造。指岩石结构致密，矿物颗粒细小，沿片理面易裂开成厚度近于一致的薄板状构造，它是岩石受较轻的定向压力作用而形成的。

2. 块状构造

块状构造是指岩石中矿物均匀分布、结构均一，无定向排列的一种构造，它是大理岩、石英岩等常有的构造，裂隙发育，透水性大，强度较低。

关于问题五：

1. 片麻岩

片麻岩颜色深浅不一，变晶结构，是典型的片麻状构造。主要矿物为长石、石英、黑云母、角闪石等，有时出现红柱石、石榴子石等。根据成分又进一步分为花岗片麻岩、角闪斜长片麻岩、黑云母片麻岩等。一般较坚硬，强度较高，但云母含量增高且富集在一起时，则强度大为降低，并较易风化。

2. 片岩

片岩颜色深浅不一，视矿物成分而定，变晶结构，片状构造。片状矿物含量高，粒状矿物以石英为主。根据矿物成分不同，又可分为云母片岩、绿泥石片岩、滑石片岩、角闪石片岩等。片岩强度较低，且易风化，由于片理发育，易于沿片理裂开。

3. 千枚岩

千枚岩多为黄绿色、红色、灰色等，岩石细密，具千枚状构造。矿物成分主要有绢云母、绿泥石、石英等。片理面具强丝绢光泽，性质较软弱，易风化破碎。

千枚岩与片岩相似，但千枚岩的颗粒很细，即重结晶程度较差。千枚岩与板岩也相似，但千枚岩的丝绢光泽明显，并具千枚状构造，而无明显的板状构造。

4. 板岩

板岩常为深灰色、灰绿色、紫红色等。变余结构，具明显的板状构造，易裂开成薄板。矿物颗粒细小，主要成分为泥质和硅质。岩性均匀致密，敲之发声清脆。板岩与页岩相似，但页岩较软，没有板状构造，没有光泽。板岩常用作建筑材料。

5. 石英岩

石英岩常呈白色，含杂质时，又显黄褐色、褐红色等。由石英砂岩和硅质岩经变质而成。矿物成分以石英为主，其次为云母等。变晶结构，块状构造。岩石坚硬，抗风化能力强，可作良好的建筑物地基材料。

6. 大理岩

大理岩由石灰岩或白云岩经重结晶作用变质而成。主要矿物成分为方解石、白云石。变晶结构，块状构造。洁白的细粒大理岩（汉白玉）和带有各种花纹的大理岩，常用作建筑材料和装饰材料等。硬度较小，与盐酸作用起泡，具有可溶性。

7. 碎裂岩

碎裂岩是由原岩经强烈挤压破碎而形成的动力变质岩。由大小不一的各种棱角状碎屑聚集而成，具碎裂结构。分布常与断裂和褶皱作用有关，如断层角砾岩、压碎岩等。

任务五 岩石的工程地质性质

任务描述：围绕完成岩石的工程地质性质评述这个任务，通过实验推理，解决三个问题，使学生明晰岩石的工程地质性质。

课前设问：

问题一：岩浆岩有哪些工程地质性质？

问题二：沉积岩有哪些工程地质性质？

问题三：变质岩有哪些工程地质性质？

解答：

不同岩石具有不同的工程地质性质，同一岩石由于外部条件不一，其工程地质性质也不同。岩石的工程地质性质主要受其矿物成分、结构、构造、成因、水和风化作用等因素的影响。

关于问题一：

1. 深成岩

深成岩常形成岩基等大型侵入体，岩性较均一，致密坚硬，孔隙率小，透水性弱，抗水性强，常被选为理想的建筑物地基。但深成岩抗风化能力差，特别是含铁镁矿物较多时，易风化破碎，风化层厚度较大。此外，深成岩经过多期地壳变动影响，一般裂隙比较发育，强度和抗水性都减弱，但可储存地下水。

2. 浅成岩

浅成岩的岩体规模一般较小，有时相互穿插，岩性较复杂，颗粒大小不均一，较易风化，特别是与围岩接触部位，岩性不均，节理裂隙发育，岩石破碎，风化变质严重，透水性增大。当浅成岩很致密时，岩石透水性小，强度高，是良好的隔水层。岩体体积较大时，也是良好的建筑地基。

3. 喷出岩

喷出岩一般原生孔隙和节理发育，产状不规则，厚度变化大，岩性很不均一，因此强度低，透水性强，抗风化能力差。但对玄武岩和安山岩等岩石，如果孔隙、节理不发育，颗粒细小或是致密的玻璃质时，则强度高、抗风化能力强，也是良好的建筑地基和建筑石材。但需注意喷出岩呈岩流产出时，与下伏岩层或多次喷发之间存在的松散软弱土层或风化层会对建筑地基的稳定产生影响。

关于问题二，沉积岩的重要特征是具层理构造，因而它具有明显的各向异性。

1. 胶结的碎屑岩

此类岩石主要取决于胶结物的成分、胶结类型。例如，硅质胶结的岩石强度高、抗水性强；钙质、石膏质和泥质胶结的岩石强度低，抗水性弱；基底胶结的岩石，则较坚硬，强度高，透水性弱；接触胶结的岩石强度较低，透水性强；孔隙胶结的岩石强度和透水性介于基底胶结和接触胶结的岩石之间。此外，碎屑岩的成分等对岩石的工程地质性质也有一定影

响，如石英质砂岩和砾岩就较长石质的砂岩和砾岩强度高。

2. 黏土岩

黏土岩主要有泥岩和页岩，质地软弱，强度低，容易风化，受力后压缩变形量大，遇水后易软化和泥化。若含高岭石、蒙脱石成分时，还具有较大的膨胀性和崩解性。因此，不易作大型水工建筑物的地基。作为岸坡岩石，也易发生滑动破坏。但其透水性小，可作为隔水层和防渗层。

3. 化学岩

化学岩最常见的是石灰岩和白云岩，一般岩性致密，强度高，但抗水性弱，具有可溶性，在水流作用下易形成溶隙、溶洞、地下暗河等岩溶现象。所以，在这类岩石地区进行水工建筑时，渗漏及塌陷是主要的工程地质问题。此外，当石灰岩中夹有薄层泥灰岩时，可能会沿此层产生滑动。

关于问题三，变质岩的工程地质性质与原岩及变质作用特点密切相关。一般情况下，由于原岩矿物成分在高温高压下重结晶作用的结果，岩石的力学性质、抗水性等较变质前相对提高。但如果在变质过程中形成滑石、绿泥石、绢云母等软弱变质矿物时，则其力学强度降低，抗风化能力减弱。动力变质作用和接触变质作用形成的岩石，构造破碎、裂隙发育、透水性强、强度较低，但断层破碎带可储存地下水。

变质岩的片理构造会使岩石具有各向异性特征，沿片理方向抗剪强度低，易产生滑动，一般不利于坝基相边坡稳定。

通常而言，板岩、千枚岩、云母片岩、滑石片岩及绿泥石片岩等岩石的工程地质性质较差；而片麻岩、石英岩及大理岩等岩石致密坚硬、岩性较均一、强度高，是建筑物的良好地基，但裂隙发育时，可使其工程地质性质降低。

思 考 题

1. 什么是矿物、造岩矿物？矿物的主要特征有哪些？
2. 黑云母、绿泥石、石膏、黄铁矿和黏土矿物的存在对岩石的工程地质性质有何影响？
3. 何为岩石的结构与构造？

习 题

1. 对比下列矿物，指出它们之间的异同点。

A. 正长石-斜长石-石英　　B. 角闪石-辉石-黑云母　　C. 方解石-白云石-石膏

2. 试比较下列岩石间的异同点。

A. 花岗岩-辉长岩　　B. 流纹岩-玄武岩　　C. 闪长岩-安山岩

3. 下列岩石之间有何区别及关系？

A. 花岗岩与花岗片麻岩　　B. 页岩与板岩

C. 石英砂岩与石英岩　　D. 石灰岩与大理岩

4. 试述解理、层理、片理之间的主要区别。

5. 试述三大岩的工程地质性质。

6. 地表原岩经风化、剥蚀作用形成的碎屑，经流水、冰川的搬运作用沉积、胶结、硬化而成（　　）。

A. 岩浆岩　　B. 沉积岩　　C. 变质岩　　D. 火山岩

7. 沉积岩在构造上区别于岩浆岩的重要特征是（　　）。

A. 沉积岩的层理构造、层面特征和含有化石

B. 沉积岩的页层构造、层面特征和含有化石

C. 沉积岩的层状构造、层面特征和含有化石

D. 沉积岩的层理构造、层面特征

8. 下列属于沉积岩中的生物化学岩类的是（　　）。

A. 大理岩　　B. 石灰岩　　C. 花岗岩　　D. 石英岩

9. 莫氏硬度反映的是（　　）。

A. 矿物相对硬度的顺序　　B. 矿物相对硬度的等级

C. 矿物绝对硬度的顺序　　D. 矿物绝对硬度的等级

10. 花岗岩是（　　）。

A. 酸性深成岩　　B. 侵入岩　　C. 浅成岩　　D. 基性深成岩

11. 下列岩石中属于变质岩的是（　　）。

A. 大理岩　　B. 石灰岩　　C. 泥灰岩　　D. 白云岩

12. 下列岩石中属于全晶质的有（　　）。

A. 花岗岩　　B. 花岗斑岩　　C. 流纹岩

13. 按照组成岩石矿物的结晶程度，岩浆岩的结构可分为（　　）。

A. 全晶质结构　　B. 半晶质结构　　C. 粒状结构

D. 非晶质结构　　E. 斑状结构

14. 下列结构中，属于沉积岩结构的是（　　）。

A. 泥质结构　　B. 化学结构　　C. 碎屑结构　　D. 生物结构

项目二　地　质　构　造

项目描述： 本项目通过完成五个学习任务：地质作用、地质年代、岩层产状、褶皱构造、断裂构造，讲述地质构造有关性质、特点。

项目目标： 了解地质年代表及确定地层年代的方法；掌握岩层产状三要素的测定方法，了解主要地质构造的类型、特征，以及野外识别的方法；了解节理玫瑰花图和活断层，分析断裂、褶皱、活断层对工程建筑的影响；通过阅读地质图，能对工程的地质条件进行初步分析。

项目学习的重点： 断裂、褶皱主要地质构造的特征及对工程建筑的影响。

项目学习的难点： 断裂、褶皱对工程建筑的影响及地质图的阅读和分析。

任务一　地　质　作　用

任务描述： 围绕完成地质作用这个任务，通过实验推理，解决两个问题，使学生明晰地质作用的成因、分类。

课前设问：

问题一： 什么是外力地质作用？

问题二： 什么是内力地质作用？

解答：

在地球漫长的演变历史中，地壳的内部结构、物质成分和表面形态不断发生变化。一些变化速度快，易被人们感觉到，例如地震和火山爆发等；另一些变化则进行得很慢，不易被人们发现，例如地壳的缓慢上升、下降以及地块的水平移动等。这种由于自然动力所引起，促使地壳物质成分、结构及地表形态发生变化的作用称为地质作用。根据地质作用的动力来源，可将其分为外力地质作用和内力地质作用。

关于问题一， 外力地质作用主要由地球以外的能源（如太阳辐射能、日月引力能和陨石碰撞等）引起。其中太阳辐射起着最主要的作用，它造成地面温度的变化，产生空气对流、大气环流及各种水流和冰川等。外力地质作用的表现形式有风化作用、剥蚀作用、搬运作用和沉积作用等。外力地质作用往往带来地壳物质成分、内部结构、地表形态的缓慢变化，称为地球演变的“渐变说”；但经过漫长的地质年代，可导致地球面貌的巨大变化。

关于问题二， 内力地质作用由地球内部的能源（如旋转能、重力能、放射性元素衰变产生的热能以及化学能、结晶能等）引起，根据其动力来源和作用方式可分为构造运动、岩浆活动、变质作用和地震等。内力地质作用往往带来地壳物质成分、内部结构、地表形态的突然变化，例如岩浆活动、变质作用、地震等，称为地球演变的“灾变说”。

构造运动又称地壳运动，是内力地质作用所引起的地壳岩石发生变形、变位（如弯曲、断裂等）的运动。残留在岩层中的这些变形、变位现象称为地质构造。构造运动在内力地质作用中常起主导作用，它可分为水平运动和垂直运动。

1. 水平运动

水平运动主要表现为地壳岩层的水平位移，结果使岩层相互挤压、弯曲或错开等。它使岩层褶皱、断裂（图 2-1），形成裂谷、盆地及褶皱山系，例如非洲大陆和美洲大陆的分离以及我国的横断山脉、喜马拉雅山脉、天山等褶皱山系。

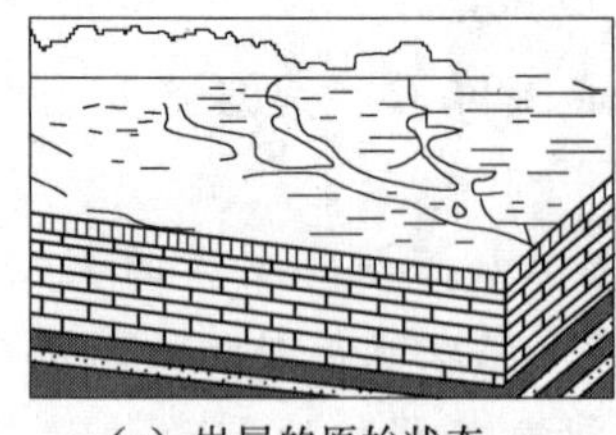

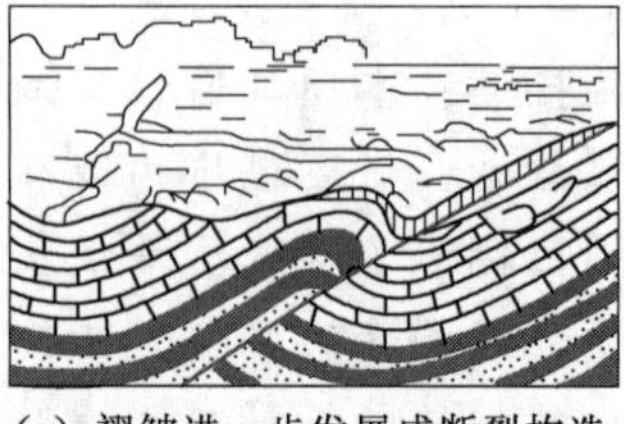

（a）岩层的原始状态　（b）岩层弯曲产生褶皱构造　（c）褶皱进一步发展成断裂构造

图 2-1　褶皱构造与断裂构造形成示意图

2. 垂直运动

垂直运动主要表现为地壳大面积整体缓慢上升或下降，上升形成山岳、高原，下降则形成湖海、盆地，例如喜马拉雅山上的大量新生代早期海洋生物化石的存在，反映了五六千万年前，这里曾是汪洋大海，可见垂直运动幅度之大。目前，我国西部总体相对上升，而东部相对下降。

同一地区构造运动的方向随着时间推移而不断变化。某一时期以水平运动为主，另一时期则以垂直运动为主，且水平运动的方式和垂直运动的方向也会发生更替。不同地区的构造运动常有因果关系，一个地区块体的水平挤压可引起另一地区的上升或下降，反之亦然。

内力地质作用与外力地质作用相互关联、相互矛盾。内力地质作用在地壳演化中起着主导作用，它使地表产生大陆、海洋、山脉、平原等巨型地形起伏；而外力地质作用则进一步加工塑造，起着削高补低的作用，即所谓的“平原化”过程。总之，在内力和外力地质作用下，地壳不断向前发展和变化着。

任务二 地 质 年 代

任务描述：围绕完成地质年代这个任务，通过实验推理，解决两个问题，使学生明晰地质年代的确定方法。

课前设问：

问题一：如何确定绝对地质年代？

问题二：如何确定相对地质年代？

解答：

地球形成至今已有 46 亿年，对整个地质历史时期而言，地球的发展演化及地质事件的记录和描述需要一套相应的时间概念，即地质年代。地质学上以绝对地质年代和相对地质年代两种方法来描述时间。表示地质事件发生距今的实际年数称为绝对地质年代（实际年龄），而表示地质事件发生的先后顺序称为相对地质年代。

关于问题一，绝对地质年代主要根据保存在岩层中的放射性元素蜕变的速度特征产物来

确定。

关于问题二：

1. 地层层序法

地层是指在一定地质时期内所形成的层状岩石的总称。未经构造运动改变的岩层大都是水平岩层，且按照下老上新的规律排列［图 2-2（a)］；若后期构造运动使某些岩层发生变动（倾斜、直立或倒转），可利用沉积物中的某些构造特征（如斜层理、泥裂、波痕等）来恢复岩层顶、底面后，再进一步判断岩层之间的相对新老关系［图 2-2（b)］。

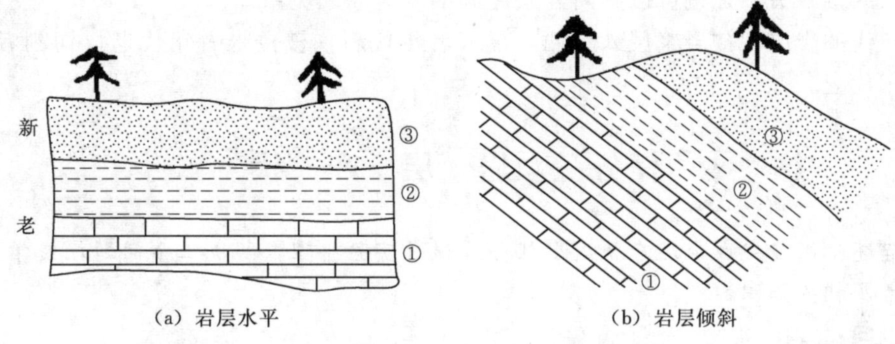

图 2-2 地层层序法（岩层层序正常时）

（注：①、②、③依次由老到新。）

2. 古生物化石法

自然界中的生物是从无到有，由简单到复杂，由低级到高级不断发展、变化着的，而且这种演化是不可逆转的，不同地质时期形成的地层中会保存不同的古生物化石，这样就可以根据岩层中化石的复杂与繁简程度来推断地层的相对新老关系。

3. 地层接触关系法

不同时期形成的岩层，其分界面特征即互相接触关系，可以反映各种构造运动和古地理环境等在空间和时间上的演变过程，因此，它是确定和划分地层年代的重要依据。岩层接触关系有以下几种类型（图 2-3)：

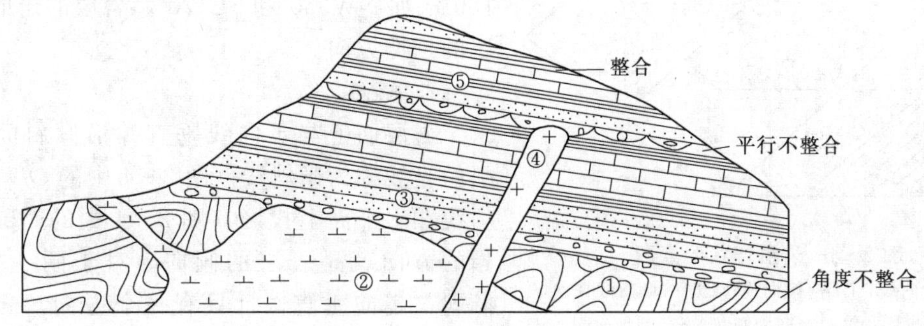

图 2-3 岩层接触关系示意图

（注：①、②、③、④、⑤依次由老到新。）

（1）整合接触。指上、下两套岩层产状一致，互相平行，连续沉积形成。反映岩层形成期间地壳比较稳定，没有强烈的构造运动，地层自下而上依次由老到新。

(2) 平行不整合。它又称假整合，是指上、下两套地层的产状彼此平行一致，但其间缺失某些地质年代的岩层。上、下两套岩层之间的接触面往往起伏不平，常分布一层砾岩（俗称底砾岩），据此可以判断上、下两套岩层的新老关系。

(3) 角度不整合。是指上、下两套地层产状不同，彼此呈角度接触，其间缺失某些年代的地层，接触面多起伏不平，也常有底砾岩和风化壳。不整合面的存在标志着地壳曾发生强烈的地壳运动。与平行不整合相同，据此也可以判断地层之间的新老关系。

上述三种接触类型是沉积岩之间或少量变质岩之间的接触关系。此外，利用岩浆岩和其他围岩之间的接触关系，也可以判断岩层之间的相对新老关系。

不同年代的岩层常被岩浆侵入穿插，侵入者年代新，被侵入者年代老；切割者年代新，被切割者年代老。

任务三 岩 层 产 状

任务描述：围绕完成岩层产状这个任务，通过实验推理，解决三个问题，使学生明晰岩层产状要素及相关知识。

课前设问：

问题一：岩层产状有哪些要素？

问题二：岩层产状要素有哪些测量方法？

问题三：何为水平构造、倾斜构造和直立构造？

解答：

关于问题一，岩层产状是指岩层在空间的位置，用走向、倾向和倾角表示，地质学上称为岩层产状三要素。

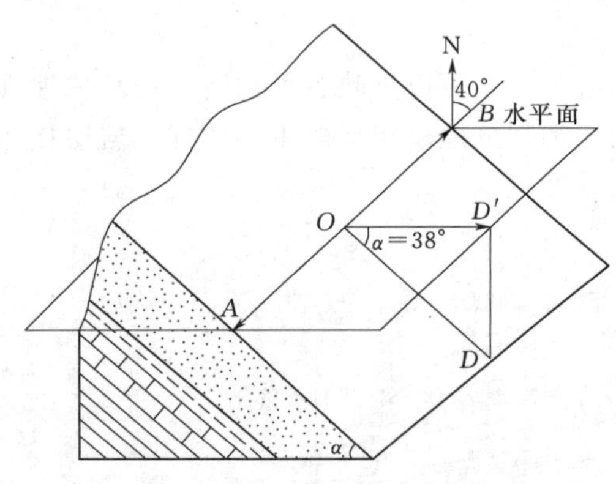

图 2-4 岩层产状要素图

AOB—走向线；*OD*—倾向线；*OD′*—倾斜线在水平面上的投影，箭头方向为倾向；α—倾角向表示岩层的倾斜方向

1. 走向

岩层面与水平面的交线称为走向线（图 2-4 中的 *AOB* 线）。走向线两端所指的方向即为岩层的走向。走向有两个方位角数值，且相差 180°，如 NW350°和 SE170°。岩层的走向表示岩层的延伸方向。

2. 倾向

岩层面上与走向线垂直并沿倾斜面向下所引的直线称为倾斜线（图 2-4 中的 *OD* 线），倾斜线在水平面上投影（图 2-4 中的 *OD′*线）所指的方向就是岩层的倾向。对于同一岩层面，倾向与走向垂直，且只有一个方向。岩层的倾向表示岩层的倾斜方向。

3. 倾角

倾角是岩层面与水平面所夹的最大锐角（或二面角），如图 2-4 中的 α 角。除岩层面外，岩体中其他面（如节理面、断层面等）的空间位置也可以用岩层产状三要素来表示。

关于问题二， 岩层产状要素需用地质罗盘测量（图 2－5），测量方法如下（图 2－6）。

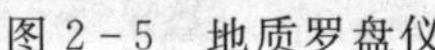
图 2－5 地质罗盘仪

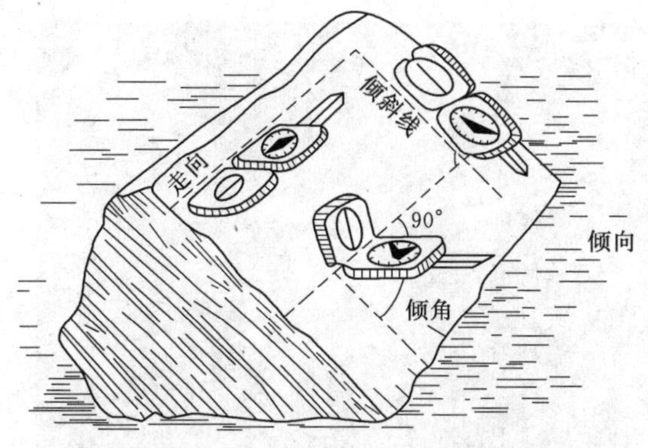

图 2－6 岩层产状要素测量

1. 测走向

将罗盘的长边与岩层面贴触，如罗盘无长边，则取与南北方向平行的边与层面贴触，并使罗盘放水平（水准气泡居中），此时罗盘长边（或 NS 边）与岩层的交线即为走向线，磁针（无论南针或北针）所指的度数即为所求的走向。

2. 测倾向

把罗盘的 N 极指向岩层层面的倾斜方向，同时使罗盘的短边（或与东西方向平行的边）与层面贴触，罗盘放水平，气泡居中，此时北针所指的度数即为所求的倾向。

3. 测倾角

将罗盘侧立，以其长边（即 NS 边）紧贴层面，并与走向线垂直，然后转动罗盘背面的旋钮，使下刻度盘的活动水准气泡居中，倾角指针所指的度数即为倾角大小。若是长方形罗盘，此时桃形指针在倾角刻度盘上所指的度数，即为所测的倾角大小。

4. 岩层产状要素的表示方法

在野外记录或报告中，图 2－4 中岩层的走向、倾向、倾角可写成 NE40°、SE、∠38°。在地质图上，岩层的产状用“⊥35°”表示，长线表示走向，短线表示倾向，数字表示倾角。长短线必须按实际方位画在图上。

关于问题三：

1. 水平构造

水平构造岩层产状呈水平（倾角 $\alpha=0°$）或近似水平（$\alpha<5°$），如图 2－2（a）和图 2－7 所示。岩层呈水平构造，表明该地区地壳相对稳定。

图 2－7 水平岩层

2. 倾斜构造（单斜构造）

倾斜构造岩层产状的倾角 $0°<\alpha<85°$，岩层呈倾斜状［图 2－2（b）、图 2－8］。岩层呈倾斜构造，说明该地区地壳不均匀抬升或受到岩浆作用的影响。

3. 直立构造

直立构造岩层产状的倾角 $\alpha\approx85°\sim90°$，

岩层呈直立状（图 2-9）。岩层呈直立构造，说明岩层受到强力的挤压。

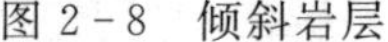
图 2-8 倾斜岩层

图 2-9 直立岩层

任务四 褶 皱 构 造

任务描述： 围绕完成褶皱构造这个任务，通过实验推理，解决五个问题，使学生明晰褶皱构造相关知识。

课前设问：

问题一： 褶皱有哪些要素？

问题二： 褶皱有哪些基本形态和特征？

问题三： 褶皱有哪些类型？

问题四： 在野外如何识别褶皱构造？

问题五： 褶皱构造对工程有何影响？

解答：

岩层受构造应力作用后产生的连续弯曲变形称为褶皱构造。绝大多数褶皱构造是岩层在水平挤压力作用下形成的，如图 2-10 所示。褶皱构造是岩层在地壳中广泛发育的地质构造之一，它在层状岩石中最为明显，在块状岩体中则很难见到。褶皱构造的每一单个向上或向下的弯曲称为褶曲。褶皱构造的规模大小不一，大者可达几十至几百千米，小者手标本上可见。

关于问题一， 褶皱构造的各个组成部分称为褶皱要素（图 2-11）。

1. 核部

褶曲中心部位的岩层。当风化剥蚀后，常把出露在地表最中心的岩层称为核部。

2. 翼部

核部两侧的岩层称翼部。一个褶曲有两个翼。

3. 翼角

翼角是翼部岩层的倾角。

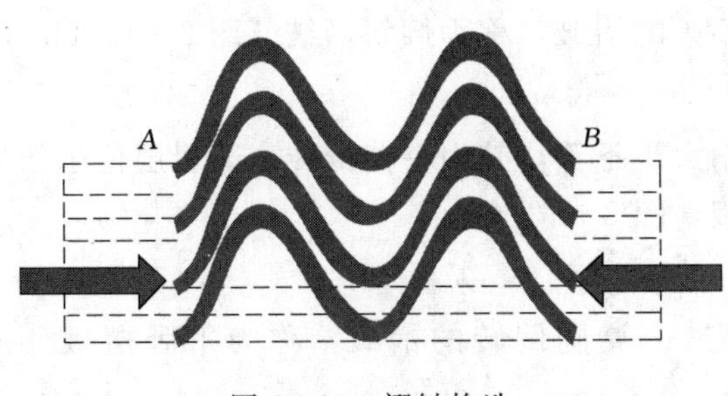

图 2-10　褶皱构造

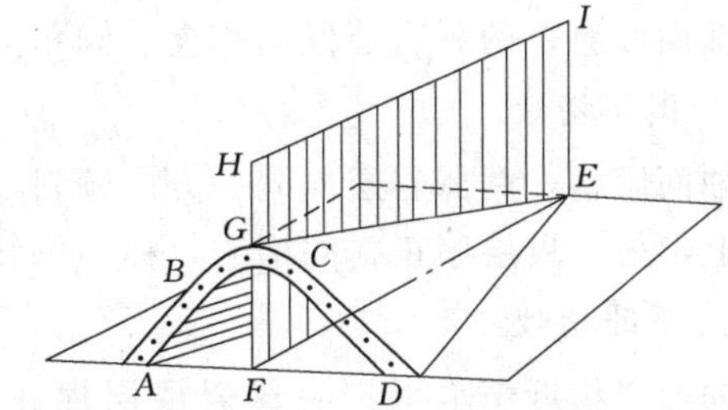

图 2-11　褶皱要素示意图
（*AB* 为翼；被 *ABGCD* 包围的内部岩层为核；*BGC* 为转折端；*EFHI* 为轴面；*EF* 为轴线；*EG* 为枢纽）

4. 轴面

轴面是对称平分两翼的假想面。轴面可以是平面，也可以是曲面。轴面与水平面的交线称为轴线；轴面与岩层面的交线称为枢纽。

5. 转折端

从一翼转到另一翼的弯曲部分为转折端。在横剖面上，转折端常呈圆弧形。

关于问题二，褶皱的基本形态是背斜和向斜（图 2-12）。

1. 背斜

背斜通常岩层向上弯曲，两翼岩层相背倾斜，核部岩层年代较老，两翼岩层依次变新并呈对称分布。

2. 向斜

向斜通常岩层向下弯曲，两翼岩层相向倾斜，核部岩层年代较新，两翼岩层依次变老并呈对称分布。

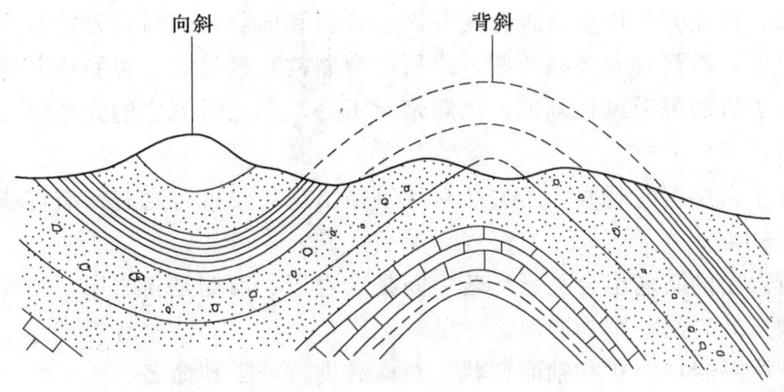

图 2-12　背斜和向斜

关于问题三，根据轴面产状和两翼岩层的特点，可将褶皱分为以下五种。

1. 直立褶皱

轴面直立，两翼岩层倾向相反且倾角大小近似相等的褶皱，称为直立褶皱［图 2-13 (a)］。

2. 倾斜褶皱

轴面倾斜，两翼岩层倾向相反、倾角大小不等的褶皱，称为倾斜褶皱［图 2－13（b）］。

3. 倒转褶皱

轴面倾斜，两翼岩层向同一方向倾斜，倾角大小不等，其中一翼倒转，老岩层位于新岩层之上，另一翼层序正常的褶皱，称为倒转褶皱［图 2－13（c）］。

4. 平卧褶皱

轴面产状近于水平，一翼岩层层序正常，另一翼则倒转的褶皱，称为平卧褶皱［图 2－13（d）］。

5. 翻卷褶皱

轴面弯曲的平卧褶皱称为翻卷褶皱［图 2－13（e）］。

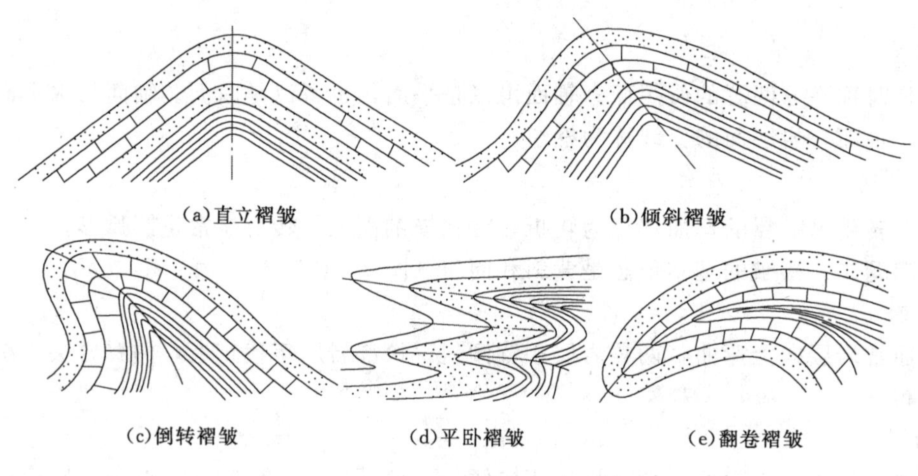

图 2－13 根据轴面产状褶皱的分类

关于问题四，首先判断褶皱是否存在并区别背斜和向斜，然后再确定其形态特征。

在少数情况下，沿河谷或公路两侧，岩层的弯曲常直接暴露，背斜或向斜易于识别。而多数情况下，由于岩层遭受风化剥蚀，出露情况不好，无法看到它的完整形态。这时需按下列方法进行分析：

第一，垂直于岩层走向观察，若岩层对称重复出现，便可肯定有褶皱构造；否则，没有褶皱构造（图 2－14）。

第二，分析岩层的新老组合关系。若中间是老岩层、两侧是新岩层，则为背斜；若中间是新岩层、两侧是老岩层，则为向斜。

第三，根据两翼岩层产状和轴面产状，对褶皱进行分类和命名。

关于问题五：

1. 褶皱核部

褶皱核部岩层由于受水平挤压作用，节理发育、岩石破碎、易于风化、岩石强度低、渗透性强，在石灰岩地区还往往使岩溶较为发育，所以在核部布置各种建筑工程时，必须注意岩层的塌落、漏水即涌水问题。

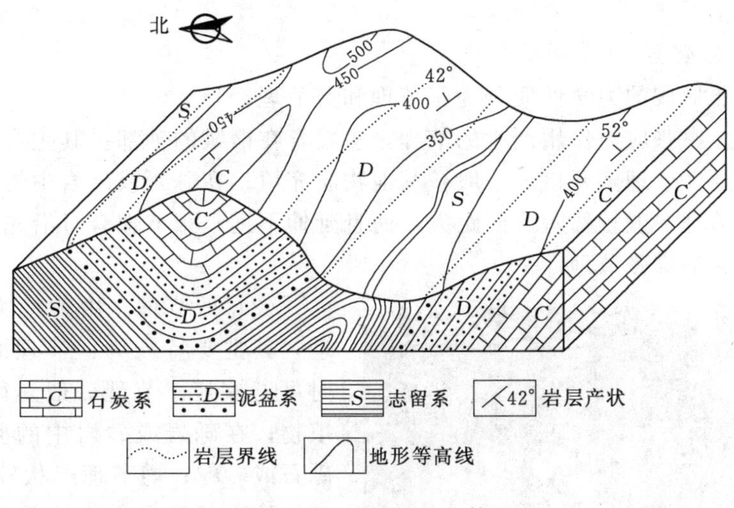

图 2-14　褶皱构造立体图

2. 褶皱翼部

褶皱翼部布置建筑工程时，如果开挖边坡的走向近于平行岩层走向，且边坡倾向与岩层倾向一致，边坡坡角大于岩层倾角，则容易造成顺层滑动现象。如果边坡与岩层走向的夹角在40°以上或两者走向一致，边坡倾向与岩层倾向相反或者两者倾向相同，但岩层倾角更大，则对开挖边坡的稳定较有利。

任务五　断　裂　构　造

任务描述：围绕完成断裂构造这个任务，通过实验推理，解决三个问题，使学生明晰断裂构造的形式及对工程的影响等相关知识。

课前设问：

问题一：何为节理？

问题二：何为断层？

问题三：断裂构造对工程有何影响？

解答：

岩层受力后产生变形，当作用力超过岩石强度时，岩石的连续性和完整性遭到破坏而发生破裂，形成断裂构造。断裂构造在地壳中广泛存在。毫无疑问，断裂构造的发生，必将对岩体的稳定性、透水性及其工程地质性质产生较大影响。

根据断裂之后的岩层有无明显位移，将断裂构造分为节理和断层两种形式。

关于问题一，没有明显位移的断裂称为节理（或裂隙）。节理在岩层中广泛分布，且往往成组、成群出现，规模大小不一，可从几厘米到几百米。

节理按成因分为三种类型：第一种为原生节理，指岩石在成岩过程中形成的节理，如地表的岩浆冷凝收缩产生的裂缝；第二种为次生节理，指风化、爆破等原因形成的裂隙，这种节理产状无序，一般局限于地表，规模不大，分布也不规则，通常只称为裂隙而不称为节理；第三种为构造节理，指由构造应力所形成的节理。

上述三种节理中，构造节理分布最广，几乎所有的大型水利水电工程都会遇到，以下重点介绍构造节理。

1. 构造节理的分类

构造节理按照形成的力学性质分为张节理和剪节理。

(1) 张节理。由张应力作用产生的节理，多发育在褶皱的轴部。其主要特征为：节理面粗糙不平，无擦痕，节理多开口，一般被其他物质充填；在砾岩或砂岩中的张节理常常绕过砾石或砂粒；张节理一般较稀疏、间距大，而且延伸不远；张节理有时沿先期形成的剪节理发育而成，被称为追踪张节理。

图 2-15 X形剪节理

(2) 剪节理。由剪应力作用产生的节理，其主要特征为：节理面平直光滑，有时可见擦痕，节理一般是闭合的，没有充填物；在砾岩或砂岩中的剪节理常常切穿砾石或砂粒；剪节理产状较稳定，间距小、延伸较远；发育完整的剪节理呈X形（图2-15）。

2. 节理的统计

节理在岩层中广泛分布，对水利工程的不良影响主要是水库的渗漏和岩体的稳定两方面，但其影响程度取决于节理的成因、产状、数量、大小、连通以及充填等因素。因而，在工程地质勘察中首先要查明这些特征，然后对其分析统计整理，以评价其对工程造成的影响。

首先进行资料整理，将测点上所测的节理走向都换成北东和北西象限的角度，按走向方向大小，以10°为一组统计各组节理条数，见表2-1。其次，确定作图比例尺，以等长或稍长于按线条比例尺表示最多那一组节理条数的线段长度为半径，画一个上半圆，通过圆心标出东、北、西三个方向，并标出10°倍数的方向角度量值。然后将表示各组节理条数的点标在相应走向方位角中间的半径上（图2-16）。如走向北东41°～45°的节理有35条，按比例点在北东45°的半径上。连接相邻组各点即成节理走向玫瑰图。为表示最发育组节理的倾向和倾角，将该组节理走向沿半径延伸出半圆以外，沿径向按比例划分出9个刻度（0°，10°，…，90°）代表倾角，切线方向代表倾向，并按比例取一定长度代表条数，如图2-16所示。图中最发育的一组节理的走向区间为321°～330°，倾向北东的有两组，它们的倾角和条数分别为21°～30°、25条和71°～80°、10条。倾向南西的只有一组，其倾角为51°～60°，条数为15条。

表2-1 某坝址节理统计表

走向/(°)	条数	走向/(°)	条数	走向/(°)	条数	走向/(°)	条数
0～10	0	51～60	19	271～280	0	321～330	0
11～20	0	61～70	10	281～290	0	331～340	0
21～30	20	71～80	20	291～300	14	341～350	20
31～40	25	81～90	0	301～310	10	351～360	25
41～50	35			311～320	30		

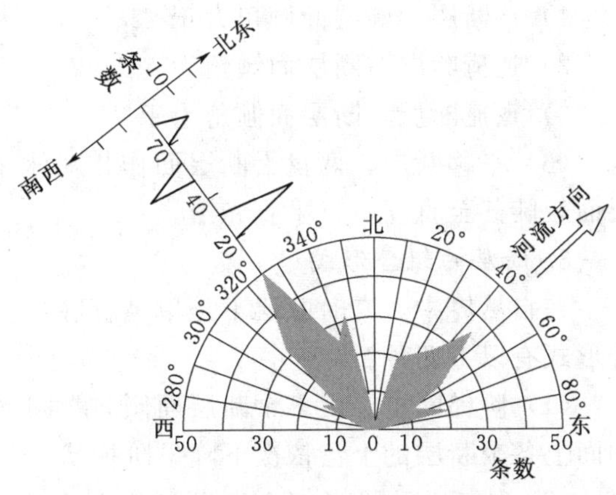

图 2-16　某坝址节理走向玫瑰图

关于问题二，有明显位移的断裂称为断层。断层在岩层中也比较常见，其规模大小不一，可从几厘米到几千米，甚至达上百千米。

1. 断层要素

断层的基本组成部分称为断层要素（图 2-17），它包括断层面、断层线、断层带、断盘及断距。

(1) 断层面。岩层断裂后，发生相对位移的破裂面。它的空间位置仍由走向、倾向和倾角表示，它可以是平面，也可以是曲面。

(2) 断层线。断层面与地面的交线。其方向表示断层的延伸方向。

(3) 断层带。包括断层破碎带和影响带。破碎带是指被断层错动搓碎的部分，常由岩块碎屑、粉末、角砾及黏土颗粒组成，其两侧被断层面所限制，如图 2-17 中的 e。影响带是指靠近破碎带两侧的岩层受断层影响，裂隙发育或发生牵引弯曲的部分，如图 2-17 中的 f。

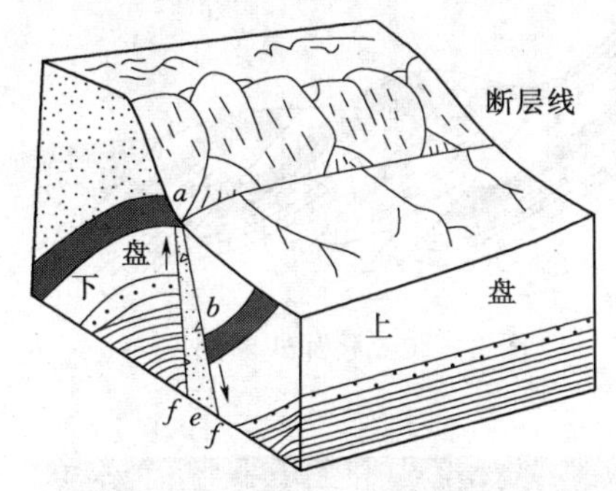

图 2-17　断层要素图

ab—断距；e—断层破碎带；f—断层影响带

(4) 断盘。断层面两侧相对位移的岩块称为断盘。其中，断层面之上的称为上盘，断层面之下的称为下盘。

(5) 断距。断层两盘沿断层面相对移动的距离。

2. 断层的基本类型

按照断层两盘相对位移的方向，可将断层分为以下三种类型。

(1) 正断层。上盘相对下降、下盘相对上升的断层[图 2-18 (a)]。正断层的断层线一般较为平直，破碎带较宽，断层面的倾角多大于 45°。

(2) 逆断层。上盘相对上升、下盘相对下降的断层[图 2-18 (b)]。逆断层的规模一般较大，断层破碎带宽度较小，断层面较为弯曲或波状起伏，常有上、下方向的擦痕。逆断层在构造运动强烈的地区出现较多。按断层面倾角大小又将逆断层分以下几种：

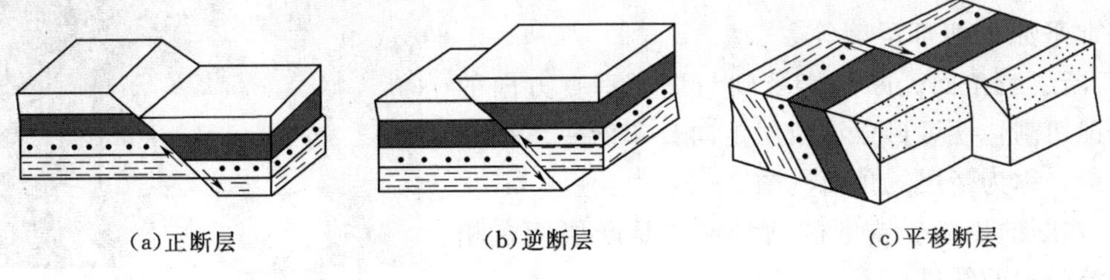

图 2-18　断层类型示意图

1）冲断层。断层面倾角大于45°。

2）逆掩断层。断层面倾角为45°～25°。

3）辗掩断层。断层面倾角小于25°。

（3）平移断层。两盘沿断层面作相对水平位移的断层［图2-18（c）］。平移断层的断层面较陡甚至直立，且平直光滑。

3．断层的组合形式

在自然界中，有时断层不是单独存在的，而是呈组合形式存在（图2-19），常见的组合形式有以下四种：

（1）阶梯断层。由多个断层面倾向相同（或相近）而又相互平行的正断层组合而成，在剖面上各个断层的上盘依次下降呈阶梯状。

（2）地堑。由两条以上正断层组合而成，两边岩层沿断层面相对上升，中间岩层相对下降。

（3）地垒。由两条以上正断层组合而成，与地堑相反，断层面之间的岩层相对上升，两边岩层相对下降。

（4）叠瓦式断层。由一系列产状平行的冲断层或逆掩断层组合而成（图2-20）。各断层的上盘依次逆冲形成像瓦片般的叠覆。

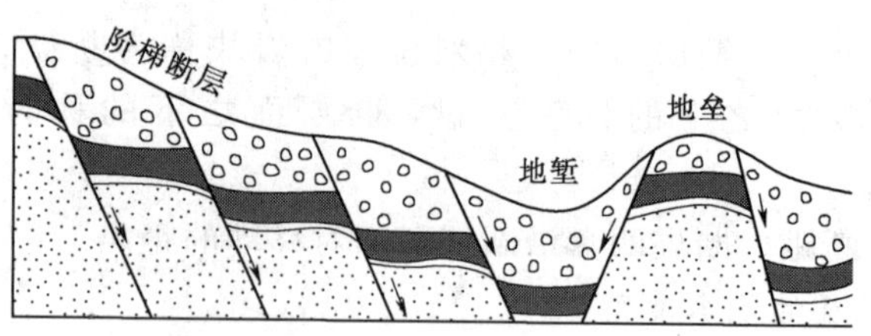

图2-19　阶梯状断层、地堑及地垒

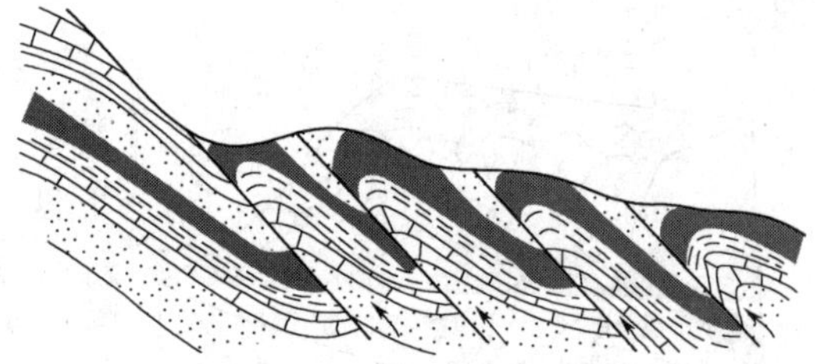

图2-20　叠瓦式断层

4．断层的野外识别

断层的发生，必然会在地貌、地层及构造等方面得到反映，这就形成了所谓的断层标志，也是识别断层的主要依据。

（1）地貌标志。它是最直观的标志之一。

1）断层崖。由于断层两盘的相对运动，常使断层的上升盘形成陡崖，称为断层崖。如华山断层崖（图2-21）；太行山前断裂带使太行山拔地而起，成为华北平原的西部屏障等。

2）断层三角面。断层崖受到与崖面垂直方向的水流侵蚀切割，便可形成沿断层走向分布的一系列三角形陡崖，称为断层三角面（图2-22）。

3）错断的山脊。错断的山脊往往是断层两盘相对平移等运动的结果。

4）串珠状湖泊洼地。这种洼地往往是大断层存

图2-21　华山断层崖

图 2-22 断层三角面

在的标志。这些湖泊洼地主要是由断层引起的断陷或破碎带形成的。

5）泉水的带状分布。泉水呈带状分布往往也是断层存在的标志，因为断层破碎带是地下水的良好通道。

（2）地层标志。它是识别断层的可靠证据之一。

1）岩层沿走向突然中断，而与另一岩层相接触，则说明有断层发生（图 2-23）。

2）垂直岩层走向，若发现地层出现不对称的重复或缺失，则可判定有断层发生（图2-24）。

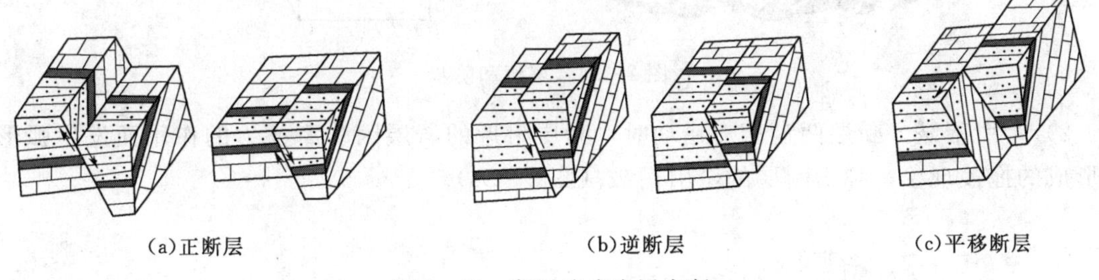

(a)正断层 (b)逆断层 (c)平移断层

图 2-23 断层造成岩层中断

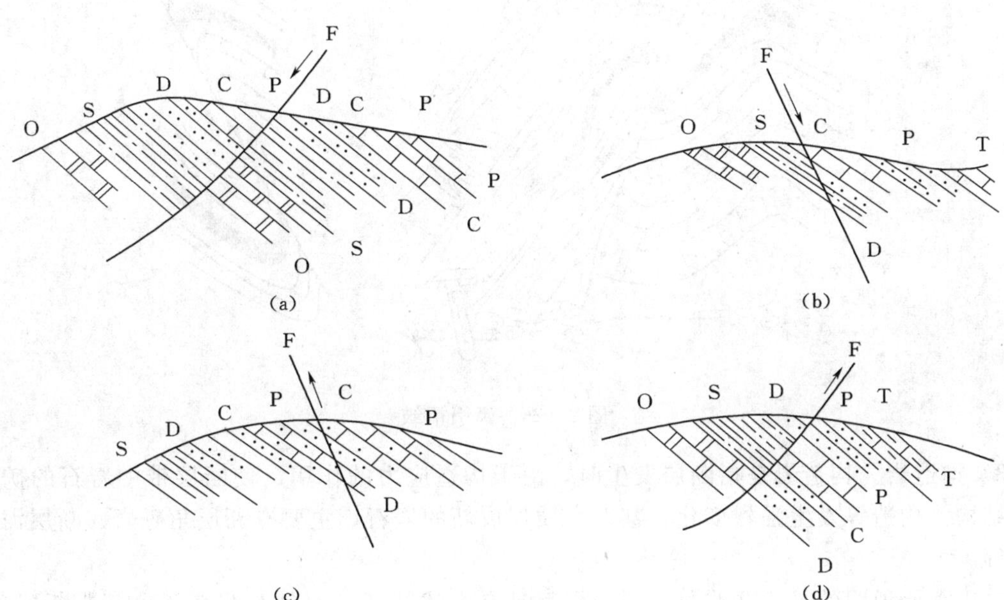

图 2-24 断层造成的地层重复和缺失

（3）构造标志。由于构造应力的作用，沿断层面或断层破碎带及其两侧常常出现一些伴生的构造变动现象，这些现象是识别和确定断层性质的又一重要标志。这些现象常见的有擦痕、阶步、牵引褶皱及构造岩等。

1）擦痕和阶步。断层两盘相互错动时，在断层面上留下的摩擦痕迹称为擦痕。有时在断层面上存在有垂直于擦痕方向的小台阶，称为阶步（图 2－25）。

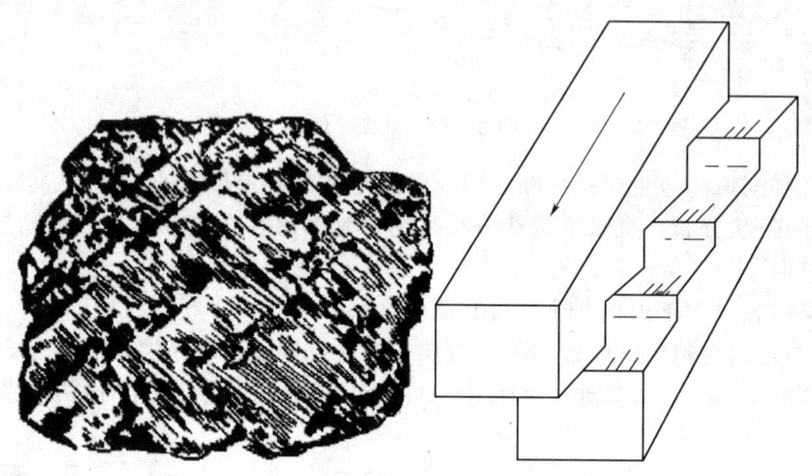

图 2－25 擦痕和阶步

2）牵引褶皱。断层两盘相对错动时，断层附近的岩层因受摩擦力的作用而发生弧形弯曲形成的拖拽现象，称为断层的牵引褶皱（图 2－26）。

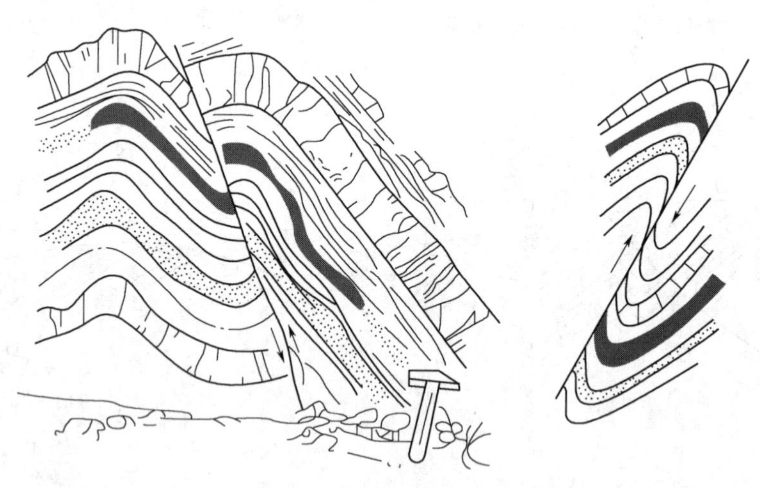

图 2－26 牵引褶皱

3）构造岩。构造岩是指断层发生时，由于构造应力的作用，使断层带中岩石的矿物成分、结构、构造等发生强烈变化，甚至变质形成新的岩石，主要有断层角砾岩、断层泥、糜棱岩等。

这里需要说明的是，并非每一条断层都具有上述特征，而且有些特征也并非断层独有。所以在野外认识断层时，应多方面综合考察，才能得出可靠的结论。

（4）断层性质的判断。在判断出断层存在的前提下，需要根据两盘相对运动的方向来判断断层的性质。其方法如下：

1）根据擦痕判断。擦痕表现为一端粗而深，一端细而浅。由粗而深端向细而浅端指示另一盘的运动方向。另外，用手指顺擦痕轻轻抚摸，常常可以感觉顺一个方向比较光滑，而相反方向比较粗糙，感觉光滑的方向表示另一盘的运动方向。

2）根据阶步判断。阶步的陡坎面指向另一盘的运动方向（图 2-25）。

3）根据牵引褶皱判断。牵引褶皱弧形弯曲突出的方向指示本盘的运动方向（图 2-26）。

关于问题三，断裂构造的存在，破坏了岩体的完整性，降低了岩体强度，增大了岩体的透水性，加速了风化作用、地下水的活动及岩溶的发育，可能对工程建筑产生影响。

（1）断层破碎带力学强度低、压缩性大，建于其上的建筑物地基易产生较大的沉陷，还会使水工建筑物产生集中渗漏。

（2）跨越断裂构造带的建筑物，由于断裂带及其两侧上盘、下盘的岩体均可能不同，易产生不均匀沉降，从而使建筑物造成断裂和倾斜。

（3）断裂构造带在新的地壳运动影响下，可能发生新的移动，从而进一步影响建筑物的稳定。

思　考　题

不同的构造形态和不同的构造部位对工程建设有何影响？

习　题

1. 什么是地质作用？地质作用的基本类型有哪些？

2. 何为岩层产状要素？怎样测定？

3. 背斜和向斜的主要区别是什么？在野外如何识别褶皱？

4. 张节理和剪节理有何特征？

5. 断层的基本类型有哪些？各有何特征？野外如何识别断层？

6. 地壳运动促使组成地壳的物质变位，从而产生地质构造，所以地壳运动也称为（　　）。

A. 构造运动　　B. 造山运动　　C. 造陆运动　　D. 造海运动

7. 两侧岩层向外相背倾斜，中心部分岩层年代较老，两侧岩层依次变新，并且两边对称出现的是（　　）。

A. 向斜　　B. 节理　　C. 背斜　　D. 断层

8. 侵入岩先形成，其上沉积了较新的沉积岩层，则岩浆岩与沉积岩之间为（　　）。

A. 沉积接触　　B. 整合接触　　C. 侵入接触　　D. 不整合接触

9. 下列节理不属于按节理成因分类的是（　　）。

A. 构造节理　　B. 原生节理　　C. 风化节理　　D. 剪节理

10. 上盘相对下移、下盘相对上移的断层是（　　）。

A. 正断层　　B. 平移断层　　C. 走向断层　　D. 逆断层

11. 地壳运动的基本形式有（　　）。

A. 垂直运动　　B. 水平运动　　C. 扭转运动　　D. 翻转运动

12. 活断层区的建筑原则有（　　）。

A. 建筑物场址一般应避开活动断裂带

B. 线路工程必须跨越活断层时，尽量使其大角度相交，并尽量避开主断层，同时要对几个相互比较的场址进行断层相对活动性评价

C. 必须在活断层地区兴建的建筑物，应尽可能地选择相对稳定地块——“安全岛”，尽量将重大建筑物布置在断层的下盘

D. 在活断层区兴建工程，应采取适当的抗震结构和建筑形式

项目三 常见地质灾害

项目描述：本项目通过完成四个学习任务：概述、地震、崩塌和滑坡、泥石流，讲述地质构造有关性质、特点。

项目目标：了解常见地质灾害的类型、成因及判别方法；掌握崩塌、滑坡、泥石流的形成条件、类型、工程危害，能对常见地质灾害产生的工程地质问题及危险性迅速作出评价并能提出预防和防治措施；了解地震的一些常识及在工程设计及防震中的应用。

项目学习的重点：崩塌、滑坡、泥石流的形成条件、类型及工程危害。

项目学习的难点：常见地质灾害产生的工程地质问题的分析及提出合理可行的应对及防治措施。

任务一 概 述

任务描述：围绕完成概述这个任务，通过实验推理，解决四个问题，使学生明晰地质灾害的成因、分类、评估等相关知识。

课前设问：

问题一：什么是地质灾害？

问题二：地质灾害如何分类？

问题三：如何评估地质灾害的危险性？

问题四：常见的地质灾害有哪些？

解答：

关于问题一，地质灾害是指由自然地质作用和人类活动造成的恶化地质环境，降低环境质量，直接或间接危害人类安全，并给社会和经济建设造成损失的地质事件。地质灾害的种类很多，就其成因而论，分为自然地质灾害和人为地质灾害。自然地质灾害指由自然地质作用引起的灾害，如由降雨、融雪、地震等自然变异导致的地质灾害；人为地质灾害是由于人类工程活动使周围地质环境发生恶化而诱发的地质灾害，如由工程开挖、堆载、爆破、弃土等人为作用引发的地质灾害。

常见的地质灾害主要有山体崩塌、滑坡、泥石流、地面塌陷、地裂缝、地面沉降、地震等。

关于问题二，按危害程度和规模大小分为特大型、大型、中型、小型地质灾害险情和地质灾害灾情四级。

特大型地质灾害险情：受灾害威胁，需搬迁转移人数在1000人以上，或潜在可能造成的经济损失1亿元以上的地质灾害险情。特大型地质灾害灾情：因灾死亡30人以上，或因灾造成直接经济损失1000万元以上的地质灾害灾情。

大型地质灾害险情：受灾害威胁，需搬迁转移人数在500人以上、1000人以下，或潜在经济损失5000万元以上、1亿元以下的地质灾害险情。大型地质灾害灾情：因灾死亡10人以上、30人以下，或因灾造成直接经济损失500万元以上、1000万元以下的地质灾害灾情。

中型地质灾害险情：受灾害威胁，需搬迁转移人数在100人以上、500人以下，或潜在经济损失500万元以上、5000万元以下的地质灾害险情。中型地质灾害灾情：因灾死亡3人以上、10人以下，或因灾造成直接经济损失100万元以上、500万元以下的地质灾害灾情。

小型地质灾害险情：受灾害威胁，需搬迁转移人数在100人以下，或潜在经济损失500万元以下的地质灾害险情。小型地质灾害灾情：因灾死亡3人以下，或因灾造成直接经济损失100万元以下的地质灾害灾情。

关于问题三，地质灾害危险性评估又称地质灾害灾情评估，是对地质灾害活动程度及破坏损失情况进行评定估算。在地质灾害易发区内进行工程建设，必须在可行性研究阶段进行地质灾害危险性评估；在地质灾害易发区内进行城市总体规划、村庄和集镇规划时，必须对规划区进行地质灾害危险性评估；并且必须对建设工程遭受地质灾害的可能性和该工程建设中、建成后引发地质灾害的可能性作出评价，提出具体的预防治理措施。

地质灾害危险性评估主要内容有：阐明工程建设区和规划区的地质环境条件基本特征；分析论证工程建设区和规划区各种地质灾害的危险性，进行现状评估、预测评估和综合评估；提出防治地质灾害的措施与建议，并作出建设场地适宜性评价结论。

（1）地质灾害危险性现状评估。基本查明评估区已发生的崩塌、滑坡、泥石流、地面塌陷（含岩溶塌陷和矿山采空塌陷、地裂缝和地面沉降）等灾害形成的地质环境条件、分布、类型、规模、变形活动特征，主要诱发因素与形成机制，对其稳定性进行初步评价，在此基础上对其危险性和对工程危害的范围与程度作出评估。

（2）地质灾害危险性预测评估。是对工程建设场地及可能危及工程建设安全的邻近地区可能引发或加剧的和工程本身可能遭受的地质灾害的危险性作出评估。

地质灾害的发生是各种地质环境因素相互影响、不等量共同作用的结果。预测评估必须在对地质环境因素系统分析的基础上，判断降水或人类活动因素等激发下，某一个或多个可调节的地质环境因素的变化，导致灾害体处于不稳定状态，预测评估地质灾害的范围、危险性和危害程度。

地质灾害危险性预测评估的内容包括如下内容：

1）对工程建设中、建成后可能引发或加剧崩塌、滑坡、泥石流、地面塌陷、地裂缝和不稳定的高陡边坡变形等的可能性、危险性和危害程度作出预测评估。

2）对建设工程自身可能遭受已存在的崩塌、滑坡、泥石流、地面塌陷、地裂缝、地面沉降等隐患和潜在不稳定斜坡变形的可能性、危险性和危害程度作出预测评估。

对各种地质灾害危险性预测评估可采用工程地质比拟法、成因历史分析法、层次分析法、数字统计法等定性、半定量的评估方法进行。

（3）地质灾害危险性综合评估。依据地质灾害危险性现状评估和预测评估结果，充分考虑评估区的地质环境条件的差异和潜在的地质灾害隐患点的分布、危险程度，确定判别区段危险性的量化指标，根据“区内相似，区际相异”的原则，采用定性、半定量分析法，进行工程建设区和规划区地质灾害危险性等级分区（段）。并依据地质灾害危险性、防治难度和

防治效益，对建设场地的适宜性作出评估，提出防治地质灾害的措施和建议。

1）地质灾害危险性综合评估，危险性划分为大、中等、小三级。

2）地质灾害危险性小，基本不涉及防治工程的，土地适宜性为适宜；地质灾害危险性中等，防治工程简单的，土地适宜性为基本适宜；地质灾害危险性大，防治工程复杂的，土地适宜性为适宜性差。

3）地质灾害危险性综合评估应根据各区（段）存在的和可能引发的灾种多少、规模、稳定性和承灾对象社会经济属性等，综合判定建设工程和规划区地质灾害危险性的等级区（段）。

4）分区（段）评估结果，应列表说明各区（段）的工程地质条件，存在和可能诱发的地质灾害种类、规模、稳定状态，对建设项目危害情况，并提出防治要求。

地质灾害危险性评估工作，必须在充分收集利用已有的遥感影像、区域地质、矿产地质、水文地质、工程地质、环境地质和气象水文等资料基础上，进行地面调查，必要时可适当进行物探、坑槽探与取样测试。

地质灾害危险性评估结果由省级以上国土资源行政主管部门认定。不符合条件的，国土资源行政主管部门不予办理建设用地审批手续。

关于问题四，我国地质灾害种类齐全，按致灾地质作用的性质和发生处所进行划分，共有12类（国土资源部地质环境司等，1998），具体如下：

（1）地壳活动灾害，如地震、火山喷发、断层错动等。

（2）斜坡岩土体运动灾害，如崩塌、滑坡、泥石流等。

（3）地面变形灾害，如地面塌陷、地面沉降、地面开裂（地裂缝）等。

（4）矿山与地下工程灾害，如煤层自燃、洞井塌方、冒顶、偏帮、鼓底、岩爆、高温、突水、瓦斯爆炸等。

（5）城市地质灾害，如建筑地基与基坑变形、垃圾堆积等。

（6）河、湖、水库灾害，如塌岸、淤积、渗漏、浸没、溃决等。

（7）海岸带灾害，如海平面升降、海水入侵、海岸侵蚀、海港淤积、风暴潮等。

（8）海洋地质灾害，如水下滑坡、潮流沙坝、浅层气害等。

（9）特殊岩土灾害，如黄土湿陷、膨胀土胀缩、冻土冻融、沙土液化、淤泥触变等。

（10）土地退化灾害，如水土流失、土地沙漠化、盐碱化、潜育化、沼泽化等。

（11）水土污染与地球化学异常灾害，如地下水质污染、农田土地污染、地方病等。

（12）水源枯竭灾害，如河水漏失、泉水干涸、地下含水层疏干（地下水位超常下降）等。

全国共发育有较大型崩塌3000多处、滑坡2000多处、泥石流2000多处，中小规模的崩塌、滑坡、泥石流则多达数十万处（不含港澳台地区，下同）。全国有350多个县的上万个村庄、100余座大型工厂、55座大型矿山、3000多km铁路线受崩塌、滑坡、泥石流的严重危害。除北京、天津、上海、河南、甘肃、宁夏、新疆外的24个省（自治区、直辖市）都发现岩溶塌陷灾害。全国岩溶塌陷总数近300处，塌陷坑3万多个，塌陷面积超过300km^2。

据不完全统计，在全国20个省（自治区、直辖市）内，共发生采空塌陷180处以上，塌陷面积大于1000km^2。全国共有上海、天津、江苏、浙江、陕西等16个省（自治区、直辖市）的46个城市出现了地面沉降问题。地裂缝出现在陕西、河北、山东、广东、河南等

17个省（自治区、直辖市），共400多处、1000多条。据统计，20世纪80年代末至90年代初，每年因地质灾害造成300～400人死亡，经济损失100多亿元，90年代中期以来，每年造成1000人死亡，经济损失高达200多亿元。一些地区和县（市）的地质灾害已成为制约地方社会经济发展的重要因素，全国经济的可持续发展受到了严重影响。

地质灾害的发育分布及其危害程度与地质环境背景条件（包括地形地貌、地质构造格局和新构造运动的强度与方式，岩土体工程地质类型、水文地质条件等）、气象水文及植被条件、人类经济工程活动及其强度等有着极为密切的关系。

中国位于亚洲大陆东部，濒临太平洋，季风气候显著，具有较明显的纬度和经度分带特征，加上疆域辽阔、地形复杂，具有多种多样的气候类型，因此如暴雨、洪水、干旱、冰雹、霜冻及温差等不良气候因素常常成为各种地质灾害的诱发因素。在西北、华北和东北部分地区，气候干旱少雨，年内温差悬殊，风蚀作用剧烈，土地沙漠、沙漠化、风沙化、土地冻融等灾害发育严重。而在温暖湿润的东部、南部地区，尤其在西南山区，降雨多且集中，崩塌、滑坡、泥石流灾害频繁发生。在东部平原地区，土地盐渍化、沼泽化、冷浸田等地质灾害广泛分布。

中国是世界上人口最多的国家，几千年来的人文活动，历史上连绵不断的战乱，特别是近几十年来经济的高速发展和人口的过速增长，对自然的索取也不断加重，对自然环境的干扰也越来越强烈。不合理的人类经济工程活动也使得地质灾害的发育日趋加剧。在东部、中部地区，由于大量抽取地下水和大规模开采矿产资源（包括油气资源），导致地下水资源平衡条件破坏和岩土构造应力状态发生变化，诱发并加剧了地面沉降、地面塌陷、地裂缝、土地盐渍、沼泽化、崩塌、滑坡、泥石流、矿山灾害等地质灾害的发育和危害。在西部地区，由于超量开发土地、草原、森林和水资源，加速了水土流失、土地沙化等灾害的发展，崩塌、滑坡、泥石流等灾害也随之增多。

在所有的地质灾害中，除地震灾害外，崩塌、滑坡、泥石流灾害是最为严重的，其以分布广、突发性和破坏性强、具有隐蔽性及容易链状成灾为特点，每年都造成巨大的经济损失和人员伤亡。另外，土地沙（漠）化、地面沉降和水土流失等缓变型地质灾害发展迅速，危害越来越大，成为令人担忧的地质灾害。

总而言之，由于自然地理、地质环境和人类活动的差异，不同地区地质灾害的类型、组合特征和发育、危害程度各不相同，具有较明显的地域特征和区域变化规律。今后随着全球环境的变化和我国经济建设的大规模发展，我国大部分地区地质灾害的发育程度和破坏程度可能会不断增强。因此，地质灾害的勘察、研究以及防治工作对于我国有着特别重大的意义。

任务二 地 震

任务描述：围绕完成地震这个任务，通过实验推理，解决四个问题，使学生明晰地震作用的相关知识。

课前设问：

问题一：什么是地震？

问题二：地震的成因类型有哪些？

问题三：如何定义地震的震级与烈度？

问题四：地震对水利工程有何影响及如何防震？

解答：

地震灾害是全球性的重大自然灾害，危害列众多灾害之首。我国地处两大地震带，是地震多发国家，多为浅源地震（东部 10～25km、西部 31～70km）。据统计，21 世纪以来，在我国境内（包括台湾省及领近海域）发生大于或等于 8 级的地震共有 9 次；而 2001 年全球 8 级地震进入一个新的活跃阶段，共发生了 14 次 8 级以上地震。

关于问题一，地震是地球内部积聚的应力突然释放所引起的地球表层的快速振动。地震的破坏力极强，对人们的生产生活及工程建设带来极大的影响，甚至造成毁灭性的灾害。如 1976 年 7 月 28 日，唐山发生 7.8 级地震，造成 24 万人死亡，16 万人受伤；2004 年 12 月 26 日，印尼苏门答腊岛附近发生 7.9 级地震，引发了波及印度洋沿岸十几个国家的巨大海啸，造成 20 余万人死亡或失踪；2008 年 5 月 12 日，四川省汶川发生 8.0 级地震，造成近 9 万人死亡。

地震一般由地质构造所引起，极少数是由火山喷发、地面塌陷及人工活动造成的。

地震发源于地下某一点，该点称为震源，震源在地面上的垂直投影称为震中，震源至震中的垂直距离称为震源深度，震中至观测点的水平距离称震中距（图 3-1）。

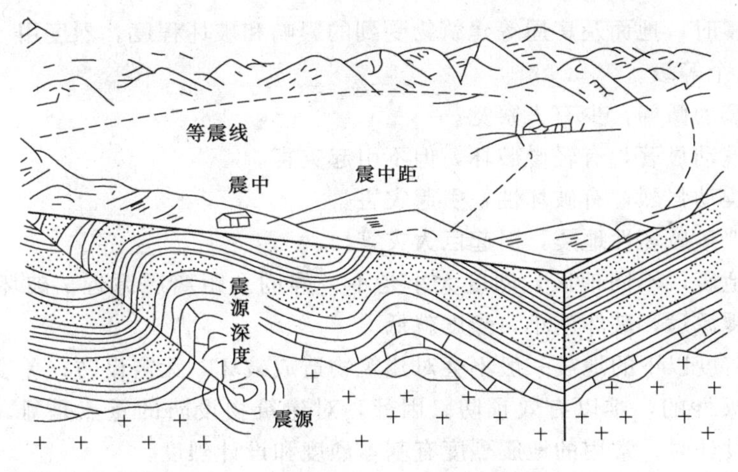

图 3-1　震源、震中及震源深度示意图

地震按照震源深度不同可分为：浅源地震（0～70km）、中源地震（70～300km）和深源地震（300～700km）。

关于问题二，地震按照成因可分为以下类型。

1. 构造地震

因地下深处岩层错动、破裂所造成的地震，称为构造地震。这类地震发生的次数最多、破坏力也最大，占全世界地震的 90%以上。

2. 火山地震

由于火山喷发而引起附近地区发生的地震，称为火山地震。只有在火山活动区才可能发生火山地震，这类地震只占全世界地震的 7%左右。

3. 塌陷地震

因地下岩洞或矿井顶部塌陷而引起的地震，称为塌陷地震。这类地震的规模比较小，次数也很少，往往发生在溶洞密布的石灰岩地区或大规模地下开采的矿区。

4. 诱发地震

因水库蓄水、油田注水等活动而引发的地震，称为诱发地震。这类地震仅仅在某些特定的水库库区或油田地区发生。

5. 人工地震

地下核爆炸、炸药爆破等人为因素引起的地面振动，称为人工地震。

关于问题三，地球上的地震有强有弱，用来衡量地震强度大小的尺子有两把：一把是地震震级；另一把是地震烈度。

1. 地震震级

震级是指一次地震时释放出的能量大小。震级用“里氏震级”表示，按0～9划分为10个等级。地震释放的能量越多，震级就越高。迄今为止，世界上记录到最大的地震震级为8.9级，是1960年发生在南美洲的智利地震。一般7级以上的浅源地震称为大地震；5级和6级的地震称为强震或中震；3级和4级的地震称为弱震或小震；3级以下的地震称为微震。每一次地震只有一个震级。

2. 地震烈度

烈度是指地震时，地面及房屋等建筑物受到的影响和破坏程度。烈度用“度”表示，按Ⅰ～Ⅶ共分为12个等级。

Ⅰ～Ⅲ度：震动微弱，少有人察觉。

Ⅳ～Ⅵ度：震动显著，有轻微破坏，但不引起灾害。

Ⅶ～Ⅸ度：震动强烈，有破坏性，引起灾害。

Ⅹ～Ⅶ度：严重破坏性地震，引起巨大灾害。

对于同一次地震，不同地区，烈度大小是不一样的。距离震源近，破坏就大，烈度就高；反之，距离震源远，破坏就小，烈度就低。

由上可见，Ⅵ度以下的地震一般不会对建筑物造成破坏，无需设防；Ⅹ度及其以上地震造成的破坏是毁灭性的，难以有效预防。因此，对建筑物设防的重点是Ⅶ、VⅢ、Ⅸ度地震。在进行工程设计时，常用的地震烈度有基本烈度和设计烈度。

(1) 基本烈度。基本烈度是指某地区在今后100年内，在一般场地条件下可能遭遇的最大烈度。基本烈度所指的地区，并非一个具体的工程建筑物地区，而是指一个较大范围（如一个县、区或1万km^2）的地区。一般场地条件是指在上述地区范围内普遍分布的地层岩性、地形地貌、地质构造和地下水条件等。在我国，基本烈度由国家地震局编绘的《中国地震烈度区划图》及各省份地震烈度区划图圈定。

(2) 设计烈度。根据建筑物的重要性和等级，针对不同的建筑物，将基本烈度加以调整，作为抗震设防的依据，也是建筑物设计的标准。水工建筑物已有专门的抗震设计规范DL 5073—2000《水工建筑物抗震设计规范》，设计部门根据此规范确定设计烈度，并依据该规范对水工建筑物进行防震设计。

3. 震级与烈度的关系

地震震级与地震烈度既有区别，又有内在联系，它们是一个问题的两个方面。一次地震

中，只有一个震级，而地震烈度却在不同地区有不同的烈度。一般认为，当环境条件相同时，震级越高，震源越浅，震中距越小，地震烈度越高。

关于问题四：

1. 地震对水利工程的影响

强震会毁坏堤坝，或引起巨大的山崩和滑坡，使水利工程的边坡破坏，河流改道，河道堵塞，并且一旦溃决，宣泄的洪水将冲毁下游地区。地震还可以引起区域性的沙土液化，使坝址区有可能造成管涌和流土。此外，强震还破坏交通，给工程建设带来困难。

2. 防震措施

(1) 工程选址应避开大的断层破碎带，特别是活断层带。

(2) 尽可能避免将建筑物放置在一部分为基岩、另一部分为软弱土层的地基上。

(3) 避开可能产生地震液化的砂层，避开岩溶塌陷区及地下采空区。

(4) 边坡稳定安全系数、地基承载力等相应地要提高，岸坡建筑物尤应保证稳定，同时要尽量远离过陡、过高、不稳定斜坡地段。

(5) 正确确定设计烈度，以便从建筑物结构等方面进行抗震设防。

任务三 崩塌和滑坡

任务描述： 围绕完成崩塌和滑坡这个任务，通过实验推理，解决六个问题，使学生明晰崩塌和滑坡的相关知识。

课前设问：

问题一： 斜坡的变形破坏类型有哪些？

问题二： 何为崩塌？

问题三： 何为滑坡？

问题四： 滑坡与崩塌有何关系？

问题五： 影响斜坡稳定的主要因素有哪些？

问题六： 如何防治斜坡变形破坏？

解答：

崩塌和滑坡地质作用和现象通常发生在具有一定坡度的斜坡地段。斜坡在一定的自然条件和重力作用下，常使在其上的部分岩体发生变形和破坏，给各种建筑物（如水坝、隧洞、渠道、铁路、公路等）的建造和使用带来极大的困难和危害，有时甚至造成巨大的灾难。

关于问题一， 斜坡岩体变形实际上在斜坡形成过程中即已发生，表现为卸荷回弹和蠕变两种主要方式。斜坡破坏分类方法很多，按破坏物质的运动方式分为崩塌和滑坡。

1. 卸荷回弹

卸荷回弹是斜坡岩体内积存的弹性应变能释放而产生的。在高地应力区的岩质斜坡中尤为明显。成坡过程中斜坡岩体向临空方向回弹膨胀。

2. 蠕变

斜坡上挤压紧密的岩石，在重力作用下发生长期缓慢变形及松动的现象，称为蠕变。

3. 崩塌

在斜坡的陡峻地段，大块岩体在重力作用下，突然迅速倾倒崩落，沿山坡翻滚撞击而坠落坡下的破坏现象，称为崩塌（图 3-2）。

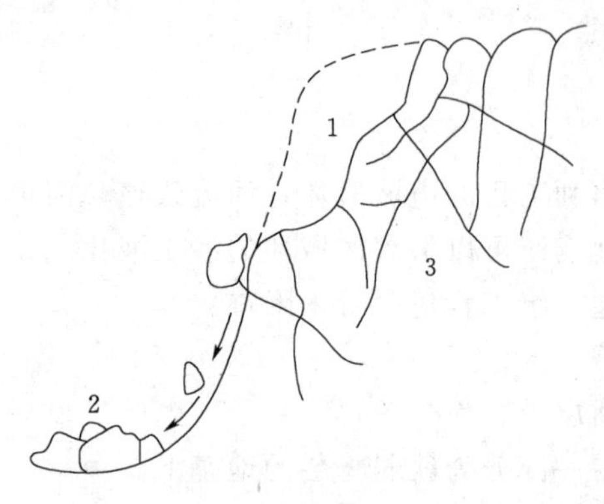

图 3-2 崩塌示意图
1—崩塌体；2—堆积块石；3—被裂隙切割的斜坡基岩

4. 滑坡

斜坡上的岩体，在重力作用下，沿斜坡内一个或几个滑动面整体向下滑动的现象，称为滑坡。大的滑坡规模可达几千立方米，甚至数亿立方米，常掩埋村镇，中断堵塞交通，给工程带来重大危害。所以，在工程建设中必须对滑坡进行详细勘察，研究其发生原因及发展规律，提出合理有效的防治措施。

关于问题二，崩塌是陡坡上的岩体或土体在重力作用下开裂并向临空面方向倾倒，产生断裂向下坠落、翻滚的现象。崩塌的岩体（或土体）顺坡猛烈地跳跃、滚动、相互撞击，最后堆积于坡脚。其特点是速度快（一般为 5～200m/s），规模差异大（从小于 $1m^3$ 到上亿立方米）。

崩塌下落后，崩塌体各部分相对位置完全打乱，大小混杂，形成较大石块翻滚、较远的倒石堆。

在自然界中，斜坡上已经出现变形、开裂，但尚未崩落的岩土体，对人们的生产、生活构成了威胁，常被称为危崖。

崩塌是斜坡破坏的一种形式，它对房屋、道路、水利等建筑物常带来威胁，酿成人身安全事故。尤其对交通线路的危害最严重，我国宝成、成昆、襄渝铁路和川藏公路沿线崩塌灾害常影响线路的正常运营。

1. 崩塌的类型

崩塌分类方法很多，可按岩土体成分分类，也可按规模分类。大小不等、零乱无序的岩块（土块）呈锥状堆积在坡脚的堆积物，称为崩积物，也可称为岩堆或倒石堆。

（1）根据坡地物质组成划分。根据岩土体成分，崩塌可分为岩崩和土崩两大类，具体的有如下分类：

1）崩积物崩塌。山坡上已有的崩塌岩屑和沙土等物质，由于它们的质地很松散，当有雨水浸湿或受地震震动时，可再一次形成崩塌。

2）表层风化物崩塌。在地下水沿风化层下部的基岩面流动时，引起风化层沿基岩面崩塌。

3）沉积物崩塌。有些由厚层的冰积物、冲积物或火山碎屑物组成的陡坡，由于结构松散，形成崩塌。

4）基岩崩塌。在基岩山坡面上，常沿节理面、地层面或断层面等发生崩塌。前三者产生在土体中者称土崩，后面一种产生在岩体中者称岩崩。

（2）按照崩塌体的规模、范围、大小可以分为剥落、坠石和崩落等类型。

1）剥落的块度较小，块度大于 0.5m 者占 25%以下，产生剥落的岩石山坡一般在 30°～40°。

2）坠石的块度较大，块度大于 0.5m 者占 50%～70%，山坡角在 30°～40°。

3）崩落的块度更大，块度大于 0.5m 者占 75%以上，山坡角多大于 40°。

当岩崩的规模巨大，涉及山体者，又俗称山崩。当崩塌产生在河流、湖泊或海岸时，称为岸崩。

（3）根据崩塌体的移动形式和速度划分。

1）散落型崩塌。在节理或断层发育的陡坡，或是软硬岩层相间的陡坡，或是由松散沉积物组成的陡坡，常形成散落型崩塌。

2）滑动型崩塌。沿某一滑动面发生崩塌，有时崩塌体保持了整体形态，和滑坡很相似，但垂直移动距离往往大于水平移动距离。

3）流动型崩塌。松散岩屑、砂、黏土，受水浸湿后产生流动崩塌。这种类型的崩塌和泥石流很相似，称为崩塌型泥石流。

2. 崩塌的形成条件和影响因素

崩塌的形成条件和影响因素很多，主要有地形地貌条件、岩性条件、地质构造条件，以及风化作用的影响、降雨和地下水的影响、地震和人类活动的影响等。

（1）地形地貌条件。

1）崩塌一般发生在江河湖海、冲沟岸坡、高陡的山坡和人工斜坡上，地形坡度往往大于45°，尤其是大于60°的陡坡。

2）峡谷陡坡是崩塌密集发生的地段，因为峡谷岸坡陡峻，卸荷裂隙发育，易于崩塌。

3）山区河谷凹岸也是崩塌较集中分布的地段，因河曲凹岸遭受侵蚀，易于造成崩塌。

4）冲沟岸坡和山坡陡崖岩体直立，不稳定岩体较多，时有崩塌发生。

5）丘陵和分水岭地段崩塌较少，原因是地形相对平缓，高差较小，如果开挖高边坡也会产生崩塌。

（2）岩性条件。崩塌多发生在厚层坚硬脆性岩体中。石灰岩、砂岩、石英岩等厚层硬脆性岩石易形成高陡斜坡，其前缘由于卸荷裂隙的发育，形成陡而深的张裂缝，并与其他结构面组合，逐渐发展贯通，在触发因素作用下发生崩塌（图3-3）。由缓倾角软硬相间岩层组合而成的陡坡，软弱岩层易风化剥蚀而内凹，坚硬岩层抗风化能力强而凸出，失去支撑的部分常发生崩塌（图3-4）。岩浆岩构成的坡体常常被多组节理、裂隙、片理所切割，或被后期的岩墙、岩脉所穿插，容易发生崩塌。变质岩构成的坡体往往节理、劈理极为发育，容易发生崩塌。

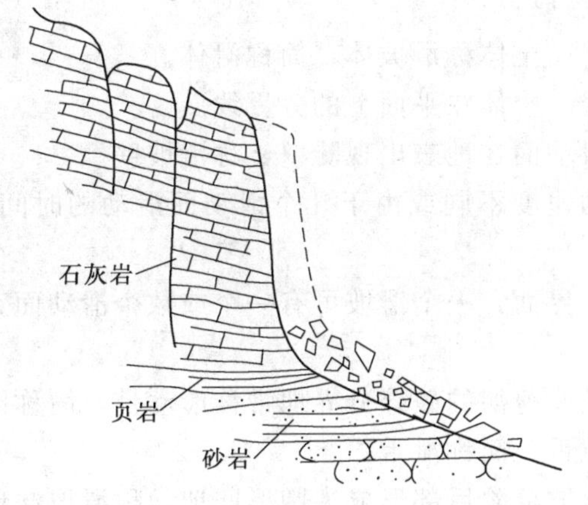

图3-3　坚硬岩层高陡斜坡卸荷裂隙导致崩塌

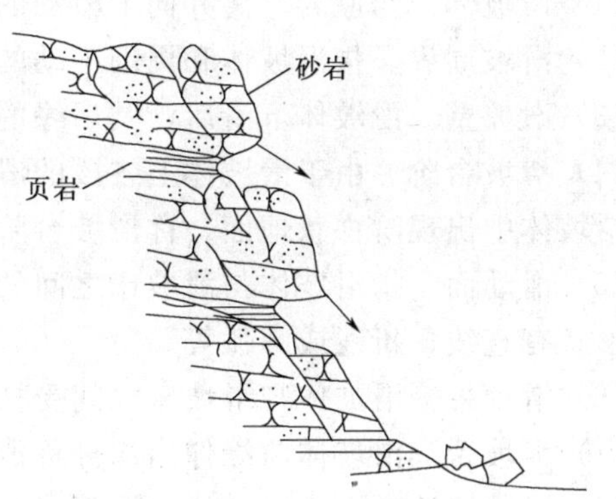

图3-4　软硬岩层互层陡坡崩塌

(3) 地质构造条件。

1) 构造节理和成岩节理对崩塌的形成影响很大。硬脆性岩体中往往发育两组或两组以上的陡倾节理，其中与坡面平行的一组节理常演化为拉张裂缝。裂缝的切割密度对崩塌块体的大小起着控制作用。坡体岩石被稀疏但贯通性较好的裂隙切割时，常能形成较大规模的崩塌，具有更大的危险性。岩石裂隙密集而极度破碎时，仅能形成小岩块，在坡脚形成倒石堆。

2) 褶皱核部由于岩层强烈弯曲，岩石破碎，地表水深入，易于产生崩塌，其规模主要取决于褶皱轴向与临空面走向的夹角。

3) 当建筑物的延伸方向和区域构造线一致，而且采用深挖方案时，崩塌较多。

3. 崩塌堆积物

崩塌产物堆在山坡底部呈不规则的堆石坝状，称为倒石堆。倒石堆由未经分选的崩塌堆积物组成。它包括巨大的崩塌岩块（图 3-5)；岩块碰撞及压砸而形成的碎石及岩粉；以及斜坡上的其他松散堆积物等。其岩性成分与组成斜坡的岩性一致，碎屑呈角砾状，分选性极差。

图 3-5　崩塌岩块

撒落即小崩小塌，是斜坡上的岩体在强烈的机械风化作用下，不断地产生碎块及岩屑，它们在重力作用下向坡下坠落或滚动的现象。撒落形成于坡度为 30°～70°的斜坡地带，在沿坡地带，风化岩屑以较崩塌为缓慢的速度逐渐地、均匀地撒落于坡下，并形成倒石锥。有时沿坡麓形成倒石锥群。撒落堆积物的岩块和岩屑由于经过滚动，棱角遭受磨蚀。较大石块滚动速度快，多停留于坡脚，造成具有下粗上细的粗略分选。稳定的倒石锥坡面常常长满植物，岩块的空隙由细粒物质充填压密，有时被地下水中所含钙质充填。

关于问题三，滑坡是指斜坡上的土体或者岩体，受各种因素影响，在重力作用下，沿着一定的软弱面或者软弱带，整体地或者分散地顺坡向下滑动的自然现象，俗称“走山”“垮山”“地滑”“土溜”等。

1. 滑坡的组成要素及形态

如图 3-6 所示，一般滑坡由以下几部分组成：

(1) 滑坡体。与原岩分离并向下滑动的岩、土体称滑坡体，简称滑体。

(2) 滑坡周界。指滑坡体和周围不动的岩、土体在平面上的分界线。

(3) 滑坡壁。滑坡体下滑后，其后缘的滑动面在地表出现陡壁，称滑坡壁。

(4) 滑坡台阶。由于滑坡体上各段的滑动速度不同或由于几个滑动面滑动的时间不同，可在滑坡体中出现阶梯状地面，称滑坡台阶。

(5) 滑动面。指滑坡体与滑坡床之间的分界面，一个滑坡可有一个或数个滑动面，滑动面的形状有直线、折线或圆弧等。

(6) 滑动带。滑坡体与滑坡床之间受揉皱及剪切的破碎分界地带称滑动带，简称滑带。

(7) 滑坡舌。滑坡体前缘伸出部分称滑坡舌，简称滑舌。

(8) 滑坡洼地。由于滑坡体的滑落，在滑坡台阶后部形成半圆形凹地，称滑坡洼地，有时可积水形成滑坡泉或滑坡湖。

(9) 滑坡裂缝。滑坡活动时在滑体及其边缘所产生的一系列裂缝，称为滑坡裂缝。位于滑坡体上（后）部多呈弧形展布者称拉张裂缝；位于滑体中部两侧，滑动体与不滑动体分界处者称剪切裂缝；剪切裂缝两侧又常伴有羽毛状排列的裂缝，称羽状裂缝；因受推移挤压，滑坡体前缘因滑动受阻而隆起的张裂缝称鼓张裂缝；位于滑坡体中前部，尤其在滑舌部位呈放射状展布者，称扇形裂缝。

(10) 滑坡鼓丘。指滑坡体前缘因受阻力而隆起的小丘。

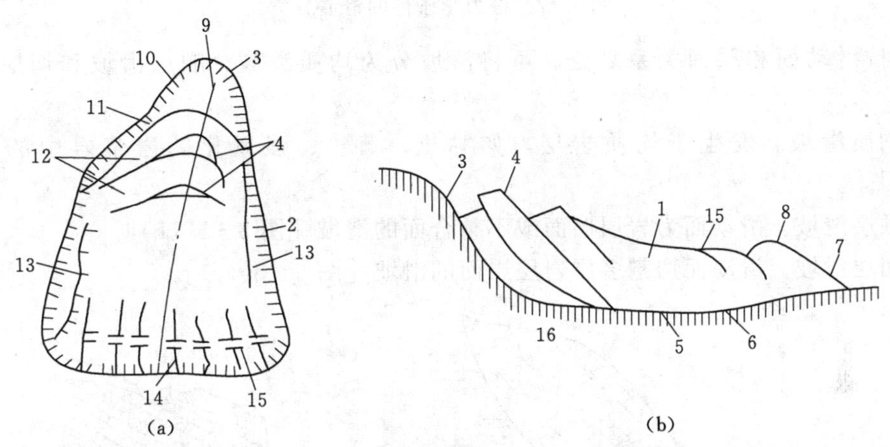

图 3-6 滑坡要素及滑坡形态特征示意图

1—滑坡体；2—滑坡周界；3—滑坡壁；4—滑坡台阶；5—滑动面；6—滑动带；7—滑坡舌；8—滑坡鼓丘；9—滑动轴；10—破裂缘；11—滑坡洼地；12—拉张裂缝；13—剪切裂缝；14—扇形裂缝；15—鼓张裂缝；16—滑坡床

(11) 滑坡床。指在滑动面之下未滑动的稳定岩体，简称滑床。滑坡体上常可见到树木倾斜倒歪的“醉汉林”和“马刀树”。

以上滑坡诸要素只有在发育完全的新生滑坡才同时具备，并非任一滑坡都具有。

2. 滑坡的类型

(1) 按滑坡体的物质组成和滑坡与地质构造关系划分。简单地说，滑坡按其物质组成可分为土层滑坡和岩层滑坡，具体如下：

1) 覆盖层滑坡。本类滑坡有黏性土滑坡、黄土滑坡、碎石滑坡、风化壳滑坡。

2) 基岩滑坡。本类滑坡与地质结构的关系可分为均质滑坡、顺层滑坡、切层滑坡。

3) 特殊滑坡。本类滑坡有融冻滑坡、陷落滑坡等。

(2) 按滑坡发生时代划分。可将滑坡划分为新滑坡、老滑坡、古滑坡三种类型。

(3) 按力学条件划分。

1) 推动式滑坡。始滑部位位于滑坡的后缘 [图 3-7 (a)]。这类滑坡的发生，主要是由坡顶堆载重物或进行建筑等引起坡顶部不稳所致。

2) 牵引式滑坡。始滑部位位于滑坡的前缘 [图 3-7 (b)]。这类滑坡的发生，主要是由坡脚受河流冲刷或人工开挖，以至坡脚部位应力集中过大所致。

3) 混合式滑坡。始滑部位前、后缘均有 [图 3-7 (c)]。这种情况比较多。

4) 平移式滑坡。始滑部位分布于滑动面的许多部位，同时局部滑移，然后贯通为整体滑移 [图 3-7 (d)]。

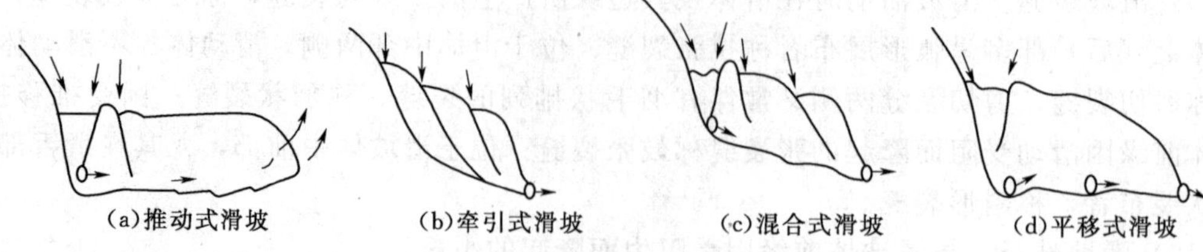

图 3-7　按力学条件的滑坡分类

(4) 按滑动面和层面关系划分。可将滑坡分为均质滑坡、顺层滑坡和切层滑坡（图 3-8）。

1) 均质滑坡。发生于均质岩层，如黏土、黄土、强风化的岩浆岩中的滑坡［图 3-8 (a)］。

2) 顺层滑坡。滑动面为岩层层面或不整合面的滑坡［图 3-8 (b)］。

3) 切层滑坡。滑动面切割多层岩层层面的滑坡［图 3-8 (c)］。

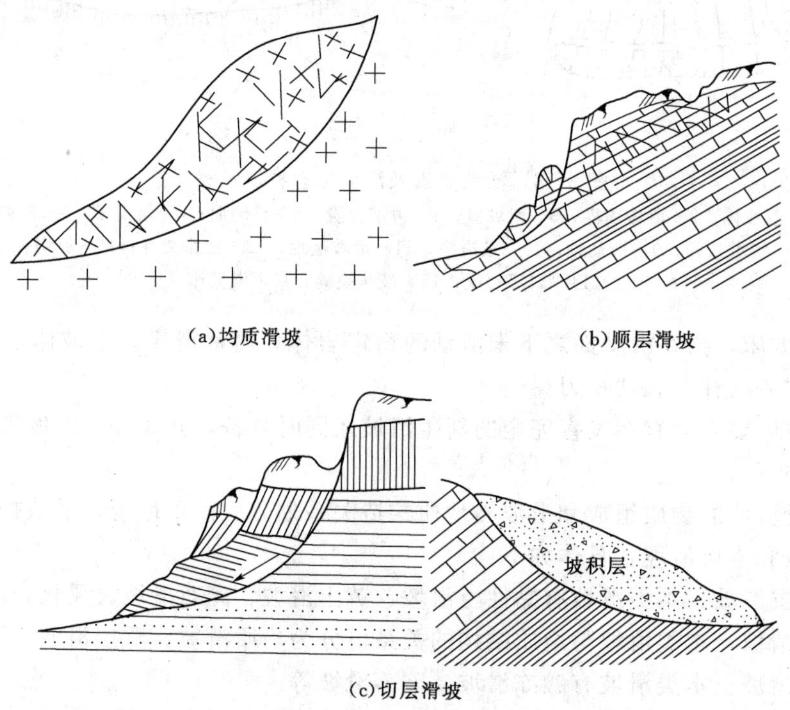

图 3-8　滑坡类型

(5) 按滑坡体规模、大小划分。反映滑坡体规模大小的主要指标是滑坡体积，可按滑坡体积划分如下：

1) 微型滑坡。体积小于 1 万 m^3。

2) 小型滑坡。体积为 1 万～10 万 m^3。

3) 中型滑坡。体积为 10 万～100 万 m^3。

4) 大型滑坡。体积为 100 万～1000 万 m^3。

5) 特大型滑坡。体积为 1000 万～1 亿 m^3。

6）巨型滑坡。体积大于1亿m^3。

（6）按滑坡埋藏深度分类。

1）表层滑坡：滑面埋深小于3m，极易施工。

2）浅层滑坡：滑面埋深小于6m，容易施工。

3）中层滑坡：滑面埋深6～20m，可以施工。

4）深层滑坡：滑面埋深20～50m，施工有困难。

5）超深层滑坡：滑面埋深50m，很难施工。

除此之外，还可按滑坡的运动速度分为蠕动型滑坡（滑速小于0.1m/s）、慢速滑坡（滑速0.1～1.0m/s）、中速滑坡（滑速1.0～5.0m/s）、高速滑坡（滑速5.0～20.0m/s）和剧冲型滑坡（滑速大于20.0m/s）。

关于问题四，滑坡和崩塌如同孪生姐妹，甚至有着无法分割的联系。它们常常相伴而生，产生于相同的地质构造环境中和相同的地层岩性构造条件下，且有着相同的触发因素，容易产生滑坡的地带也是崩塌的易发区。例如宝成铁路宝鸡绵阳段，是滑坡和崩塌多发区。

（1）崩塌可转化为滑坡。一个地方长期不断地发生崩塌，其积累的大量崩塌堆积体在一定条件下可生成滑坡；有时崩塌在运动过程中直接转化为滑坡运动，且这种转化是比较常见的。有时岩土体的重力运动形式介于崩塌式运动和滑坡式运动之间，人们无法区别此运动是崩塌还是滑坡。因此地质科学工作者称此为滑坡式崩塌或崩塌型滑坡。

（2）崩塌、滑坡在一定条件下可互相诱发、互相转化。崩塌体击落在老滑坡体或松散不稳定堆积体上部，在崩塌的重力冲击下，有时可使老滑坡复活或产生新滑坡。滑坡在向下滑动过程中若地形突然变陡，滑体就会由滑动转为坠落，即滑坡转化为崩塌。有时，由于滑坡后缘产生了许多裂缝，因而滑坡发生后其高陡的后壁会不断地发生崩塌。

另外，滑坡和崩塌也有着相同的次生灾害和相似的发生前兆。

关于问题五，影响斜坡稳定的因素分两方面：一是内在因素，如地质条件（岩性、地质构造）与地貌条件；二是内外营力（动力）和人为作用的影响，也称为诱发因素。在现今地壳运动的地区和人类工程活动的频繁地区是滑坡多发区，外界因素和作用，可以使产生滑坡的基本条件发生变化，从而诱发滑坡。主要的诱发因素有：地震、降雨和融雪、地表水的冲刷、浸泡、河流等地表水体对斜坡坡脚的不断冲刷；不合理的人类工程活动，如开挖坡脚、坡体上部堆载、爆破、水库蓄（泄）水、矿山开采等；还有如海啸、风暴潮、冻融作用等。

1. 地形地貌

一般深切的峡谷，陡峭的岸坡地形容易发生边坡变形和破坏。例如，我国西南山区沿金沙江、雅砻江及其支流等河谷地区边坡岩体松动破裂、蠕动、崩塌、滑坡等现象十分普遍。通常地形坡度越大、坡高越大，对边坡稳定越不利。

只有处于一定的地貌部位，具备一定坡度的斜坡，才可能发生滑坡。一般江、河、湖（水库）、海、沟的斜坡，前缘开阔的山坡、铁路、公路和工程建筑物的边坡等都是易发生滑坡的地貌部位。坡度大于10°、小于45°，下陡中缓上陡、上部呈环状的坡形是产生滑坡的有利地形。

2. 岩石性质

岩性直接影响斜坡岩体的稳定及其变形破坏形式。由坚硬块状及厚层状岩石（如花岗岩、石英岩、石灰岩等）构成的斜坡，一般稳定性程度较高，变形破坏形式以崩塌为主；由软弱岩土体（如松散覆盖层、黄土、红黏土、煤系地层、页岩、泥岩、片岩、千枚岩、板岩及火山凝灰岩等）构成的斜坡，岩石易风化且抗剪强度低，在产状较陡地段，易产生蠕动变形现象；当岩层层面（或片理面、裂隙面等）倾向与坡面的坡向一致，岩层倾角小于坡角且在坡面出露时，极易形成顺层滑坡。

黄土具有垂直节理，疏松透水，在干燥时，黄土斜坡直立陡峻；浸水后易崩解湿陷，产生崩塌或塌滑现象。如三门峡水库岸边的黄土地带，水库蓄水 4 天后，岸坡坍塌范围约 200km。

3. 地质构造

在褶皱、断裂发育地区，岩层倾角较大，节理、断层纵横交错，是产生崩塌、滑坡的有利因素。在新构造运动强烈上升区，由于侵蚀切割，往往形成高山峡谷地形，斜坡岩体中广泛发育有各种变形和破坏现象。

组成斜坡的岩、土体只有被各种构造面切割分离成不连续状态时，才有可能向下滑动。同时，构造面又为降雨等水流进入斜坡提供了通道，故各种节理、裂隙、层面、断层发育的斜坡，特别是当平行和垂直斜坡的陡倾角构造面及顺坡缓倾的构造面发育时，最易发生滑坡。

4. 水的作用

地面水的侵蚀冲刷作用，可改变斜坡外形，造成坡脚掏空，影响斜坡岩体的稳定性。如河岸发生的塌岸和滑坡多在受流水侵蚀的岸边。

地面水的入渗和地下水的渗流，对斜坡岩体的稳定性影响很大。它的作用主要表现在：地下水不仅增加了斜坡岩体的重量，产生静水压力和渗透压力，还使渗流面上的岩石软化或泥化，降低其抗剪强度，潜蚀岩、土，对透水岩层产生浮托力等，尤其是对滑面（带）的软化作用和降低强度的作用最突出，导致岩体变形或滑动破坏。

水的作用还体现在降雨对滑坡的影响很大。降雨对滑坡的作用主要表现在：雨水的大量下渗，边坡中的地下水流量大大增加，地下水和雨水联合作用，导致斜坡上的土石层饱和，甚至在斜坡下部的隔水层上积水，从而增加滑体的重量，降低土石层的抗剪强度，更进一步促进了崩塌滑坡的发生。据统计，有 80%的斜坡失稳发生在雨季，特别是雨中和雨后不久；连续降雨时间越长，暴雨强度越大，崩塌次数就越多；阴雨连绵天气比短促的暴雨天气崩塌次数多；长期大雨比连绵细雨时崩塌次数多，不少滑坡具有“大雨大滑、小雨小滑、无雨不滑”的特点。

5. 风化作用

风化作用会对斜坡岩体稳定产生较大影响。如物理风化作用使边坡岩体产生裂隙或使斜坡前缘各种成因的裂隙加深、加宽，黏聚力遭到破坏，促使边坡变形破坏；如在干旱、半干旱气候区，由于物理风化强烈，导致岩石机械破碎而发生斜坡失稳。高寒山区的冰劈作用也有利于崩塌的形成。生物风化作用使边坡岩体遭受机械破坏（如裂隙中树根生长，促使边坡岩体崩塌），或岩体被分解腐蚀而破坏。岩体风化程度不同，边坡的稳定性差异也很大，如微风化岩石，常可保持较陡的自然边坡，而强风化及全风化岩石，难以保持较陡的边坡，常需处理。

6. 地震

发生地震时，地震波引起的地震力是推动边坡滑移的重要因素。此外，在地震的作用下可使边坡岩体的结构发生破坏，出现新的结构面或使原有结构面张裂松弛，在地震力的反复

作用下，边坡岩体易沿结构面发生位移变形，加上地下水也有较大变化，特别是地下水位的突然升高或降低对斜坡稳定是很不利的。在砂土边坡中，易形成振动液化，边坡失稳。另外，一次强烈地震的发生往往伴随着许多余震，在地震力的反复振动冲击下，斜坡土石体就更容易发生变形，最后就会发展成滑坡。汶川地震就诱发了大量崩塌和滑坡，毁坏了房屋和公路。

7. 人为因素

人类活动对边坡稳定性的影响越来越严重，主要表现在人类修建各种工程建筑使边坡岩体承受工程荷载作用，在这些荷载作用下边坡会变形破坏。例如，边坡坡肩附近修建大型工程建筑或废弃的土石堆积，使坡顶超载而导致边坡变形或破坏等。又如，人工开挖边坡，从底部向上开挖，会引起边坡失稳，造成人身事故。还有不合理的爆破工程，也会导致岩体松动，边坡失稳；水渠和水池的漫溢和渗漏，工业生产用水和废水的排放、农业灌溉等；在山坡上乱砍滥伐，使坡体失去保护，便有利于雨水等水体的入渗从而诱发滑坡等。这些在施工中应特别注意。

关于问题六：

1. 防治原则

斜坡变形的防治原则是以防为主，及时治理，经济可靠。

(1) 以防为主就是要在建筑物场地选择、边坡处理等前期工作上尽量做到防患于未然。

(2) 及时治理就是要针对斜坡已出现的变形破坏情况，及时采取必要的增强稳定性的措施。

(3) 考虑工程重要性是制定整治方案必须遵守的经济原则。

2. 防治措施

(1) 防渗与排水。排水包括排除地表水和地下水，这是目前整治不稳定边坡效果良好的方法。首先要拦截流入不稳定边坡区的地表水（包括泉水、雨水），一般在不稳定边坡（如滑坡区）外围设置环形排水沟槽，将地表水排走或抽走。设排水沟槽时，应注意充分利用自然沟谷，并布置成树枝状排水系统（图 3-9），还要整平夯实坡面，利于排水。疏导地下水，一般采用排水廊道和钻孔排水方法降低地下水位或排走已渗入坡体内的水（图 3-10）。

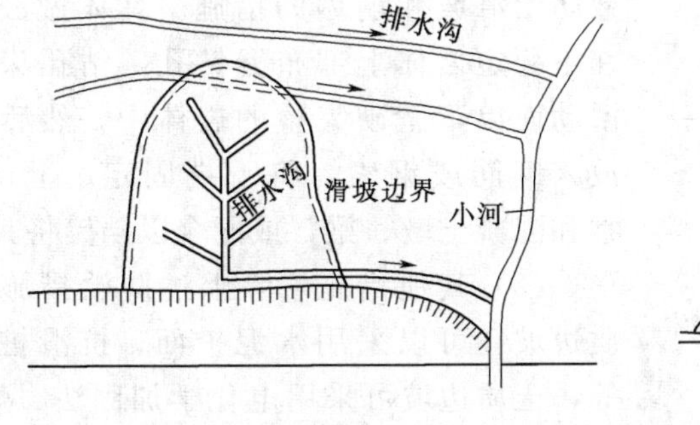

图 3-9 排水沟示意图

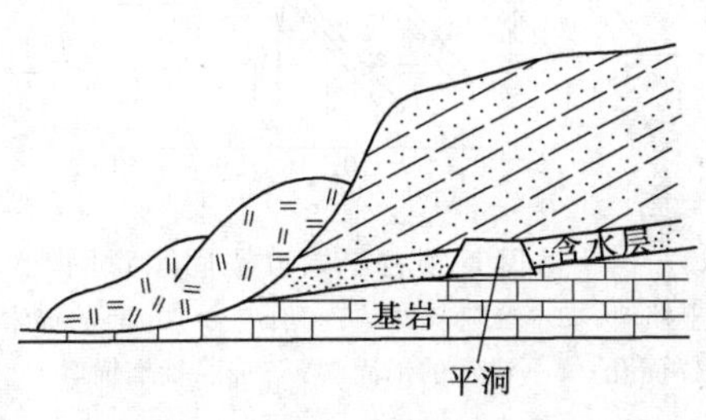

图 3-10 排水廊道示意图

(2) 削坡、减重、反压。此法主要是将较陡的边坡减缓或将其上部岩体削去一部分（图 3-11），并把削减下来的土石堆于滑体前缘的阻滑部位，使之起到降低下滑力、增加抗滑力的作用，以增加边坡稳定性的目的。

(3) 修建支挡建筑物。在不稳定边坡岩体下部修建挡墙或支撑墙，靠挡墙本身的重量克服滑移体的剩余下滑力（图 3-12 和图 3-13）。挡墙的主要形式有浆砌石挡墙、混凝土或钢

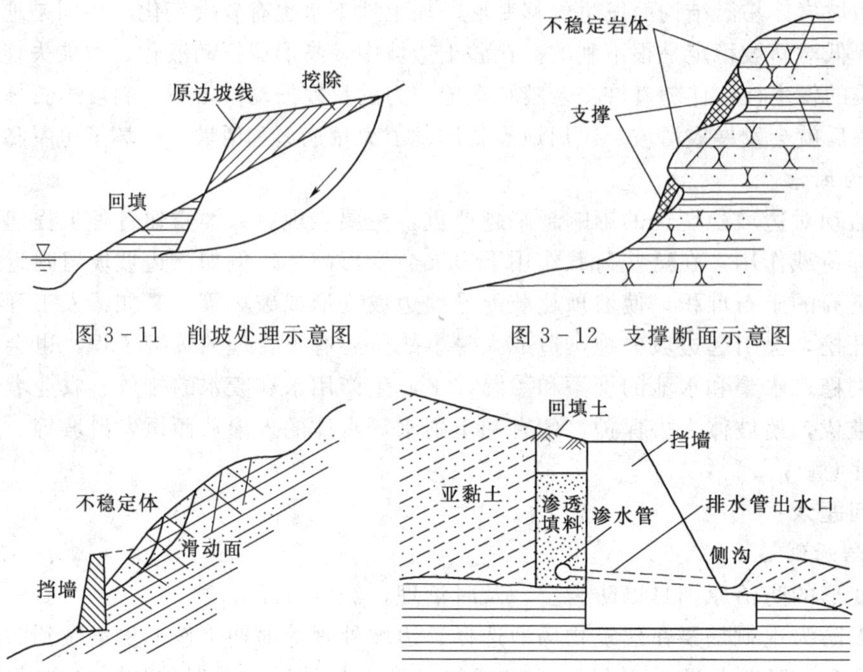

图 3-11　削坡处理示意图

图 3-12　支撑断面示意图

图 3-13　挡墙示意图

筋混凝土挡墙等。修建支挡建筑物时需要注意，其基础必须砌置在最低滑动面之下，一般插入完整基岩中不少于0.5m，完整土层中不少于2m。此外，还要考虑排水措施。

(4) 锚固措施。利用预应力钢筋或钢索锚固不稳定边坡岩体（图 3-14)，是一种有效防治滑坡和崩塌的措施。具体做法是：先在不稳定岩体上部布置钻孔，钻孔深度达到滑动面以下坚硬完整的岩体中，然后在孔中放入钢筋或钢索，将下端固定、上端拉紧，常和混凝土墩、梁，或配合以挡墙将其固定。

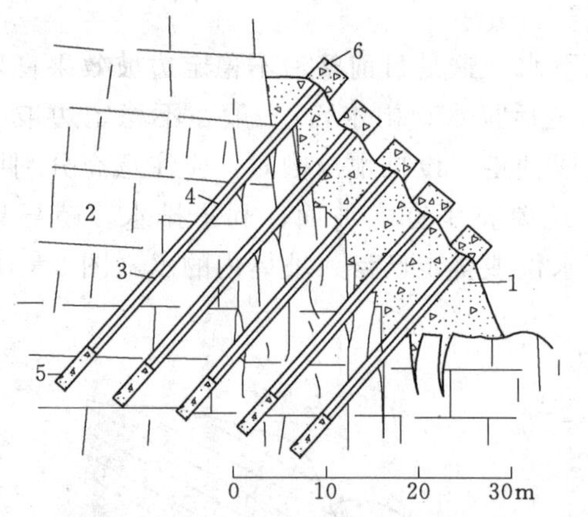

图 3-14　法国某坝右岸岸坡锚固示意图

1—混凝土挡墙；2—裂隙灰岩；3—预应力 1000t 的锚索；4—锚固孔；5—锚索的锚固端；6—混凝土锚墩

(5) 其他措施。除上述防治措施外，岩质边坡还可以采用水泥护面、抗滑桩、灌浆等，土质边坡可采用电化学加固法、焙烧法、冷冻法等措施，这些方法一般成本高，只有在特殊需要时使用。

任务四　泥　石　流

任务描述：围绕完成泥石流这个任务，通过实验推理，解决六个问题，使学生明晰泥石流的相关知识。

课前设问：

问题一：何为泥石流，主要分布在哪？

问题二：泥石流形成条件是什么？

问题三：泥石流有哪些种类？

问题四：怎样选择泥石流地区道路位置？

问题五：泥石流有哪些防治措施？

问题六：滑坡、崩塌与泥石流有何关系？

解答：

关于问题一，含有大量泥沙、石块等固体物质，突然暴发的具有很大破坏力的特殊洪流称为泥石流。

泥石流常常是突然暴发的，历时短暂，来势凶猛。暴发时山谷雷鸣，地面振动，巨量的水体携带着几十万甚至几百万立方米的砂石，依仗着陡峻的山势，沿着峡谷深涧，前推后拥，猛冲下来，在很短时间内将大量的泥沙、石块冲出沟外，横冲直撞、漫流堆积，破坏性极大。它常冲毁交通线路和耕地、堵塞河道，大的泥石流甚至掩埋村庄、摧毁城镇，破坏沿途一切工程建筑物，给人民生命财产和国民经济建设带来严重危害（图3-15）。

图3-15　泥石流

我国是世界上泥石流最发育的国家之一，主要集中分布在西南、西北、华北山区，如云南，四川的西部和北部，西藏东部和南部，秦岭、甘肃东南部，青海东部、祁连山、昆仑山、天山、太行山等地区，在华东、中南及东北部分山区也有零星分布。

关于问题二，泥石流与一般洪流的不同之处在于它含有大量的固体物质。泥石流的形成必须具备丰富的松散固体物质、陡峻的地形和足够的突发性水源三个基本条件。另外，某些人为因素对泥石流的形成也有不可忽视的影响。

1. 松散固体物质（地质条件）

在形成区内有大量易于被水流侵蚀冲刷的疏松土石堆积物，是泥石流形成最重要的条件。地质条件决定了这些松散固体物质的来源。若形成区的物质供应区内有大量松散堆积物质且分布广、厚度大；或岩石风化剧烈，构造活动频繁，断裂节理发育，岩石遭受剧烈切割破碎，从而产生大量滑坡、崩塌等现象；或人类活动造成大量松散物质，如废泥土或石渣等，给泥石流的发生提供了丰富的物质资源。

2. 地形条件

形成泥石流的地形条件要求大气降水能迅速汇聚，并拥有巨大动能。为此，沟上游应有一个汇水面积较大，地形、沟床坡度比较陡的区域。

标准型泥石流具有明显的三个区段：形成区、流通区和堆积区。形成区多崩塌、滑坡等地质灾害，地面坡度较大；流通区较稳定，沟谷断面多呈V形；堆积区一般呈扇形，堆积物棱角明显。此类泥石流破坏能力强，规模较大，如图3-16所示。

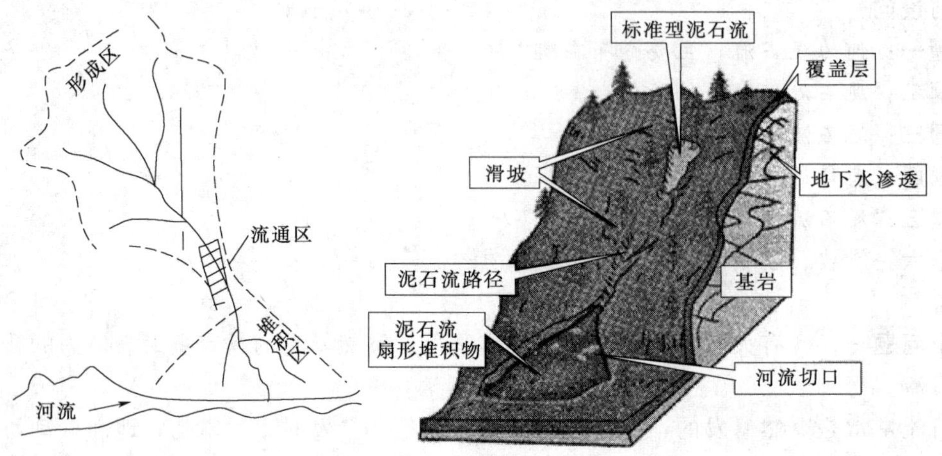

图 3-16　标准型泥石流

(1) 形成区。一般位于泥石流沟的上、中游。该区多为三面环山、一面出口的半圆形宽阔地段，周围山坡陡峻（大多为30°～60°），沟谷纵坡降可达30°以上。斜坡常被冲沟切割，且崩塌、滑坡发育；坡体光秃，无植被覆盖，这样的地形有利于汇集周围山坡上的水流和固体物质。

(2) 流通区。该区是泥石流搬运通过的地段，多为狭窄而深切的峡谷或冲沟，谷壁陡峻而纵坡降较大，常出现陡坎和跌水，所以泥石流物质进入本区后具极强的冲刷能力。流通区形似颈状或喇叭状。非典型的泥石流沟可能没有明显的流通区。

(3) 堆积区。该区是泥石流物质的停积场所。一般位于山口外或山间盆地的边缘，地形较平缓。泥石流至此速度急剧变小，最终堆积下来，形成扇形、锥状堆积体，有的堆积区还直接为河漫滩或阶地。

3. 水源条件

泥石流形成必须有强烈的地表径流，地表径流是暴发泥石流的动力条件。泥石流的地表径流来源于暴雨、高山冰雪强烈融化或水库溃决等。因此，在时间上多发生在降雨集中的雨季或高山冰雪消融季节，主要是在夏季。

4. 人为因素

人类工程活动的不当可促进泥石流的发生、发展、复活或加重其危害程度。山区滥伐森林、不合理开垦土地，破坏植被和生态平衡，造成水土流失，并产生大面积山体崩塌和滑坡；开矿采石，筑路中任意堆放弃渣等都直接或间接地为泥石流提供了固体物质来源和地表流水迅速汇聚的条件。

关于问题三，泥石流产生的地形地质条件有差别，故泥石流的性质、物质组成、流域特征及其危害程度等也随地形地质的不同而变化。因此，对泥石流类型的划分目前尚未统一，仍处于探索中。

1. 按所含固体物质成分分类（图 3-17）

(1) 泥流。以黏性土为主，含少量砂粒、石块，黏度大，呈稠泥状的称为泥流。我国主要分布于甘肃天水、兰州及青海的西宁等黄土高原山区和黄河的各大支流，如渭河、湟水、洛河、泾河等地区。

(a) 泥流

(b) 泥石流

(c)水石流

图 3－17 泥石流类型（按物质成分分类）

（2）泥石流。由大量黏性土和粒径不等的砂粒、石块组成的称为泥石流。基岩裸露剥蚀强烈的山区产生的泥石流多属此类。我国主要发生在西藏波密、四川西昌、云南东川、贵州遵义等地区。

（3）水石流。由水和大小不等的砂粒、石块组成的称为水石流。水石流主要分布于石灰岩、石英岩、大理岩、白云岩、玄武岩及坚硬的砂岩地区，如陕西华山、山西太行山、北京西山、辽宁东部山区的泥石流多属此类。

2. 按其地貌特征分类

（1）山坡型泥石流。沟小流短，沟坡与山坡基本一致，没有明显的流通区，形成区直接与堆积区相连。洪积扇坡陡而小，沉积物棱角分明；冲击力大，淤积速度较快，但规模较小，如图 3－18（a）所示。

（2）沟谷型泥石流。流域呈狭长形，形成区则分散在河谷的中、上游；固体物质远离堆积区，沿河谷既有堆积又有冲刷；沉积物棱角不明显。此类泥石流破坏能力较强、周期较长、规模较大，如图 3－18（b）所示。

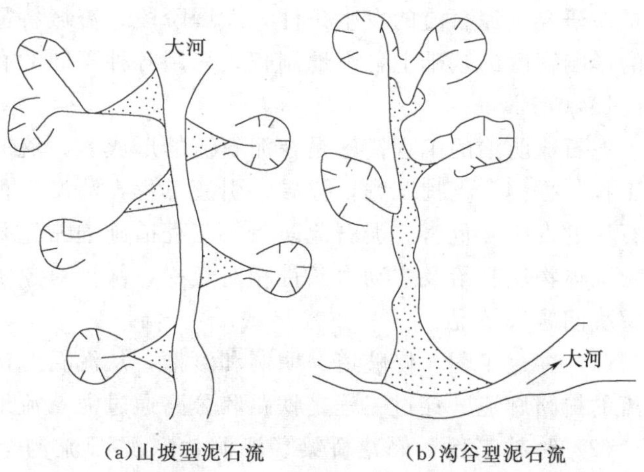

(a)山坡型泥石流 (b)沟谷型泥石流

图 3－18 泥石流类型（按地貌特征分类）

3. 按流体性质分类

（1）黏性泥石流。含黏性土的泥石流或泥流，其特征：一是黏性大，固体物质占 40％～60％，最高达 80％，水不是搬运介质，而是组成物质；二是稠度大，石块呈悬浮状态，突然暴发，持续时间短，破坏力大。

（2）稀性泥石流。以水为主要成分，黏性土含量少，固体物质占 11％～40％，有很大的分散性。水为搬运介质，石块以滚动或跳跃方式前进，具有强烈的下切作用。其堆积物在堆积区呈扇状散流，沉积后似“石海”。

以上分类是我国泥石流最常见的几种分类方法，除此之外还有多种分类方法。如按泥石流的成因分类，有冰川型泥石流、降雨型泥石流；按泥石流流域大小分类，有大型泥石流、中型泥石流和小型泥石流；按泥石流发展阶段分类，有发展期泥石流、旺盛期泥石流和衰退期泥石流等。

关于问题四，水利工程涉及道路建设，山区道路选线一般都是利用山坡坡脚至河岸间的坡地或阶地沿河前进，因此穿越泥石流地区是难以避免的。如何合理地选择交通线路的位置就成为一个十分重要的问题，如果选线不当，轻则可能造成很多泥石流病害工点，重则整段线路无法正常使用，为此付出的代价是无法估量的。从根本上讲，掌握泥石流的特征及其发生发展规律，选择好线路的位置是防治泥石流最有效的措施。

一般来说，铁路、公路通过泥石流区，应遵循以下原则：

(1) 绕避处于发育旺盛期的特大型、大型泥石流或泥石流群，以及淤积严重的泥石流沟。

(2) 远离泥石流堵河严重地段的河岸。

(3) 线路高程应考虑泥石流发展趋势。

(4) 峡谷河段以高桥大跨通过。

(5) 宽谷河段，线路位置及高程应根据主河床与泥石流沟淤积率、主河摆动趋势确定。

(6) 线路跨越泥石流沟时，应避开河床纵坡由陡变缓的位置和平面上的急弯部位；不宜压缩沟床断面，改沟并桥或沟中设墩；桥下应留足净空。

(7) 严禁在泥石流扇上挖沟设桥或做路堑。

关于问题五，目前泥石流的防治措施很多，归纳起来，有绕避、工程措施、生物措施等方法。若严重发育地段且属大型的泥石流，一般绕避为好，在工程布设上广泛采用。实在无法绕避的，在调查泥石流活动规律后，选择有利部位，采用适宜的建筑物通过。泥石流的整治是在研究了泥石流的发生条件，发展阶段，流域特征、规模及其活动规律以及对工程建筑物的影响程度的基础上，因地制宜，采用各种不同的有效方法进行处理。

1. 工程措施

泥石流防治的工程措施是在泥石流的形成区、流通区、堆积区内，相应地采取蓄水、引水工程，拦挡、支护工程，排导、引渡工程，清淤工程及改土护坡工程等治理措施，以控制泥石流的发生和危害。泥石流防治的工程措施通常适用于泥石流规模大，暴发不是很频繁、松散固体物质补给及水动力条件相对集中，保护对象重要，防治要求标准高、见效快、一次性解决问题等情况。

(1) 穿过工程。修隧道、明洞和渡槽，从泥石流沟下方通过，此外还可修建用于排放泥石流的护路廊道。穿过工程是铁路和公路通过泥石流地区的主要工程型式。

(2) 跨越工程。修建桥梁、涵洞，从泥石流沟上方跨越通过，让泥石流在其下方排泄，用以避防泥石流。跨越工程是铁道部门和公路交通部门为了保障交通安全常用的措施。

(3) 防护工程。对泥石流地区的桥梁、隧道、路基，泥石流集中的山区变迁型河流的沿河线路或其他重要工程设施，修建一定的防护建筑物，用以抵御或消除泥石流对主体建筑物的冲刷、冲击、侧蚀和淤埋等危害。防护工程主要有护坡、挡墙、丁坝等。

(4) 排导工程。主要用于下游的洪积扇上，目的是防止泥石流漫流改道，使泥石流按设计意图顺利排泄，减小冲刷和淤积的破坏以保护附近的居民点、工矿点和交通线路。排导工程包括排导沟、导流堤、排洪道（图 3－19）、渡槽、急流槽、束流堤等。

（5）拦挡工程。主要用于上游形成区的后缘，用以控制泥石流的固体物质和雨洪径流，削弱泥石流的流量、下泄总量和能量，以减少泥石流对下游的冲刷、撞击和淤埋等危害的工程设施。主要的拦挡措施有拦石网（图3-20）、拦沙坝（图3-21）、储淤场、支挡工程、截洪工程等，前四类起拦碴、滞流、固坡作用，控制泥石流的固体物质供给；截洪工程的作用在于控制雨洪径流，总的目的是削弱泥石流的能量。

图3-19　泥石流治理之排洪道

图3-20　防治泥石流的拦石网

图3-21　防治泥石流的拦沙坝

2. 生物措施

生物措施就是进行水土保持，维持较优化的生态平衡，其措施包括恢复植被和合理耕牧。一般采用乔、灌、草等植物进行科学的配置营造，充分发挥其滞留降水、保持水土、调节径流等功能，从而达到预防和制止泥石流发生或减小泥石流规模，减轻其危害程度的目的。生物措施一般需要在泥石流沟的全流域实施，对适宜植树造林的荒坡更需采取此种措施。但要正确地解决好农、林、牧、耕之间的矛盾，如果管理不善，很难收到预期的效果。

与泥石流工程防治措施相比，生物防治措施具有应用范围广、投资省、风险小，能促进生态平衡，改善自然环境条件，有生产效益以及防治作用持续时间长等特点。生物措施一般需长时间方能见效，在一些滑坡、崩塌等重力侵蚀现象严重地段，单独依靠生物措施不能解决问题，还需与工程措施相结合才能产生明显的防治效能。

泥石流的防治是一项艰难而持久的工作，根据被整治对象的具体情况，考虑泥石流的形成条件、具体特征、发生危害规模及其类型差别等多种因素，因地制宜地选用上述防治措施中的几项或多项，对泥石流进行综合治理，才能有效地防治泥石流造成的工程危害。一般来说，在以坡面侵蚀及沟谷侵蚀为主的泥石流地区，应以生物措施为主，辅以工程措施；在崩塌、滑坡强烈活动的泥石流形成区，应以工程措施为主，兼用生物措施；而在坡面侵蚀和重力侵蚀兼有的泥石流地区，则以综合治理效果最佳。

关于问题六，滑坡、崩塌、泥石流三者是不同的地质灾害类型，具有不同的特征，但它们往往是相互联系、相互转化的，具有不可分割的密切关系。泥石流与滑坡、崩塌有着许多相同的触发因素。易发生滑坡、崩塌的区域也易发生泥石流，只是泥石流的暴发多了一项必不可少的水源条件。崩塌和滑坡形成的破碎物质常常是泥石流重要的固体物质来源，在充足的水源条件下就会生成泥石流，因而有些泥石流是滑坡和崩塌的次生灾害。另外，滑坡、崩塌还常常在运动过程中直接转化为泥石流，或者滑坡、崩塌发生一段时间后，其堆积物在一定的水源条件下生成泥石流。

思考题

1. 什么是地质灾害？主要有哪些类型？
2. 地震烈度在工程设计中如何应用？
3. 影响斜坡稳定性的因素有哪些？
4. 简述地震震级与地震烈度的联系和区别。

习题

1. 简述地震形成条件及主要防治措施。
2. 崩塌产生的条件是什么？
3. 试述滑坡的形成条件、防治原则及主要防治工程措施。
4. 试述泥石流的形成条件及主要防治措施。
5. 诱发地质灾害的因素主要有（　　）。

A. 采掘矿产资源不规范，预留矿柱少，造成采空坍塌、山体开裂，继而发生滑坡

B. 开挖边坡，指公路、依山建房等建设中，形成人工高陡边坡，造成滑坡

C. 山区水库与渠道渗漏，增加了浸润和软化作用导致滑坡、泥石流发生

D. 其他破坏土质环境的活动，如采石放炮、堆填加载、乱砍滥伐，也是导致发生地质灾害的致灾作用

6. 我国自然灾害发生的主要特点是（　　）。

A. 灾害种类多　　B. 发生频率高　　C. 分布地域广　　D. 造成损失大

7. 下列自然灾害中，可能由人为因素诱发的是（　　）。

①滑坡、泥石流；②洪涝；③火山喷发；④台风；⑤地震；⑥寒潮

A. ①④⑥　　B. ①②⑤　　C. ②④⑥　　D. ③④⑤

8. 地震震级大小取决于（　　）。

A. 震源深浅　　B. 释放能量多少

C. 破坏程度大小　　D. 震中距远近

9. 关于地震的叙述正确的是（　　）。

A. 地震发生时，破坏最严重的地点为震源

B. 同一次地震不同地点测到的震级不同，说明一次地震有多个震级

C. 地震无论大小都有一定的破坏性

D. 大部分地震的发生与地质构造有关

10. 震级和烈度是衡量地震的两把尺子。震级指地震释放能量的大小，烈度是指地震破

坏的程度。一次地震有（　　）。

A. 一个震级一个烈度　　B. 一个震级多个烈度

C. 多个震级一个烈度　　D. 多个震级多个烈度

11. 可能诱发崩塌的因素有（　　）。

A. 地震　　B. 气候　　C. 地表水　　D. 地下水

12. 某场地内存在有“醉汉林”“马刀树”等地貌特征，则表明该场地发生过（　　）。

A. 崩塌　　B. 泥石流　　C. 断裂　　D. 滑坡

13. 下面关于滑坡的特征表现说法正确的是（　　）。

A. 发生变形破坏的岩土体以垂直位移为主

B. 滑坡体上各部分的相对位置在滑动前后变化较大

C. 岩土体中各种成因的结构面均有可能成为滑动面

D. 滑坡的滑动过程都是在瞬间完成的

14. 下列不是泥石流特性的是（　　）。

A. 固体含量高　　B. 能量大，突发性强

C. 历时长　　D. 对环境破坏严重，往往是不可逆的

15. 下列常常是触发滑坡、崩塌、泥石流等地质灾害的首要因素的是（　　）。

A. 降雨　　B. 爆破震动　　C. 开挖切坡　　D. 堆渣弃土

16. 露天边坡失稳破坏的预防措施不包括（　　）。

A. 边坡坡角的合理确定　　B. 边坡维护与加固

C. 滑坡防治　　D. 严禁车辆行人路过此地

项目四　水利工程常见的地质问题

项目描述： 本项目通过完成三个学习任务：水库的工程地质问题、坝的工程地质问题、输水建筑物的工程地质问题，讲述水利工程常见的地质问题。

项目目标： 了解常见的工程地质问题，能分析工程地质问题出现的原因；掌握常见工程地质问题的预防和处理措施。

项目学习的重点： 水库的工程地质问题、坝的工程地质问题。

项目学习的难点： 渗漏条件与岩体稳定性的分析。

任务一　水库的工程地质问题

任务描述： 围绕完成水库的工程地质问题这个任务，通过实验推理，解决四个问题，使学生明晰水库的工程地质问题相关知识。

课前设问：

问题一： 何为库区渗漏问题？

问题二： 何为水库浸没问题？

问题三： 何为水库塌岸问题？

问题四： 何为水库淤积问题？

解答：

水利工程中常见的水工建筑物（如闸、坝、水库、渠道、隧洞等）都修建在地壳表层上，它们的安全可靠性和经济合理性，在很大程度上取决于建筑地区的工程地质条件。所谓工程地质条件，是指建筑地区的地形地貌、地层岩性、地质构造、物理地质作用、水文地质及天然建筑材料等，这些条件决定了工程兴建位置和兴建后可能出现的工程地质问题。这些问题基本可归纳为两类，即渗漏和稳定问题。

水库的工程地质问题可归纳为渗漏、浸没、塌岸、淤积等几个方面。

关于问题一， 库区渗漏包括暂时性渗漏和永久性渗漏两类。前者是指在水库蓄水初期，为使库水位以下岩土空隙饱和而出现的库水损失，这部分水的损失是不可避免的，对水库影响不大。后者系指库水通过库岸的分水岭向邻谷低地或经库底向远处洼地渗漏，这种长期的渗漏影响水库效益，还可能造成邻区和下游的浸没。

判断库区是否渗漏，应从下述几个方面综合考虑。

1. 地形条件

山区水库，地形分水岭（或称河间地块）单薄，邻谷谷底高程低于水库正常水位［图4-1（a)］，则库水有可能外渗入邻谷。临谷切割越深，与库水位高程相差越大，渗漏的水量也越大。相反，若河间分水岭宽厚，或邻谷谷底高于水库正常高水位，库水则不可能向邻谷渗漏［图4-1（b)］。

当山区水库位于河湾处时，若河湾间山脊较薄，且又位于垭口、冲沟地段，则库水可能外渗（图 4-2）。

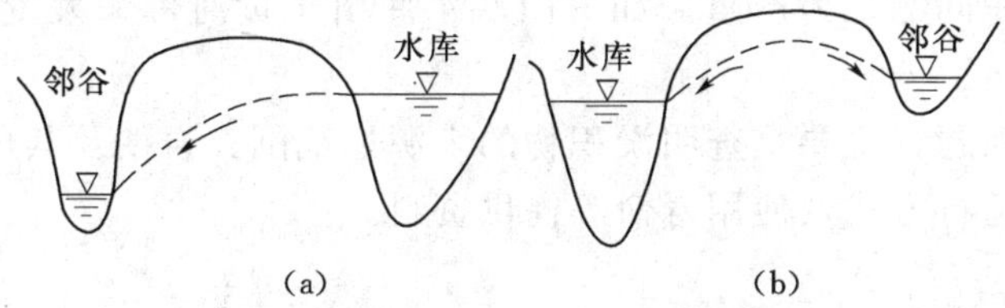

图 4-1　邻谷高程与水库渗漏的关系

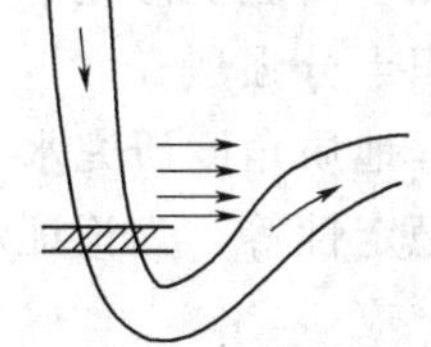

图 4-2　河湾间渗漏途径示意图

平原区水库一般不易向邻近河道渗漏，但在河曲地段有古河道沟通下游时，则有渗漏可能。

2. *地层岩性和地质构造条件*

当河间分水岭岩性由强透水岩层组成，如断层破碎带［图 4-3 (a)］、岩溶通道［图 4-3 (b)］、卵砾石层［图 4-3 (c)］，且这些岩层及通道又低于库区的正常水位时，必将引起强烈漏水。

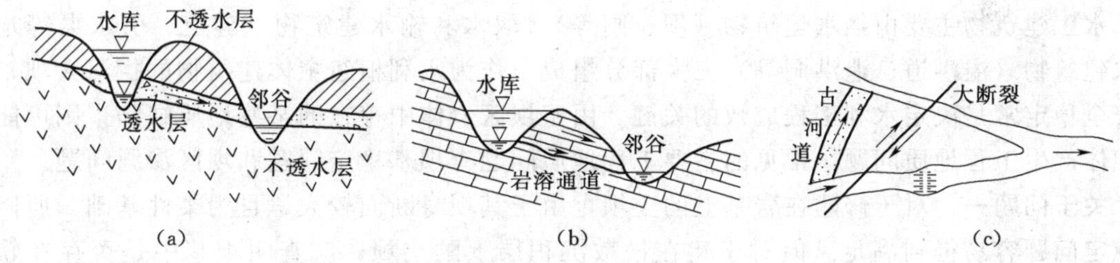

图 4-3　适宜于库水向邻谷渗漏的岩性及地质构造条件

关于问题二，水库蓄水后，水库周围地区的地下水位受库水顶托作用而相应抬高（即壅水），上升后的地下水位可能接近或高过地面，导致水库周围地区的土壤盐渍化和沼泽化，以及使建筑物地基软化，矿坑充水等现象，称为水库浸没（图 4-4）。

水库浸没的可能性主要取决于水库岸边正常水位变化范围内的地貌、岩性及水文地质条件。对于山区水库，水库边岸地势陡峻，多为不透水岩石组成，地下水埋藏较深，一般不存在浸没问题。但对山间谷地和山前平原中的水库，周围地势平坦，易发生浸没，而且影响范围也较大。

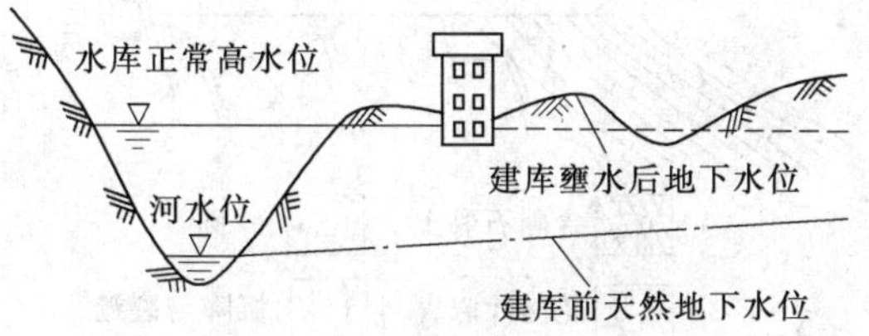

图 4-4　水库边岸地带浸没示意图

关于问题三，当水库蓄水后，岸边的岩石或土体受库水饱和，强度降低，加之库水波浪的冲击、淘刷，引起库岸发生坍塌后退的现象，称为塌岸。塌岸将使库岸扩展后退，对岸边的建筑物、道路、农田等造成威胁、破坏，且使塌落的土石体又淤积库中，减小有效库容。还可能使分水岭变得单薄，导致水库外渗。

影响塌岸的主要因素有库岸地形、岩性、地质构造以及水文气象条件等。塌岸一般在平原水库比较严重，往往在蓄水两三年内发展较快，以后逐趋稳定。

关于问题四，水库建成后，上游河水携带大量泥沙及塌岸物质和两岸山坡地的冲刷物质，堆积于库底的现象，称为水库淤积。水库淤积必将减小水库的有效库容，缩短水库寿命。在多泥沙河流上修建水库，淤积问题尤为严重。如三门峡水库由于黄河带来大量泥沙，从而使淤积十分强烈。

从工程地质角度研究水库淤积问题，主要是查明淤积物的来源、范围、岩性及其风化程度和斜坡稳定性等，为论证水库的运行方式及使用寿命等提供资料。

任务二　坝的工程地质问题

任务描述：围绕完成坝的工程地质问题这个任务，通过实验推理，解决两个问题，使学生明晰坝的工程地质问题相关知识。

课前设问：

问题一：何为坝基稳定问题？

问题二：何为坝区渗漏问题？

解答：

水工建筑物主要由挡水建筑物（坝、闸等）、取水和输水建筑物（隧道、引水渠等）及泄水建筑物（溢洪道、泄洪洞等）三大部分组成。作为水利枢纽主体建筑物的拦河大坝，它的安全稳定常是决定水利工程成败的关键。由于坝区岩体中存在的某些地质缺陷，则可能导致坝体产生工程地质问题。常见的主要工程地质问题有坝基稳定问题和坝区渗漏问题。

关于问题一，对于修建在岩基上的土坝，由于其坝身断面较大，且为柔性基础，所以地基稳定问题容易得到满足。但对于建在松散沉积层上酌土坝，应查明坝基中是否存在软土（如淤泥和淤泥质土）。重力坝、拱坝对地基要求较高，本节主要针对重力坝分析其稳定问题。坝基的稳定问题包括沉降稳定、抗滑稳定和渗透稳定三个方面。

1. 坝基的沉降稳定

坝基的沉降稳定是指坝基岩体在建筑物自重及其他荷载作用下产生的压缩变形大小及不均匀沉降量。显然坝基沉降量过大，特别是不均匀沉降量超过容许限度时，将会导致坝体的破坏而影响正常使用。

(1) 影响坝基沉降稳定的因素。坝基岩体的压缩变形量除与建筑物类型和规模有关外，还受坝基岩体的性质、构造因素影响。

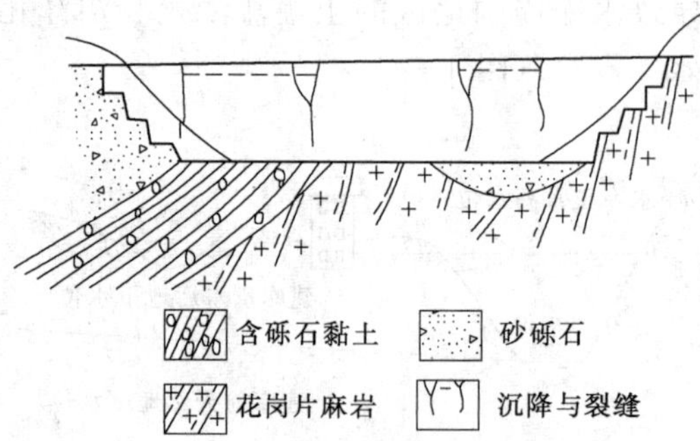

图 4-5　坝体因不均匀沉降而产生断裂

由坚硬岩石构成的坝基，强度高、压缩性低，不会产生过大的沉降。但当坝基岩体中存在软弱夹层、断层破碎带和较厚的强风化岩层时，则有可能产生较大的沉降或不均匀沉降（图 4-5），甚至导致坝基破坏。

影响沉降的因素，除岩性和地质构造外，还要考虑软弱夹层的存在位置和产状，如图 4-6所示。当软弱夹层在坝基中呈水平时，有可能产生沉降变形［图 4-6 (a)］；若位于坝的上游坝踵处，沉降影响较小［图 4-6 (b)］；当位于下游坝趾处时，则易使坝体向下游倾覆［图 4-6 (c)］。

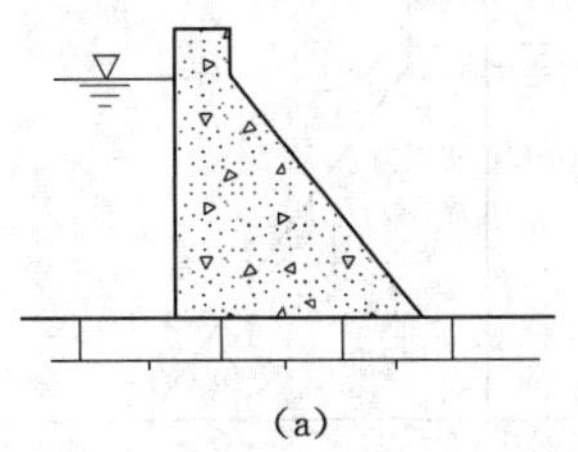

(a)

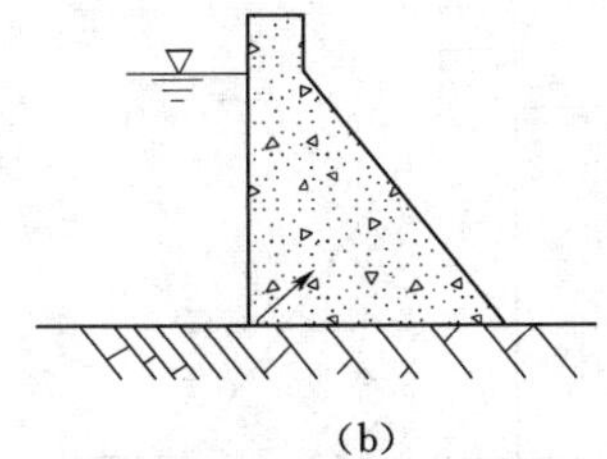

(b)

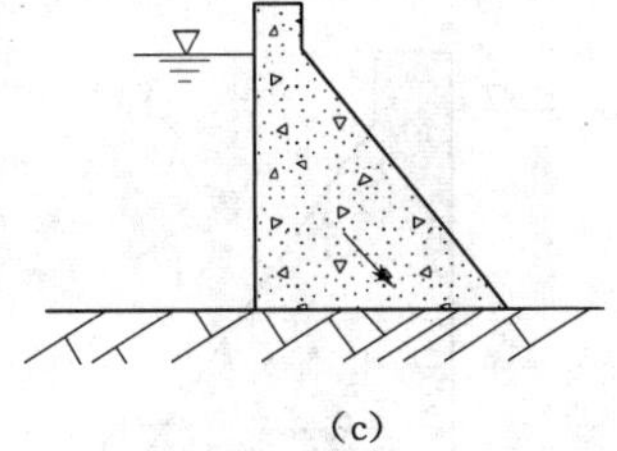

(c)

图 4-6　软弱夹层与坝基稳定示意图

选择坝址时应尽量避开软弱夹层、强风化层、断层破碎带等，当不能避开时，应采取工程措施予以加固。

(2) 岩基容许承载力的确定。岩基的稳定性用“容许承载力”这一指标来评价。岩基的容许承载力是指岩基在荷载作用下，不产生过大的变形、破裂所能承受的最大压强，一般用单块岩石的极限抗压强度除以折减系数得出：

$$[P]=\frac{R_g}{K} \tag{4-1}$$

式中　[P]——岩基容许承载力，kPa；

R_g——岩石的饱和极限抗压强度，kPa；

K——折减系数。

一般而言，单块岩石容许承载力要远高于岩体的抗压强度，而用 R_g 去评价被各种结构面切割的岩体时，必须除以折减系数，才能评价岩体的容许承载力。很显然，在选取 K 值时，对越是坚硬的岩体取值应越大。

2. 坝基的抗滑稳定

坝基岩体在大坝重量及水压力的共同作用下产生的滑动破坏，是重力坝破坏的主要形式。

坝基岩体受力状态是复杂的，既承受垂直方向的作用力，也承受各种侧向的渗透压力和地震力等。坝基岩体的抗滑稳定除取决于上述各种力的综合作用外，还取决于岩体本身的性质，即岩体主要受软弱结构面及其性质控制。分析抗滑稳定，首先要着重进行地质条件分析，因为滑动总是沿着软弱结构面发生的，通过对各种软弱结构面的分析来确定坝基岩体的边界条件，然后再通过试验，结合地质条件等因素来确定抗滑稳定的计算参数。

(1) 坝基滑动的破坏形式。按滑动面的位置可分为表层滑动、浅层滑动和深层滑动三种形式（图 4-7）。

1) 表层滑动。指坝体沿基岩表面（混凝土和岩石的接触面）滑动的形式，主要发生在坝基岩体坚硬完整、不具有可能发生滑动的软弱结构面。这是由于岩体强度远大于混凝土强度，或者是因施工质量差造成的。一般情况下，这种破坏形式较为少见。

2) 浅层滑动。指坝基岩体软弱，或坚硬岩石表部的风化破碎层没有清除干净，以至于造成岩体强度低于坝体混凝土强度时，滑动面可能产生在浅部岩体之内，从而造成浅层滑动。浅层滑动面往往参差不齐，多发生在因工程清基不彻底的中小型坝体中。

3) 深层滑动。发生在坝基岩体的较深部位，主要是沿着各种软弱结构面发生滑动。滑动面常由两组或更多的软弱面组合而成。

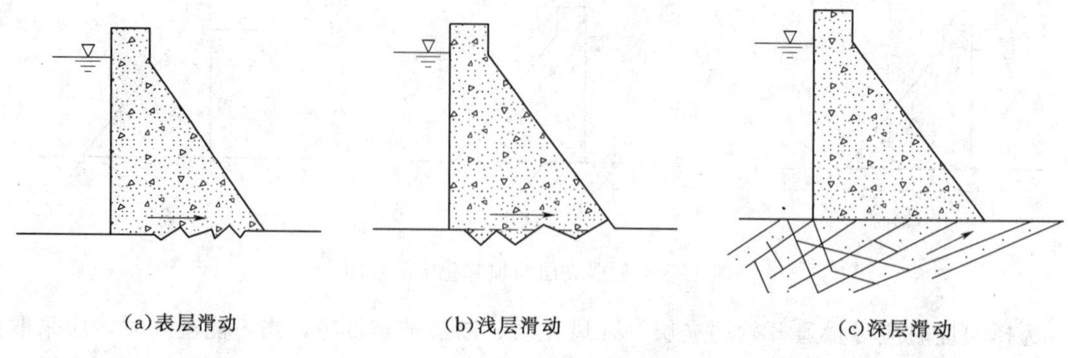

图 4-7　坝基滑动破坏的形式

(2) 坝基滑动的边界条件分析。坝基岩体的深层滑动，除必须存在可能成为滑动面的软弱结构面外，还需具备将岩体切割分离成为不稳定滑移体的其他结构面，同时下游应有可供滑出的自由空间，这样才能形成滑动破坏。即岩体滑动的边界条件应具有三种边界面（图 4-8）。

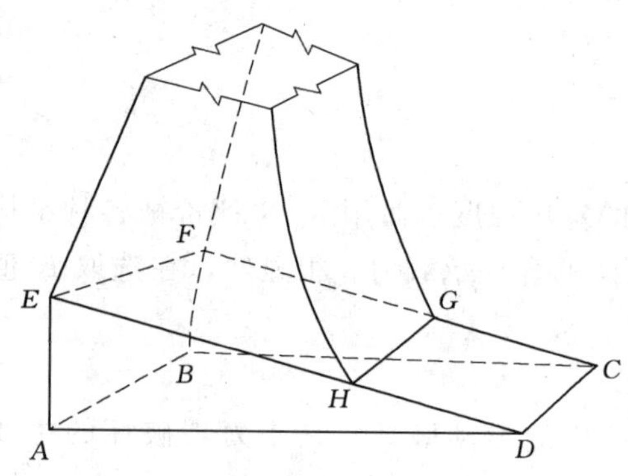

图 4-8　坝基滑动边界条件分析图

1) 滑动面。指坝基岩体发生滑动破坏时，滑移体沿之滑动的结构面（图 4-8 中的 *ABCD* 面）。通常构成滑动面的有断层、泥化夹层、裂隙和层面等软弱结构面。

2) 切割面。指将岩体切割开来，形成不连续块体的结构面。可分沿滑移方向的纵向图切割面（图 4-8 中的 *ADE* 面和 *BCF* 面）和垂直滑移方向的横向切割面（图 4-8 中的 *ABFE* 面），通常是由倾角较陡、甚至直立的结构面构成。

3) 临空面。指滑移体与变形空间相临的面，而变形空间一般指滑移体向其滑动不受阻力或阻力很小的自由空间。临空面可分为两类：一类是水平临空面，如下游河床地面（图 4-8 中的 *CDHG* 面）；另一类是陡立临空面，如下游河床的深潭、深槽等构成的临空面。

滑动面、切割面、临空面构成了坝基岩体滑动的边界条件，它们可以组成各种形状，常见的有楔形体、棱形体、锥形体、板状体四类（图 4-9）。

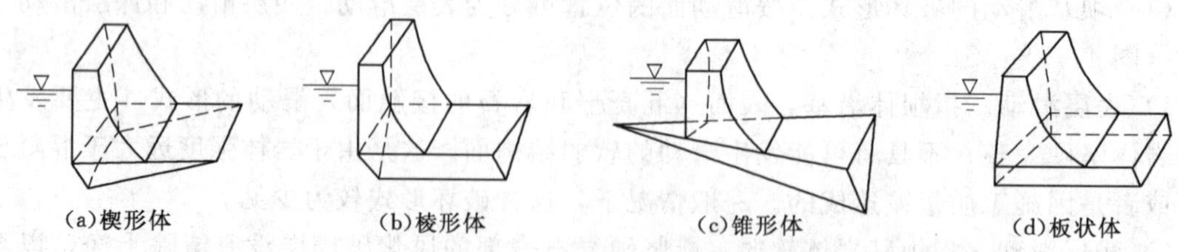

图 4-9　坝基滑动体类型

分析坝基岩体滑动的边界条件，也就是对坝基岩体稳定的定性评价。如果不存在滑动的边界条件，则坝基岩体是稳定的；如果边界条件不完全，都可认为岩体基本稳定。只有滑动边界的三个条件具备，岩体才有可能产生滑动，这时要进一步通过力学分析作出评价。

(3) 坝基抗滑稳定计算公式。在坝基抗滑稳定验算中，目前常采用下列两种类型的公式进行计算（假设滑动面为水平），如图 4-10 所示。

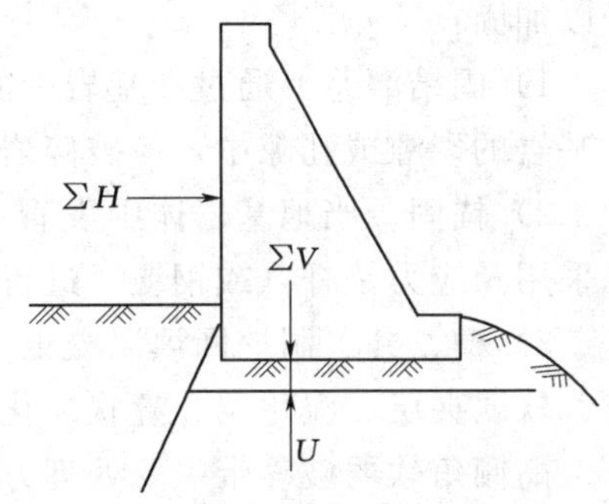

图 4-10 抗滑稳定计算示意图

$$K_s = \frac{抗滑力}{滑动力} = \frac{f(\sum V - U)}{\sum H} \quad (4-2)$$

$$K_s' = \frac{f(\sum V - U) + cA}{\sum H} \quad (4-3)$$

式中 K_s、K_s'——抗滑稳定安全系数，一般 K_s 取值为 1.0～1.1，K_s'取值应大于 2.5；

$\sum V$——作用在滑动面上的各种垂直压力之和，kN；

$\sum H$——作用在滑动面以上的水平力之和，kN；

U——作用在滑动面上的扬压力，kN；

c——滑动面的黏聚力，kPa；

A——滑动面的面积，m^2；

f——摩擦系数。

式（4-2）和式（4-3）的区别在于是否考虑黏聚力 c 的作用。式（4-3）考虑了 c 值，认为滑动面处于胶结状态，适用于混凝土与基岩的胶结面及较完整的基岩。

(4) 抗滑稳定计算中主要参数的确定。从式（4-2）和式（4-3）中可以看出，f、c 值的大小对岩体稳定性影响很大。如果选值偏大，则坝基稳定性没有保证；反之，则会造成工程上的浪费。

一般对 f、c 值的确定，常采用以下两种方法：

1）试验法。通过室内和现场试验确定。

2）经验数据法。参照已有工程试验数据和选值经验，结合拟建工程的工程地质条件分析对比来选取值。

3. 坝基处理

在任何地区，都很难找到十分新鲜完整、没有任何地质缺陷的基岩来作为大坝的地基。为保证大坝建成后能长期安全的运行，均需做一定的坝基处理。坝基经处理后，一般应达到：有足够的承载力，以承受坝体的压力；具有整体性、均匀性，不致产生过大的不均匀沉陷；增强坝体与基岩接触面及各类软弱结构面的抗剪强度，防止坝体滑动；增强抗渗能力，维持渗透稳定；增强两岸山体稳定，防止塌方或滑坡危及大坝安全。

常用的处理措施如下：

(1) 清基。坝基岩体表层松散软弱、风化破碎的岩层以及浅部的软弱夹层等应开挖清除，使基础位于较新鲜的岩体之上。对于土石坝的清基要求较混凝土坝低，因为它可以以松散沉积层为坝基，所以清基时只需将表层的腐殖土、淤积土、高塑性软土、流沙层等压缩性大、抗剪强度很低的岩、土层清除掉即可。

对于风化速度较快的岩层，当基坑暴露时间较长时，应预留保护层或采取其他保护措施。此外，坝基面应略有起伏并尽可能向上游倾斜。

(2) 岩体加固。为提高坝基岩体的强度和减少压缩变形及基坑开挖量，常采取以下措施予以加固：

1）固结灌浆。通过在基岩中的钻孔，将适宜的具有胶结性的浆液（大多为水泥浆）压入基岩的裂隙或孔隙中，使破碎岩体胶结成整体以增加基岩的强度。

2）锚固。当地基岩体中发育有控制岩体滑移的软弱面时，为增强岩体的抗滑稳定性，也采用预应力锚杆（或钢缆）进行加固处理。

3）槽、井、洞挖回填混凝土。当坝基下存在有规模较大的软弱破碎带时，如断层破碎带、软弱夹层、泥化层、囊状风化带、裂隙密集带等，则需要进行特殊的处理。

高倾角软弱破碎带主要处理方法有混凝土塞、混凝土梁、混凝土拱等。混凝土塞是将软弱破碎带挖除至一定深度后回填混凝土，以提高地基的强度［图 4－11（a)］。当软弱破碎带岩性疏松软弱、强度很低且宽度较大时，则可采用混凝土梁或拱的结构型式，将荷载传至两侧坚硬完整岩体上［图 4－11（b)］。

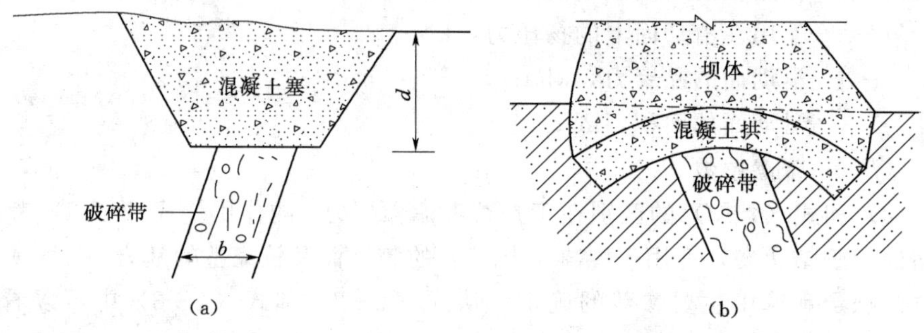

图 4－11　坝基处理混凝土塞、拱示意图

缓倾角软弱破碎带埋深较浅时可全部挖除，回填混凝土［图 4－12（a)］，这样做最安全可靠。若埋藏较深时则需采用洞挖（平洞或斜洞），深部开挖可配以竖井［图 4－12（b)］。当软弱破碎带倾向下游或上游时，可沿其走向每隔一定距离挖平洞，洞的顶部和底部均嵌入坚硬完整的岩层中，然后回填混凝土，形成混凝土键［图 4－12（c)］以提高其抗滑能力。

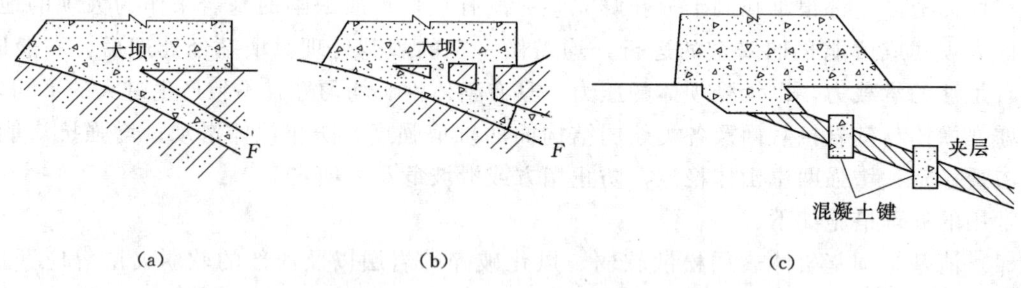

图 4－12　缓倾角软弱破碎带的处理（剖面图）

（3）防渗和排水措施。大坝地基的防渗与排水措施十分重要，它是控制地基渗透变形和降低扬压力的重要手段。一般原则是：在大坝迎水面或其上游部位设置防渗措施，如灌浆帷幕等，尽量降低坝基的渗透水流。而在迎水面下游（即防渗帷幕后面）的坝基部分则设置排水措施，如排水井、孔等，以便降低渗透压力。

关于问题二，库水通过坝基岩体向下游的渗漏称为坝基渗漏，通过两边坝肩岩体渗漏称为绕坝渗漏，这两种渗漏统称为坝区渗漏。坝区渗漏和水库渗漏一样，主要沿透水层（如砂砾石）和透水带（如断层带）进行，坝区渗漏不但减小库容，影响水库正常效益发挥，而且强大的渗流会在坝基中产生管涌和流沙现象，降低坝基岩体的稳定性并危及大坝安全。下面仅以地质条件对坝区渗漏作简要分析。

1. 松散沉积物地区的渗满分析

在松散沉积物分布地区，坝区渗漏主要是通过古河道、河床和阶地内的砂卵砾石层进行。因沉积物颗粒粗细变化较大，出露条件各异，所以渗漏量的大小也不同。如果砂卵石层上有足够厚度、稳定分布的黏土层时，就相当于天然铺盖，可起防渗作用。在山区河谷区两岸分布的岩堆、坡积物和洪积物，当其颗粒较粗时，也常成为渗漏通道。

2. 基岩地区的渗漏分析

岩浆岩（包括变质岩中的片麻岩、石英岩）区的坝基一般较为理想，对基岩来说，可能渗漏的通道主要是断层破碎带、岩脉裂隙发育带和连通的裂隙密集带以及表层风化裂隙组成的透水带。只要这些渗漏通道从库区穿过坝基，就有可能导致渗漏。

喷出岩区的渗漏主要是通过互相串通的原生节理、气孔以及多次喷发的间歇面渗漏。

沉积岩地区除上述断层破碎带和裂隙发育带构成的渗漏通道外，最常见的是透水层（砂、砾石和不整合面）漏水，只要它们穿过坝基，就可成为漏水通道。在岩溶地区，一定要查明岩溶的分布规律和发育程度，因为岩溶区一旦发生渗漏，就会使水库严重漏水，甚至干涸。

任务三　输水建筑物的工程地质问题

任务描述：围绕完成输水建筑物的工程地质问题这个任务，通过实验推理，解决三个问题，使学生明晰输水建筑物的工程地质问题相关知识。

课前设问：

问题一：渠道有哪些工程地质问题？

问题二：隧洞有哪些工程地质问题？

问题三：提高围岩稳定有哪些措施？

解答：

输水建筑物是线型水工建筑物，一般由渠道、输水隧洞、渡槽、闸等组成，本任务介绍工程地质问题较多的渠道和水工隧洞。

关于问题一，渠道的工程地质问题主要有渗漏、边坡稳定等，以下主要介绍有关渠道的选线和渗漏问题。

1. 渠道选线的工程地质条件

渠道线路的选择，要根据地形、地质及施工条件等综合考虑。渠道按通过的地貌单元不同，可分为平原线、谷底线、坡麓线、山腹线、岭脊线。因渠道为线型建筑物，路线长，穿越的地貌、岩性、构造及水文地质条件类型多，变化复杂。为使渠道水流畅通又不致水头损失过大，应有一个合理的纵坡降，以保证渠道不冲、不淤和最小渗漏损失。故在选线时，首先应绕避高山、深谷和地形切割强烈的丘陵山区。渠线应在工程地质条件较好的岩土体中通过，尽量避开不良地质条件地段，如大断层破碎带、强地震区、土层沉陷很大的地区、强透水层分布区、岩溶分布区以及影响边坡稳定的地段。

2. 渠道渗漏的地质条件分析

傍山渠道多位于基岩区，渠道渗漏一般是不严重的，但应注意断层破碎带、裂隙密集带以及岩溶发育带等强水带的分布。平原线及谷底线渠道通过地段以第四纪松散沉积物居多，沿途不同成因类型的沉积物均可遇到。如渠道穿越山前洪积扇，由砂砾石等透水性强的沉积物组成时，渠道渗漏严重；而通过的沉积物为黏性土时，则很少渗漏。

渠道渗漏还受地下水位的影响，地下水位高于渠水位，不会发生渗漏，而且能得到地下水的补给；反之，则可能发生渗漏，且地下水埋深越大，渗漏量也越大。

3. 渠道渗漏的防治

(1) 绕避。在渠道选线时尽可能绕避强透水地段、断层破碎带和岩溶发育地段。

(2) 防渗。采用不透水材料护面防渗，如黏土、三合土、浆砌石、混凝土、塑料薄膜等。

(3) 灌浆、硅化加固等。

关于问题二，隧洞的优点是线路短，水头损失小，便于管理养护，还能避开一些不良地质地段。由于隧洞修建在地下岩体中，所以地质条件对隧洞的影响很大，隧洞的主要工程地质问题是洞身围岩（即洞的周围岩体）的稳定性和围岩作用于支撑、衬砌上的山岩压力，以及地下水对围岩稳定的影响。

1. 隧洞选线的工程地质条件

(1) 地形条件。地形上要求山体完整，洞室周围包括洞顶及傍山侧应有足够的山体厚度。隧洞进出口地段的边坡应下陡上缓，无滑坡、崩塌等现象存在。洞口岩石应直接出露或坡积层薄，岩层最好倾向山里以保证洞口坡的安全。

(2) 岩性条件。洞室应尽量选在坚硬完整岩石中，坚硬岩石岩性均匀致密，抗风化能力强，一般在坚硬完整岩层中掘进，围岩稳定，日进尺快，无需衬砌或衬砌工作量较小，造价低。而在软弱、破碎、松散岩层中掘进，由于这类岩石强度低，易风化和软化，顶板易坍塌，边墙及底板易产生鼓胀挤出变形等，需边掘进、边支护或超前支护，工期长、造价高。岩层厚度与围岩稳定也有很大关系。厚度很大的块状岩体，岩性均一，稳定性好，如岩浆岩和片麻岩、石英岩等，适合修建大型的地下工程。而薄层的沉积岩和变质岩中的片岩、板岩、千枚岩、黏土岩以及胶结不好的砂砾岩等，由于层次多，稳定性较差，特别是软硬岩相间的岩石以及松散破碎岩石，选址时应尽量避开。

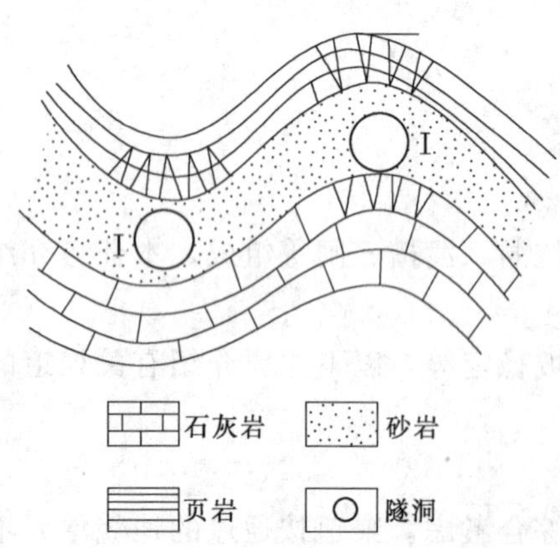

图 4-13　位于褶皱核部的隧洞示意图

(3) 地质构造条件。在褶皱核部，由于裂隙发育、岩石破碎，且可蓄存大量地下水（如向斜轴部），对围岩稳定不利（图 4-13），所以洞线应该避开核部。洞线穿过断层破碎带易造成大规模塌方，还可能有大量地下水的涌水，是影响围岩稳定的关键。单斜岩层的走向线与洞线之间的夹角及岩层倾角的大小，也影响围岩的稳定，其夹角与倾角越小，越不稳定。所以在单斜岩层中开挖的

洞轴线尽量与岩层走向垂直。在水平或缓倾斜岩层中，应尽量使洞室位于厚层均质岩层中(图 4-14)。

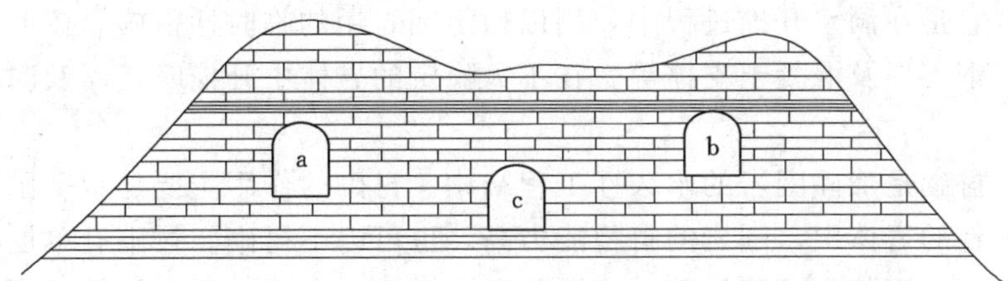

图 4-14　布置在水平岩层中的隧洞

a—位于坚硬岩层中；b—顶板有软弱夹层；c—底板为软弱的黏土岩

(4) 岩体结构特征。隧洞围岩岩体的各种结构面，可以组合成各种形式的岩块，如楔形体、锥形体、方块体、棱形体等，由于它们在所处洞身围岩中的位置、形态和存放方式不同，它们的稳定程度也不相同，如围岩中有陡立的泥质结构面存在时，对围岩的稳定极为不利。

(5) 其他因素。如有地下水存在，将对围岩产生静水压力、动水压力及软化、泥化作用。地下工程施工中的塌方或冒顶事故，常和地下水的活动有关，最好选在地下水位以上的干燥岩体内，或地下水水量不大、无高压含水层的岩体内。

此外，人为因素如施工方法和施工质量不当，都会对围岩稳定产生不利影响。

2. 山岩压力

由于隧洞的开挖，破坏了围岩原有的应力平衡条件，引起围岩中一定范围内的岩体向洞内松动或坍塌，因而必须尽快支撑和衬砌，以抵抗围岩的松动或破坏，这时围岩作用于支撑和衬砌上的压力称为山岩压力。显然，山岩压力是隧洞设计的主要荷载，若山岩压力很小或没有，可认为隧洞是稳定的，可以不支撑；当山岩压力很大时，则必须考虑衬砌和支撑，所以正确估计山岩压力的大小，会直接影响隧洞稳定安全和经济效益。

山岩压力主要有松动山压和变形山压两种基本类型。目前对变形山岩压力研究得较少，在设计中主要考虑松动山岩压力。松动山岩压力主要来源于洞室开挖后，由于应力重新分布而引起一部务围岩松弛、滑塌，其数值一般等于塌落体的重量。山岩压力的大小不仅与围岩的应力状态有关，还与岩石性质、洞形、支撑或衬砌的刚度、施工方法、衬砌的早晚等多种因素有关。此外，由于围岩的变形和破坏有一个逐次发展的过程，因此山岩压力也是随时间变化的。

目前多采用岩体结构结合力学分析的方法确定山岩压力。该方法首先分析围岩中各种结构面组合而成的具有滑动边界的滑动体或塌落体。如果没有这样的塌落体，山岩压力等于零。如果存在不稳定塌落体，则该塌落体的重量即为山岩压力。当塌落体沿某结构面下滑时，还应考虑其抗滑力的影响，将塌落体的滑动力减去抗滑力即为山岩压力。

由于山岩压力受很多复杂因素的制约，所以，尽管人们长期以来对其进行过大量的试验研究，但至今仍未得到圆满解决。

3. 围岩的弹性抗力

岩体的弹性抗力是指在有压隧洞的内水压力作用下向外扩张，引起围岩发生压缩变形后所产生的反力。围岩的弹性抗力与围岩的性质、隧洞的断面尺寸及形状等有关。

关于问题三：

1. 支撑与衬砌

（1）支撑。它是在洞室开挖过程中，用以稳定围岩用的临时性措施。按照选用材料的不同，有木支撑、钢支撑及混凝土支撑等。在不太稳定的岩体中开挖时，需及时支撑以防止围岩早期松动。

（2）衬砌。衬砌是加固围岩的永久性工程结构。衬砌的作用主要是承受围岩压力及内水压力，在坚硬完整的岩体中，围岩的自稳能力高，也可以不衬砌。衬砌有单层混凝土及钢筋混凝土衬砌，也可以用浆砌条石衬砌。双层的联合衬砌，一般内环用钢筋混凝土或钢板，外环用混凝土，多用于岩体破碎、水头高的隧道。

2. 喷锚支护

近几十年来，喷锚支护在国内外的地下工程中获得广泛的应用，它是稳定围岩的一种有效的工程措施。当地下洞室开挖后，围岩总是逐渐地向洞内变形。喷锚支护就是在洞室开挖后，及时地向围岩表面喷薄层混凝土（一般厚度为 5～20cm），有时再增加一些锚杆，从而部分地阻止围岩洞内变形，以达到支护的目的。

思　考　题

1. 工程地质条件有哪些？水利工程中常见的工程地质问题是什么？
2. 水库的工程地质问题有哪些？何谓永久渗漏和暂时渗漏？
3. 何谓山岩压力和弹性抗力？

习　　题

1. 坝基岩体稳定一般有哪几个问题？产生这些问题的地质条件是什么？
2. 试述岩体滑动的边界条件。
3. 坝基处理的工程措施有哪些？
4. 渠道选线时应注意哪些工程地质条件？
5. 影响隧洞围岩稳定的主要因素有哪些？
6. 在其他地质条件相同的情况下，洞室应选在（　　）。

A. 背斜核部　　B. 向斜核部　　C. 褶皱翼部　　D. 裂隙发育部位

7. 对水库蓄水有利的构造是（　　）。

A. 背斜　　B. 向斜　　C. 节理　　D. 断层

8. 地下水对围岩产生的作用主要是（　　）。

A. 静水压力　　B. 动水压力　　C. 冻胀作用　　D. 软化作用

9. 水库的工程地质问题主要包括（　　）。

A. 渗漏　　B. 塌岸　　C. 淤积　　D. 浸没

项目五　土的物理性质及工程分类

项目描述：本项目通过完成六个学习任务：土的三相组成、土的结构和构造、土的物理性质指标、土的物理状态指标、土的击实性、土的工程分类。

项目目标：了解土的三相组成；掌握土的物理性质指标和物理状态指标及土的击实特性，熟悉主要指标测定方法、工程应用，能熟练地对土进行工程分类。

项目学习的重点：土的物理性质指标和物理状态指标的概念及计算；不同土的压实特性；地基岩土的工程分类。

项目学习的难点：土的颗粒级配曲线的应用，土的各性质指标间的换算。

任务一　土的三相组成

任务描述：围绕完成土的三相组成这个任务，通过实验推理，解决三个问题，使学生明晰土的三相组成相关知识。

课前设问：

问题一：何为土中固体颗粒？

问题二：何为土中水？

问题三：何为土中气体？

解答：

地壳中原来是整体坚硬的岩石，经风化、剥蚀、搬运、沉积，形成的固体矿物、水和气体的集合体称为土。不同的风化作用，形成不同性质的土。

土由固体颗粒、液体水和气体三部分组成，称为土的三相组成。土体的固体颗粒构成骨架，骨架之间贯穿着孔隙，孔隙中充填着水和空气。同一地点的土体，它的三相组成是不同的。随着环境的变化，例如天气的晴雨、季节变化、温度高低、地下水的升降，以及建造建筑物施加的荷重等，都会引起土体三相比例的变化。土体三相比例不同，土的状态和工程性质也不相同。例如：

固体＋气体（液体＝0）为干土，干黏土坚硬，干砂松散；

固体＋液体＋气体为湿土，湿的黏土多为可塑状态；

固体＋液体（气体＝0）为饱和土，饱和粉细砂受震动可能产生液化；饱和黏土地基沉降需很长时间才能稳定。

由此可见，研究土的工程性质，首先从最基本的、组成土的三相，即固体、水和气体本身开始研究。

关于问题一，土的三相组成中，土的固体颗粒是决定土的工程性质的主要成分。

1. 土粒的矿物成分

（1）原生矿物。由岩石经物理风化而成，其成分与母岩相同。包括以下组成部分：

1）单矿物颗粒。如常见的石英、长石、云母、角闪石与辉石等，砂土为单矿物颗粒。

2）多矿物颗粒。母岩碎屑，如漂石、卵石与砾石等颗粒为多矿物颗粒。

（2）次生矿物。岩屑经化学风化而成，其成分与母岩不同，为一种新矿物，颗粒细。主要是黏土矿物，其粒径很细，$d<0.005$mm，肉眼看不清，用电子显微镜观察为鳞片状。

黏土矿物的微观结构由两种原子层（晶片）构成：一种是由 Si－O 四面体构成的硅氧晶片，另一种是由 Al－OH 八面体构成的铝氢氧晶片。因这两种晶片结合的情况不同，形成以下三种黏土矿物：

1）蒙脱石。两结构单元之间没有氢键，联结弱，水分子可以进入两晶胞之间。因此，蒙脱石亲水性大，胀缩性剧烈。

2）伊利石（水云母）。部分四面体中的 Si 为 Al、Fe 所取代，损失的原子价由阳离子钾补偿。因而晶格层组之间具结合力，亲水性低于蒙脱石。

3）高岭石。晶胞之间有氢键，联结力较强，晶胞之间距离不易改变，水分子不能进入。因此，亲水性最小。

次生矿物还有次生二氧化硅、难溶盐等。

（3）腐殖质。土中腐殖质含量多，使土的压缩性增大。对有机质含量大于 3%～5%的土，应加注明，不宜作为填筑材料。

2. 粒组的划分

自然界的土都是由大小不同的土粒所组成的，土的粒径发生变化，其主要性质也相应发生变化。例如土的粒径从大到小，则可塑性从无到有，黏性从无到有，透水性从大到小，毛细水从无到有。工程上将各种不同粒径的土按其粒径范围划分为若干粒组，见表 5－1。

表 5－1　　土的粒组划分

粒组统称	粒组名称		粒径范围/mm	一般特性
巨粒	漂石（块石）粒		$d>200$	透水性很大，无黏性，无毛细水
	卵石（碎石）粒		$60<d\leqslant 200$	
粗粒	砾粒	粗粒	$20<d\leqslant 60$	透水性大，无黏性，毛细水上升高度不超过粒径大小
		细粒	$2<d\leqslant 20$	
	砂粒		$0.075<d\leqslant 2$	易透水，无黏性，遇水不膨胀，干燥时松散，毛细水上升高度不大
细粒	粉粒		$0.005<d\leqslant 0.075$	透水性小，湿时稍有黏性，遇水膨胀小，干时稍有收缩，毛细水上升高度较大，易冻胀
	黏粒		$d\leqslant 0.005$	透水性很小，湿时有黏性、可塑性，遇水膨胀大，干时收缩显著，毛细水上升高度大，但速度慢

3. 土的颗粒级配

土的颗粒级配是指大小土粒的搭配情况，通常以土中各个粒组的相对含量（即各粒组占土粒总量的百分数）来表示。

天然土常常是不同粒组的混合物，其性质主要取决于不同粒组的相对含量。为了了解其颗粒级配情况，就需进行颗粒分析试验，工程上常用的方法有筛分法和密度计法两种。GB/T 50145—2007《土的工程分类标准》规定：筛分法适用于粒径为 0.075～60mm 的土。

它用一套孔径不同的标准筛，按从上至下筛孔逐渐减小放置，将称过重量的烘干土样放入，经筛析机振动将土粒分开，称出留在各筛上的土重，即可求出占土粒总重的百分数。密度计法适用于粒径小于0.075mm的土，根据粒径不同，在水中下沉的速度也不同的特性，用密度计进行测定分析。

将试验结果绘制成颗粒级配曲线，如图5-1所示。图中纵坐标表示小于（或大于）某粒径的土粒含量百分比；横坐标表示土粒的粒径，由于土体中粒径往往相差很大，为清楚表示，将粒径坐标取为对数坐标表示。

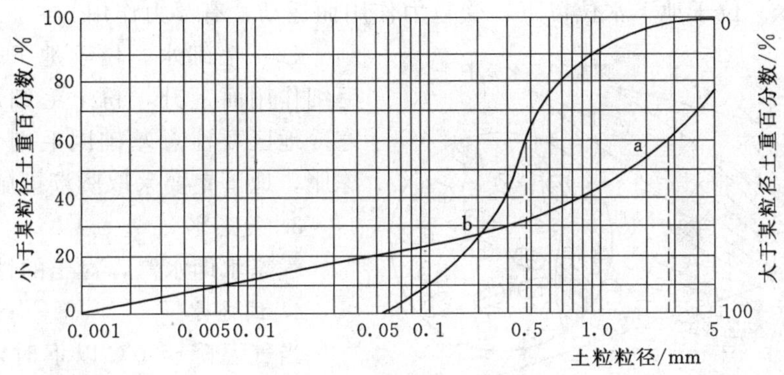

图5-1 颗粒级配曲线

从级配曲线a和b可以看出，曲线a所代表的土样所含土粒粒径范围广，粒径悬殊，曲线较平缓；而曲线b所代表的土样所含土粒粒径范围窄，粒径较均匀，曲线较陡。当土粒粒径悬殊时，较大颗粒间孔隙被较小的颗粒所填充，土的密度较好，称为级配良好的土，粒径相差不大，较均匀时称为级配不良的土。

为了定量反映土的级配特征，工程上常用以下两个级配指标来描述：

不均匀系数
$$C_u=\frac{d_{60}}{d_{10}} \tag{5-1}$$

曲率系数
$$C_c=\frac{d_{30}^2}{d_{10}d_{60}} \tag{5-2}$$

式中 d_{10}——有效粒径，小于某粒径的土粒质量占总质量的10%时相应的粒径；

d_{60}——限定粒径，小于某粒径的土粒质量占总质量的60%时相应的粒径；

d_{30}——小于某粒径的土粒质量占总质量的30%时相应的粒径。

不均匀系数 C_u 反映大小不同粒组的分布情况，C_u 越大，表示土粒分布越不均匀，土的级配良好。曲率系数 C_c 则是反映级配曲线的整体形状。一般认为 $C_u<5$ 的土视为级配不好；$C_u>10$，同时 $C_c=1\sim3$ 时为级配良好的土。

关于问题二，日常生活中，通常把水分为自来水、河水、井水、海水等。土力学课程从工程角度对水进行微观研究。如上所述，土的孔隙中有水，水分子 H_2O 为极性分子，由带正电荷的氢离子 H^+ 和带负电荷的氧离子 O^{2-} 组成。土粒表面带负电荷，在土粒周围形成电场，吸引水分子带正电荷的氢原子一端，使其定向排列，形成结合水膜。土中的水可分为结合水和自由水，如图5-2所示。

1. 结合水

(1) 强结合水（吸着水），紧靠土粒表面，厚度只有几个水分子厚，小于0.003μm。强结合水性质接近固体，不传递静水压力，100℃不蒸发，密度为12～24kN/m³，具有很大的黏滞性、弹性和抗剪强度。黏土只含强结合水时，呈固体坚硬状态；砂土只含强结合水时，呈散粒状态。

（2）弱结合水（薄膜水），厚度≪0.05μm。密度为10～17kN/m³，不传递静水压力，呈黏滞体状态。此部分水对黏性土影响最大。

2. 自由水

离土粒较远，在电场作用以外的水分子自由排列，为自由水。

（1）重力水。位于地下水位以下，受重力作用而运动，有浮力作用。

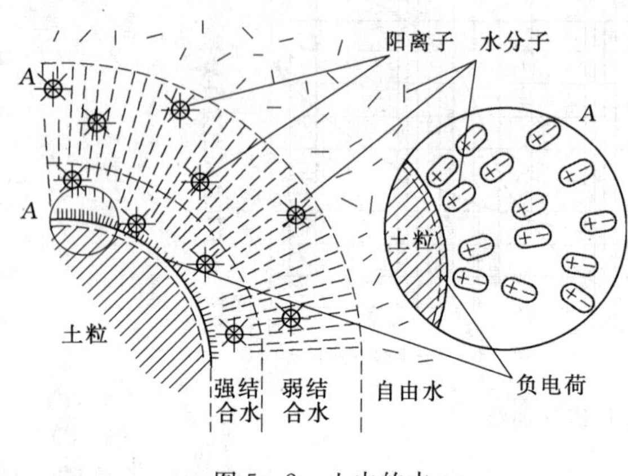

图5-2　土中的水

（2）毛细水。位于地下水位以上，受毛细作用而上升，粉土毛细水上升高。在寒冷地区要注意基础因毛细水上升产生的冻胀，地下室要采取防潮措施。

3. 气态水

气态水即水汽，对土的性质影响不大。

4. 固态水

当气温降至0℃以下时，液态水结冰为固态水。由于水的密度在4℃时最大，低于0℃的冰，体积膨胀，使基础产生冻胀。寒冷地区基础埋置深度要注意冻胀问题。

关于问题三，土的孔隙中没有被水占据的部分都是气体，可分为自由气体和封闭气泡。

1. 自由气体

自由气体指上孔隙中与大气连通的气体。通常在土层受力压缩时逸出，对工程无影响。

2. 封闭气泡

封闭气泡与大气隔绝，存在黏性土中。当土层受荷载作用时，封闭气泡缩小。土中封闭气泡多时增加土的压缩性，减小土的渗透性。

任务二　土的结构和构造

任务描述：围绕完成土的结构和构造这个任务，通过实验推理，解决两个问题，使学生明晰土的结构和构造相关知识。

课前设问：

问题一：土有哪些结构？

问题二：土有哪些构造？

解答：

关于问题一，土颗粒之间的相互排列和联结形式，称为土的结构，有下列三种：

（1）单粒结构。粗颗粒土，如卵石、砂等，在沉积过程中，每一个颗粒在自重作用下，单独下沉，达到稳定状态，如图5-3（a）、（b）所示。松散的单粒结构是不稳定的，在荷载作用下变形较大；密实的单粒结构是良好的天然地基。

（2）蜂窝结构。当土颗粒较细（粒径在 0.02～0.002mm 范围），在水中单个下沉，碰到已沉积的土粒，由于土粒之间的分子引力大于颗粒自重，则下沉土粒被吸引不再下沉，形成很大孔隙的蜂窝状结构，如图 5-3（c）所示。

（3）絮状结构。粒径小于 0.005mm 的黏土颗粒，在水中长期悬浮并在水中运动时，形成小链环状的土集粒而下沉。这种小链环碰到另一小链环被吸引，形成大链环状的絮状结构。此种结构在海积黏土中常有，如图 5-3（d）所示。

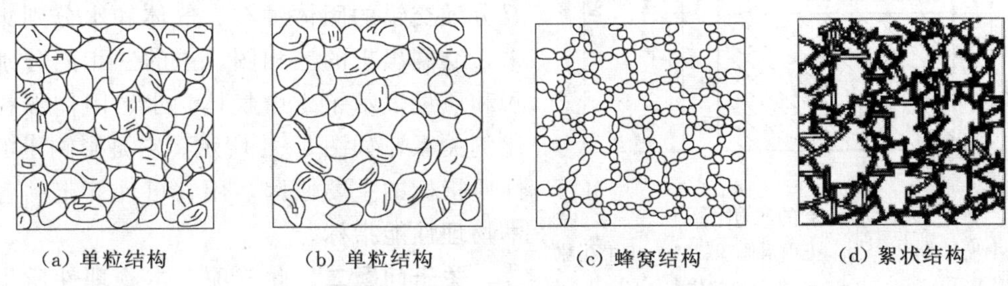

图 5-3　土的结构

上述三种结构中，以密实的单粒结构土的工程性质最好，其次为蜂窝结构，絮状结构最差。后两种结构土，如因扰动破坏天然结构，则强度低、压缩性大，不可用作天然地基。

关于问题二，同一土层中，土颗粒之间相互关系的特征称为土的构造，常见的有下列几种：

（1）层状构造。土层由不同颜色、不同粒径的土组成层理，平原地区的层理通常为水平方向。层状构造是细粒土的一个重要特征。

（2）分散构造。土层中土粒分布均匀，性质相近，如砂、卵石层为分散构造。

（3）结核状构造。在细粒土中掺有粗颗粒或各种结核，如含礓石的亚黏土、含砾石的冰渍等均属结核状构造，其工程性质取决于细粒土部分。

（4）裂隙状构造。土体中有很多不连续的小裂隙，有的硬塑与坚硬状态的黏土为此种构造。裂隙强度低、渗透性高、工程性质差。

任务三　土的物理性质指标

任务描述：围绕完成土的物理性质指标这个任务，通过实验推理，解决三个问题，使学生明晰土的物理性质指标相关知识。

课前设问：

问题一：何为土的三相图？

问题二：三项基本物理性质指标是什么？

问题三：其他物理指标有哪些？

解答：

自然界中的土体结构组成十分复杂，为了分析问题方便，将其看成三相，简化成一般的物理模型进行分析。表示土的三相组成部分的质量、体积之间的比例关系指标，称为土的三相比例指标。这些指标随着土体所处条件的变化而改变，如地下水位的升高或降低，土中水的含量也相应增大或减小；密实的土，其气相和液相占据的孔隙体积少。这些变化都可以通过相应指标的数值反映出来。

土的三相比例指标是其物理性质的反映，但与其力学性质有内在联系。显然，固相成分的比例越高，其压缩性越小，抗剪强度越大，承载力越高。

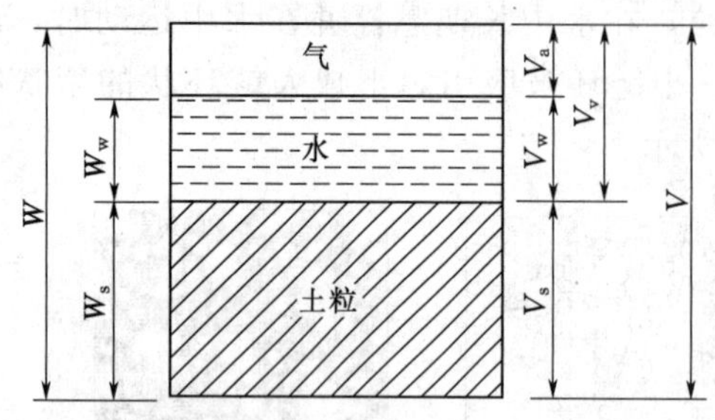

图 5-4　土的三相图

V_a—土中气体体积；V_w—土中水体积；V_v—土中孔隙体积，$V_v=V_a+V_w$；V_s—土中颗粒体积；V—土的总体积，$V=V_s+V_a+V_w$；W_w—土中水重量；W_s—土中颗粒重量；W—土的总重量，$W=W_w+W_s$

关于问题一，土是由固体颗粒、水和气体组成的三相分散体系，三相的相对含量不同，对土的工程性质有重要的影响。将土中原本相互分散交错的固体颗粒、气体和水分别集中起来，绘制出土的三相图。土的三相图分别按体积和质量表示了土中气体、水、固体颗粒间的比例关系，如图 5-4 所示。它是影响土的物理性质指标的主要原因，用它可计算土的各项基本物理性能指标。

关于问题二，此三项基本物理性质指标由室内实验直接测定，故称为基本指标。

1. 土的重度 γ

土在天然状态下即保持土原来的成分、结构和含水量不变的情况下，单位体积内土的重量称为土的天然重度，即

$$\gamma=\frac{W}{V}(\mathrm{kN/m^3}) \tag{5-3}$$

$$W=mg \tag{5-4}$$

式中　W——土的重量；

m——质量；

g——重力加速度，实用计算时取 $g=10\mathrm{m/s^2}$。

土的重度取决于土粒的重量、孔隙体积的大小和孔隙中水的重量，综合反映了土的组成和结构特征。对具有一定成分的土而言，结构越疏松，孔隙体积越大，重度值将越小。当土的结构不发生变化时，则重度随孔隙中含水数量的增加而增大。

天然状态下土的重度变化范围较大。一般黏性土 $\gamma=(18\sim20)\mathrm{kN/m^3}$；砂土 $\gamma=(16\sim20)\mathrm{kN/m^3}$；腐殖土 $\gamma=(15\sim17)\mathrm{kN/m^3}$。

土的重度一般用“环刀法”测定，用一圆环刀（刀刃向下）放在削平的原状土样面上，徐徐削去环刀外围的土，边削边压，使保持天然状态的土样压满环刀内，称得环刀内土样重量，求得它与环刀容积之比值即为其重度。

2. 土的含水量 ω

土中水的质量与土粒质量之比，称为土的含水量 ω，通常以百分比表示，即

$$\omega=\frac{W_w}{W_s}\times100\%=\frac{m_w}{m_s}\times100\% \tag{5-5}$$

土的含水量通常用烘干法测定，亦可近似采用乙醇燃烧法快速测定。

土的含水量反映土的干湿程度。含水量越大，说明土越湿，一般说来也就越软。天然状态下土的含水量变化范围较大，一般砂土 0～40%，黏性土 20%～60%，甚至更高。

3. 土粒相对密度 d_s

土粒重量与同体积的 4℃时水的重量之比，称为土粒相对密度（比重）d_s，即

$$d_s=\frac{W_s}{V_s\gamma_w} \tag{5-6}$$

式中　γ_w——纯水在 4℃时的重度，实际上近似取 $\gamma_w=10kN/m^3$。

土粒相对密度取决于土的矿物成分，它的数值一般为 2.6～2.8；有机质土为 2.4～2.5；泥炭土为 1.5～1.8。同一种类的土，其相对密度变化幅度很小。

土粒相对密度在试验室内用比重瓶测定。将置于比重瓶内的土样在 105～110℃下烘干后冷却至室温并用精密天平测其重量，用排水法测得土粒体积，并求得同体积 4℃纯水的重量，土粒重量与其的比值就是土粒相对密度。由于相对密度变化的幅度不大，通常可按经验数值选用。

关于问题三：

1. 反映土密实程度的指标

（1）土的孔隙比 e。土中孔隙体积与土粒体积之比称为土的孔隙比 e，即

$$e=\frac{V_v}{V_s} \tag{5-7}$$

常见值：砂土 0.5～1.0，黏性土 0.5～1.2。土的孔隙比可用来评价天然土层的密实程度。一般砂土 $e<0.6$ 的土是密实的低压缩性土，为良好地基；黏性土 $e>1.0$ 为软弱地基。

（2）土的孔隙率 n。土中孔隙体积与总体积之比称为土的孔隙率 n，即

$$n=\frac{V_v}{V}\times100\% \tag{5-8}$$

土的孔隙率亦用来反映土的密实程度，一般粗粒土的孔隙率比细粒土的小，黏性土的孔隙率为 30%～60%，无黏性土为 25%～45%。

2. 反映土中含水程度的指标——土的饱和度 S_r

土中水的体积与孔隙体积之比称为土的饱和度，通常用百分数表示，即

$$S_r=\frac{V_w}{V_v}\times100\% \tag{5-9}$$

常见值：0～100%。土的饱和度反映土中孔隙被水充满的程度。当土处于完全干燥状态时，$S_r=0$；当土处于完全饱和状态时，$S_r=100\%$。

3. 反映不同状态下的重度

（1）干重度 γ_d。土体单位体积中土粒的重量称为土的干重度 γ_d，即

$$\gamma_d=\frac{W_s}{V} \tag{5-10}$$

常见值：13～20kN/m³。干重度常用作填方工程中土体压实质量控制的标准。γ_d 越大，土体越密实，工程质量越好，但花费的压实费用也越大。应根据工程的重要程度和当地土的性质，设计一个合理的 γ_d 数值。

（2）饱和重度 γ_{sat}。土孔隙中全部充满水时单位体积的重量称为土的饱和重度，即

$$\gamma_{sat}=\frac{W_s+V_v\gamma_w}{V} \tag{5-11}$$

常见值：18～23kN/m^3。

(3) 有效重度 γ'。地下水位以下，土体受水的浮力作用时单位体积的重力，即

$$\gamma'=\frac{W_s-V_s\gamma_w}{V} \tag{5-12}$$

常见值：8～13kN/m^3。

上述共 9 个物理性质指标，并非各自独立、互不相关。通常由实验室测定 γ、d_s 和 ω 后，其余六个物理性质指标可以通过三相草图换算而得。

用三相草图计算物理性质指标的方法：由已知三个指标的数值和各物理性质指标的定义进行计算，把草图上三相的重量和体积逐个计算出来，填满草图，就可得到需要的各指标值。因为三相之间是相对的比例关系，为计算方便，可以设其中一个部分为 1（如 $V=1\text{cm}^3$），则简便得多。

各项物理性质指标之间的换算见表 5-2。

表 5-2　　土的三相比例指标换算公式

指标名称	符号	表达式	单位	换算公式	备注
重度	γ	$\gamma=\frac{W}{V}$	kN/m^3	$\gamma=\frac{d_s+S_re}{1+e}$ $\gamma=\frac{d_s(1+\omega)\gamma_w}{1+e}$	试验测定
土粒相对密度	d_s	$d_s=\frac{W_s}{V_s}\frac{1}{\gamma_w}$		$d_s=\frac{S_re}{\omega}$	试验测定
含水量	ω	$\omega=\frac{W_w}{W_s}\times100\%$		$\omega=\frac{S_re}{d_s}\times100\%$ $=\left(\frac{\gamma}{\gamma_d}-1\right)\times100\%$	试验测定
孔隙比	e	$e=\frac{V_v}{V_s}$		$e=\frac{d_s\gamma_w(1+\omega)}{\gamma}-1$	
孔隙率	n	$n=\frac{V_v}{V}\times100\%$		$n=\frac{e}{1+e}\times100\%$	
饱和度	S_r	$S_r=\frac{V_w}{V_v}\times100\%$		$S_r=\frac{\omega d_s}{e}=\frac{\omega\gamma_d}{nr_w}$	
干重度	γ_d	$\gamma_d=\frac{W_s}{V}$	kN/m^3	$\gamma_d=\frac{\gamma}{1+W}$	
饱和重度	γ_{sat}	$\gamma_{sat}=\frac{W_s+V_v\gamma_w}{V}$	kN/m^3	$\gamma_{sat}=\frac{d_s+e}{1+e}\gamma_w$	
浮重度	γ'	$\gamma'=\frac{W_s-V_s\gamma_w}{V}$	kN/m^3	$\gamma'=\gamma_{sat}-\gamma_w=\frac{(d_s-1)\gamma_w}{1+e}$	

【例 5-1】 某土样测得重量为 1.87N，体积为 100cm^3，烘干后重量为 1.67N，已知土粒的相对密度 $d_s=2.66$，试求：γ、ω、e、S_r、γ_d、γ_{sat}、γ'。

【解】 $\gamma=\frac{W}{V}=\frac{1.87\times10^{-3}}{100\times10^{-6}}=18.7\ (\text{kN/m}^3)$

$$\omega=\frac{W_w}{W_s}\times100\%=\frac{1.87-1.67}{1.67}\times100\%=11.98\%$$

$$e=\frac{d_s\gamma_w(1+\omega)}{\gamma}-1=\frac{2.66\times10\times(1+0.1198)}{18.7}-1=0.593$$

$$S_r=\frac{\omega d_s}{e}=\frac{0.1198\times2.66}{0.593}=0.5374=53.74\%$$

$$\gamma_d=\frac{\gamma}{1+\omega}=\frac{18.7}{1+0.1198}=16.7(\text{kN/m}^3)$$

$$\gamma_{sat}=\frac{d_s+e}{1+e}\gamma_w=\frac{2.66+0.593}{1+0.593}\times10=20.4(\text{kN/m}^3)$$

$$\gamma'=\gamma_{sat}-\gamma_w=20.4-10=10.4(\text{kN/m}^3)$$

任务四　土的物理状态指标

任务描述：围绕完成土的物理状态指标这个任务，通过实验推理，解决两个问题，使学生明晰土的物理状态指标相关知识。

课前设问：

问题一：如何判别无黏性土的密实度？

问题二：黏性土有哪些物理状态？

解答：

土的物理状态，对于粗粒土是指土的密实程度，对于细粒土则是指土的软硬程度或称为黏性土的稠度。已知土的9个物理性质指标后，还需要判别土的松密和软硬，因而需要研究土的物理状态指标。

关于问题一，砂、卵石等无黏性土是单粒结构，这类单粒结构的土最主要的物理状态指标是密实度。密实度通常指单位体积土中固体颗粒的含量，根据土颗粒含量的多少，天然状态下的砂、碎石等处于从紧密到松散的不同物理状态。呈密实状态时，强度较大，可作为良好的天然地基；呈松散状态时，则是不良地基。因此，无黏性土的密实度与其工程性质有着密切关系。

1. 碎石土的密实度

碎石土的颗粒较粗，试验时不易取得原状土样，规范根据重型圆锥动力触探锤击数 $N_{63.5}$ 将碎石土的密实度划分为松散、稍密、中密和密实（表5-3），也可根据野外鉴别方法（表5-4）确定其密实度。

表5-3　碎石土的密实度

重型圆锥动力触探锤击数 $N_{63.5}$	密实度	重型圆锥动力触探锤击数 $N_{63.5}$	密实度
$N_{63.5}\leqslant5$	松散	$10<N_{63.5}\leqslant20$	中密
$5\leqslant N_{63.5}\leqslant10$	稍密	$N_{63.5}>20$	密实

注　1. 本表适用于平均粒径小于等于50mm且最大粒径不超过100mm的卵石、碎石、圆砾、角砾。
2. 表内 $N_{63.5}$ 为经综合修正后的平均值。

表 5－4　　碎石土的密实度野外鉴别的方法

密实度	骨架颗粒含量和排列	可挖性	可钻性
密实	骨架颗粒含量小于总重的70%，呈交错排列，连续接触	锹镐挖掘困难，用撬棍方能松动，井壁一般稳定	钻进极困难，冲击钻探时，钻杆、吊锤跳动剧烈，孔壁较稳定
中密	骨架颗粒含量小于总重的60%～70%，呈交错排列，大部分接触	锹镐可挖掘，井壁有掉块现象，从井壁取出大颗粒处能保持颗粒凹面形状	钻进极困难，冲击钻探时，钻杆、吊锤跳动不剧烈，孔壁有坍塌现象
稍密	骨架颗粒含量小于总重的55%～60%，排列混乱，大部分不接触	锹可挖掘，井壁易坍塌，从井壁取出大颗粒后，砂土立即塌落	钻进极容易，冲击钻探时，钻杆稍有跳动，孔壁易坍塌
松散	骨架颗粒含量小于总重的55%，排列十分混乱，绝大部分不接触	锹易挖掘，井壁极易坍塌	钻进很容易，冲击钻探时，钻杆无跳动，孔壁易坍塌

注　1. 骨架颗粒系指与表 5－3 注 1 相对应粒径的颗粒。
2. 碎石土的密实度应按表列各项要求综合确定。

2. 砂土的密实度

通常采用相对密实度 D_r来判别，其表达式为

$$D_r=\frac{e_{max}-e}{e_{max}-e_{min}} \tag{5-13}$$

式中　e——砂土在天然状态下的孔隙比；

e_{max}——砂土在最松散状态下的孔隙比，即最大孔隙比；

e_{min}——砂土在最密实状态下的孔隙比，即最小孔隙比。

由上式可以看出：当 $e=e_{min}$时，$D_r=1$，表示土处于最密实状态；当 $e=e_{max}$时，$D_r=0$，表示土处于最松散状态。判定砂土密实度的标准如下：$0.67<D_r\leqslant 1$，密实；$0.33<D_r\leqslant 0.67$，中密；$0\leqslant D_r\leqslant 0.33$，松散。

相对密实度从理论上讲是判定砂土密实度的好方法，但由于天然状态的 e 值不易测准，测定 e_{max}和 e_{min}的误差较大等实际困难，故在应用上存在许多问题。规范根据标准贯入试验锤击数 $N_{63.5}$来评定砂土的密实度（表 5－5）。

表 5－5　　砂土的密实度

密实度	松散	稍密	中密	密实
标准贯入锤击数 $N_{63.5}$	$N_{63.5}\leqslant 10$	$10<N_{63.5}\leqslant 15$	$15<N_{63.5}\leqslant 30$	$N_{63.5}>30$

关于问题二，黏性土的物理状态特征是其软硬程度。由于黏性土主要成分是黏粒，土颗粒很细，土的比表面积大（单位体积的颗粒总表面积），与水相互作用的能力较强，故水对其工程性质影响较大。

1. 黏性土的塑限和液限

随着含水量的变化，黏性土可由一种状态转变为另一种状态，其分界含水量称为界限含水量。土由流动状态转变为可塑状态的界限含水量称为液限，用 ω_L表示，也称塑性上限含水量。土由可塑状态转变为半固态的界限含水量称为塑限，用 ω_P表示，也称塑限下限含水量，随着含水量进一步减小，直至土的体积不再减小，即土由半固态转变为固态时的界限含

水量称为缩限，用 ω_S 表示。黏性土的物理状态与含水量的关系如图 5-5 所示。

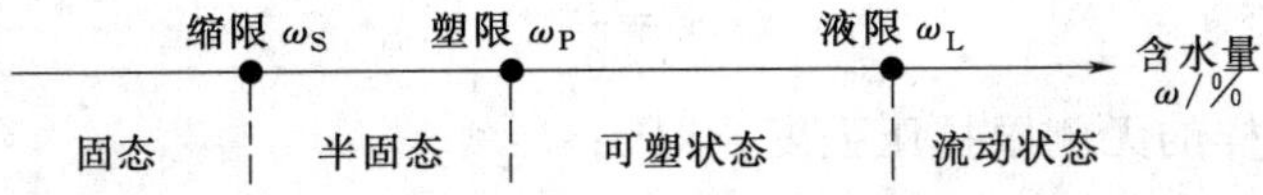

图 5-5 黏性土的物理状态与含水量的关系

当土中仅含强结合水时，土呈固体状态；含有弱结合水时，土呈半固态。当土中含有一定的自由水时，土粒间可相互滑动而不破坏土粒间的联系，土呈可塑状态。若土中含有大量自由水时，土呈流动状态。随着含水量的增加，土可从固体状态经可塑状态变化到流动状态，土的强度亦随之降低。

2. 黏性土的塑性指数和液性指数

液限与塑限之差称为塑性指数，用 I_P 表示，即

$$I_P=\omega_L-\omega_P \tag{5-14}$$

式中 I_P——塑性指数；

ω_L——液限，计算时不带%；

ω_P——塑限，计算时不带%。

塑性指数的大小表示土的可塑性范围，塑性指数越高，表示土中细颗粒含量增多，含水量变化范围增大，土的黏性与可塑性越好。塑性指数是黏性土定名的依据，一般黏性土的塑性指数 $I_P>10$。

GB 50007—2011《建筑地基基础设计规范》规定：$10<I_P\leqslant 17$ 为粉质黏土，$I_P>17$ 为黏土。

天然含水量与塑限之差同塑性指数之比称为液性指数，用 I_L 表示，即

$$I_L=\frac{\omega-\omega_P}{I_P}=\frac{\omega-\omega_P}{\omega_L-\omega_P} \tag{5-15}$$

液性指数是判别黏土软硬程度的指标，又称稠度。由式（5-15）可以看出，当 $I_L<0$ 时，即 $\omega<\omega_P$，土为坚硬状态，$I_L>1.0$，即 $\omega>\omega_L$，土为流动状态。工程上根据液性指数将黏性土划分为以下五种软硬状态：$I_L\leqslant 0$，坚硬状态；$0<I_L\leqslant 0.25$，硬塑状态；$0.25<I_L\leqslant 0.75$，可塑状态；$0.75<I_L\leqslant 1$，软塑状态；$I_L>1$，流塑状态。

【例 5-2】 已知一黏性土天然含水量 $\omega=38\%$，液限 $\omega_L=42\%$，塑限 $\omega_P=22\%$，请给该黏性土定名并确定其状态。

【解】 塑性指数 $I_P=42-22=20>17$，所以为黏土。

3. 黏性土的灵敏度和触变性

天然状态下的黏性土是具有海绵结构的土，属于有结构性土。当受到外来因素的扰动时，土粒间的胶结物质以及土粒、离子、水分子所组成的平衡体系受到破坏，土的强度降低，压缩性增大。土的结构性对强度的这种影响，一般用灵敏度来衡量。土的灵敏度是以原状土的强度与同一土经重塑（指在含水量不变条件下使土的结构彻底破坏）后的强度之比来表示的。

重塑试样具有与原状试样相同的尺寸、密度和含水量，测定强度所用的常用方法有无侧

限抗压强度试验和十字板抗剪强度试验，对于饱和黏性土的灵敏度 S_t，可按下式计算：

$$S_t=\frac{q_u}{q_u'} \tag{5-16}$$

式中　q_u——原状试样的无侧限抗压强度，kPa；

q_u'——重塑试样的无侧限抗压强度，kPa。

土的灵敏度划分如下：$1<S_t\leqslant 2$，低灵敏度；$2<S_t\leqslant 4$，中灵敏度；$S_t>4$，高灵敏度。

土的灵敏度越高，则土的结构性越强，扰动后土的强度降低越多，因此对此类土的基坑开挖施工应特别注意保证土的结构不受扰动。饱和黏性土的结构受到扰动，导致强度降低，但当扰动停止后，土的强度又随时间而逐渐增加。这是由于土粒、离子和水分子体系随时间而逐渐趋于新的平衡状态。黏性土的这种抗剪强度随时间恢复的胶体化学性质称为土的触变性。例如在黏性土中打桩时，桩侧土的结构受到破坏而强度降低，但停止打桩以后，土的强度渐渐恢复，桩的承载力逐渐增加，这也是受土触变性影响的结果。

任务五　土的击实性

任务描述：围绕完成土的击实性这个任务，通过实验推理，解决一个问题，使学生明晰土的击实性相关知识。

课前设问：

问题一：何为土的击实性？

解答：

关于问题一，土的击实性是指土在反复冲击荷载作用下能被压密的特性。击实土是最简单易行的土质改良方法，常用于填土压实。通过研究土的最优含水量和最大干重度，可提高击实效果。最优含水量和最大干重度采用现场或室内击实试验测定。在工程建设中，为了提高填土的强度，增加土的密实度，降低其透水性和压缩性，通常用分层压实的办法来处理地基。

实践经验表明，对过湿的土进行夯实或碾压就会出现软弹现象（俗称“橡皮土”），此时土的密实度是不会增大的。对很干的土进行夯实或碾压，显然也不能把土充分压实。所以，要使土的压实效果最好，其含水量一定要适当。在一定的压实能量下使土最容易压实，并能达到最大密实度时的含水量，称为土的最优含水量（或称最佳含水量），用 ω_{op} 表示。相对应的干重度称为最大干重度，用 γ_{dmax} 表示。

试验证明，最优含水量 ω_{op} 与土的塑限 ω_P 相近，大致为 $\omega_{op}=\omega_P+2\%$。填土中所含的黏土矿物越多，则最优含水量越大。最优含水量与压实能量有关，对同一种土，当用人力夯实时，因能量小，要求土粒之间有较多的水分使其更为润滑，因此，最优含水量较大而得到的最大干重度却较小；当用机械夯实时，压实能量较大，所以当填土压实程度不足时，可以改用大的压实能量补夯，以达到所要求的密度。

在同类土中，土的颗粒级配对土的压实效果影响很大，颗粒级配不均匀的容易压实，均匀的则不易压实。实践中，土不可能被压实到完全饱和的程度。试验证明，黏性土在最优含水量时，压实到最大干重度 γ_{dmax}，其饱和度一般为80%左右。此时，因为土孔隙中的气体越来越难于和大气相通，压实时不能将其完全排出去。

任务六　土 的 工 程 分 类

任务描述： 围绕完成土的工程分类这个任务，通过实验推理，解决两个问题，使学生明晰土的工程分类相关知识。

课前设问：

问题一： SL 237—1999《土工试验规程》有几种分类法？

问题二： GB 50007—2011《建筑地基基础设计规范》有几种分类法？

解答：

自然界中土的种类很多，工程性质各异。为了方便工程使用，需要按其主要特征进行分类。但目前还没有统一土名和土的分类法，各部门根据行业对土的某些工程性质的要求和重视程度不同，制定了各自的分类标准。

为了适应各种不同行业技术工作的需要，本节将同时简要介绍 SL 237—1999《土工试验规程》和 GB 50007—2011《建筑地基基础设计规范》两种土的分类标准。

关于问题一， SL 237—1999《土工试验规程》将工程用无机土分为一般土和特殊土两大类。

一般土按不同粒组的相对含量可分为巨粒土、粗粒土和细粒土，然后再分别进行详细分类；特殊土包括黄土、膨胀土、红黏土等，其分类和定名可查阅相应的专门规范，在此不多赘述。

1. 巨粒土和含巨粒土的分类和定名

首先，根据土中的粒组含量分为巨粒类土和巨粒混合土，其中巨粒类土又根据土中的粒组含量分为巨粒土和混合巨粒土。试样中巨粒组质量大于总质量 50％的土称巨粒类土，试样中巨粒组质量为总质量 15％～50％的土为巨粒混合土；试样中巨粒组质量小于总质量 15％的土可扣除巨粒，按粗粒土或细粒土的相应规定分类、定名。

巨粒土和含巨粒土的分类定名应符合表 5－6 的规定。

表 5－6　　巨粒土和含巨粒土的分类

土　类	粒组含量		土代号	土名称
巨粒土	巨粒含量 75％～100％	漂石粒含量＞50％	B	漂石
		漂石粒含量≤50％	C_b	卵石
混合巨粒土	巨粒含量 50％～75％	漂石粒含量＞50％	BSI	混合土漂石
		漂石粒含量≤50％	C_bSI	混合土卵石
巨粒混合土	巨粒含量 15％～50％	漂石含量＞卵石含量	SIB	漂石混合土
		漂石含量≤卵石含量	SIC_b	卵石混合土

2. 粗粒土的分类和定名

试样中粗粒组质量大于总质量 50％的土称粗粒类土；粗粒类土中砾粒组质量大于总质量 50％的土称砾类土；砾粒组质量小于或等于总质量 50％的土称砂类土。

砾类土应根据其中细粒含量及类别、粗粒组的级配，按表 5－7 分类和定名。

表 5-7　　砾 类 土 分 类

土　类	粒 组 含 量		土代号	土名称
砾	细粒含量小于5%	级配：$C_u \geqslant 5$ $C_c = 1 \sim 3$	GW	级配良好砾
		级配：不同时满足上述要求	GP	级配不良砾
含细粒土砾	细粒含量5%～15%		GF	含细粒土砾
细粒土质砾	15%＜细粒含量≤50%	细粒为黏土	GC	黏土质砾
		细粒为粉土	GM	粉土质砾

注　表中细粒土质砾土类，应按细粒土在塑性图中的位置定名。

砂类土应根据其中细粒含量及类别、粗粒组的级配，按表5-8分类和定名。

表 5-8　　砂 类 土 分 类

土　类	粒 组 含 量		土代号	土名称
砂	细粒含量小于5%	级配：　$C_u \geqslant 5$， $C_c = 1 \sim 3$	SW	级配良好砂
		级配：不同时满足上述要求	SP	级配不良砂
含细粒土砂	细粒含量5%～15%		SF	含细粒土砂
细粒土质砂	15%＜细粒含量≤50%	细粒为黏土	SC	黏土质砂
		细粒为粉土	SM	粉土质砂

注　表中细粒土质砂土类，应按细粒土在塑性图中的位置定名。

3. 细粒土的分类和定名

试样中细粒组质量大于或等于总质量50%的土称细粒类土。

细粒类土应按下列规定划分：试样中粗粒组小于总质量50%的土称为细粒土；试样中粗粒组质量为总质量25%～50%的土称为含粗粒的细粒土；试样中含有部分有机质（有机质含量$5\% \leqslant O_u \leqslant 10\%$）的土称为有机质土。

细粒土应根据塑性图分类，如图5-6所示。塑性图的横坐标为土的液限，纵坐标为塑

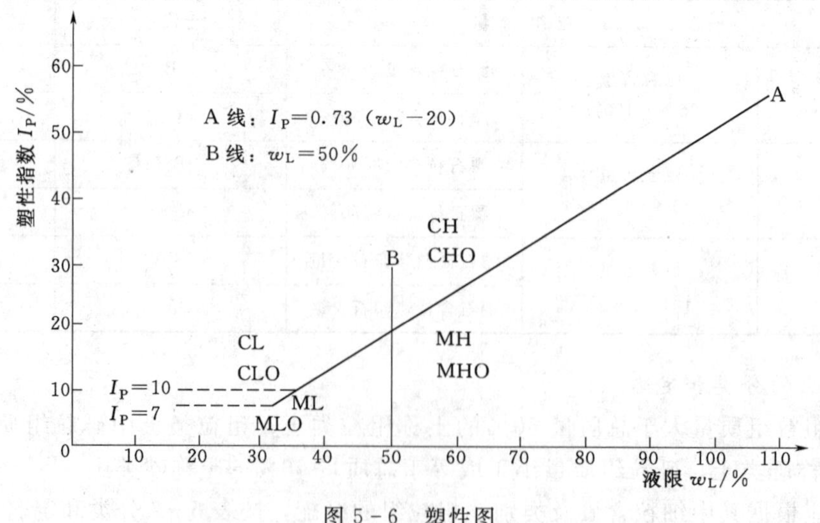

图 5-6　塑性图

性指数。塑性图中有A、B两条界限线，A线上侧为黏土，下侧为粉土；B线左侧为低液限，右侧为高液限。

细粒土应按塑性图中的位置确定土的类别，并按表5-9分类和定名。

表5-9　细粒土的分类

土的塑性指标在塑性图中的位置		土代号	土名称
塑性指数 I_P	液限 ω_L		
$I_P \geqslant 0.73(\omega_L-20)$ 和 $I_P \geqslant 10$	$\omega_L \geqslant 50\%$	CH	高液限黏土
	$\omega_L < 50\%$	CL	低液限黏土
$I_P < 0.73(\omega_L-20)$ 和 $I_P < 10$	$\omega_L \geqslant 50\%$	MH	高液限粉土
	$\omega_L < 50\%$	ML	低液限粉土

含粗粒土的细粒土先按表5-9的规定确定细粒土名称，再按下列规定最终定名：

(1) 粗粒中砾粒占优势，称含砾细粒土，应在细粒土名代号后缀以代号G。

示例：CHG—含砾高液限黏土。

(2) 粗粒中砂粒占优势，称含砂细粒土，应在细粒土代号后缀以代号S。

示例：CHS—含砂高液限黏土。

(3) 有机质土可按表规定划分定名，在各相应土类代号之后缀以代号O。

示例：MLO—有机质低液限粉土。

关于问题二，GB 50007—2011《建筑地基基础设计规范》将地基的土划分为岩石、碎石土、砂土、粉土、黏性土和人工填土六类。

1. *岩石*

岩石是指颗粒间牢固连接，呈整体或具有节理裂隙的岩体。其按坚硬程度划分为坚硬岩、较硬岩、较软岩、软岩和极软岩（表5-10）；其按完整程度划分为完整、较完整、较破碎、破碎和极破碎（表5-11）。当缺乏试验资料时，可在现场通过观察定性划分，划分标准见表5-12和表5-13。

表5-10　岩石坚硬程度的划分

坚硬程度类别	坚硬岩	较硬岩	较软岩	软岩	极软岩
饱和单轴抗压强度标准值 f_{rk}/MPa	$f_{rk}>60$	$30<f_{rk}\leqslant 60$	$15<f_{rk}\leqslant 30$	$5<f_{rk}\leqslant 15$	$f_{rk}\leqslant 5$

表5-11　岩石完整程度的划分

完整程度等级	完整	较完整	较破碎	破碎	极破碎
完整性指数	>0.75	0.55～0.75	0.35～0.55	0.15～0.35	<0.15

注　完整性指数为岩体纵波速与岩块纵波速之比的平方。

表5-12　岩石坚硬程度的定性划分

名称		定性鉴别	代表性岩石
硬质岩	坚硬岩	锤击声清脆，有回弹，震手，难击碎；基本无吸水反映	未风化—微风化的花岗岩、闪长岩、辉绿岩、玄武岩、安山岩、片麻岩、石英岩、硅质砾岩、石英砂岩、硅质石灰岩等
	较硬岩	锤击声较清脆，有轻微回弹，稍震手，轻难击碎；有轻微吸水反映	1. 微风化的坚硬岩； 2. 未风化—微风化的大理岩、板岩、石灰岩、钙质砂岩等

续表

名称		定性鉴别	代表性岩石
软质岩	较软岩	锤击声不清脆，无回弹，轻易击碎；指甲可刻出印痕	1. 中风化的坚硬岩和较硬岩； 2. 未风化—微分化的凝灰岩、千枚岩、砂质泥岩、泥灰岩等
	软岩	锤击声哑，无回弹，有凹痕，易击碎；浸水后，可捏成团	1. 强风化的坚硬岩和较硬岩； 2. 中风化的较软岩； 3. 未风化—微分化的凝灰岩、泥质砂岩、泥岩等
极软岩		锤击声哑，无回弹，有较深凹痕，手可捏碎；浸水后，可捏成团	1. 风化的软岩； 2. 全风化的各种岩石； 3. 各种半成岩

表 5－13　　岩石完整程度的划分

名称	结构面组数	控制性结构面平均间距/m	代表性结构类型	名称	结构面组数	控制性结构面平均间距/m	代表性结构类型
完整	1～2	＞1.0	整状结构	破碎	＞3	＜0.2	碎裂状结构
较完整	2～3	0.4～1.0	块状结构	极破碎	无序	—	散体状结构
较破碎	＞3	0.2～0.4	镶嵌状结构				

2. *碎石土*

碎石土是指粒径大于 2mm 的颗粒含量超过全重 50%的土。按其颗粒形状及粒组含量可分为漂石、块石、卵石、碎石、圆砾、角砾，见表 5－14。

表 5－14　　碎石土的分类

土的名称	颗粒形状	粒组含量
漂石	圆形及亚圆形为主	粒径大于 200mm 的颗粒含量超过全重 50%
块石	棱角形为主	
卵石	圆形及亚圆形为主	粒径大于 20mm 的颗粒含量超过全重 50%
碎石	棱角形为主	
圆砾	圆形及亚圆形为主	粒径大于 2mm 的颗粒含量超过全重 50%
角砾	棱角形为主	

3. *砂土*

砂土是指粒径大于 2mm 的颗粒含量不超过全重 50%，粒径大于 0.075mm 的颗粒含量超过全重 50%的土。按粒组含量可分为砾砂、粗砂、中砂、细砂和粉砂，见表 5－15。

表 5－15　　砂土的分类

土的名称	粒组含量
砾砂	粒径大于 2mm 的颗粒含量占全重 25%～50%
粗砂	粒径大于 0.5mm 的颗粒含量超过全重 50%
中砂	粒径大于 0.25mm 的颗粒含量超过全重 50%
细砂	粒径大于 0.075mm 的颗粒含量超过全重 85%
粉砂	粒径大于 0.075mm 的颗粒含量超过全重 50%

4. 粉土

粉土是指粒径大于 0.075mm 的颗粒含量不超过全重 50%，塑性指数 $I_P \leqslant 10$ 的土。其性质介于砂土及黏性土之间。

5. 黏性土

黏性土是指塑性指数 $I_P > 10$ 的土。按其塑性指数可分为黏土和粉质黏土，见表 5－16。

表 5－16　　黏性土的分类

塑性指数	土的名称	塑性指数	土的名称
$I_P > 17$	黏土	$10 < I_P \leqslant 17$	粉质黏土

6. 人工填土

人工填土是指由于人类活动而堆填的土。其物质成分杂乱，均匀性差。按其组成和成因可分为素填土、压实填土、杂填土和冲填土。

素填土是指由碎石土、砂土、粉土、黏性土等组成的填土。经过压实或夯实的素填土为压实填土。杂填土是指含有建筑垃圾、工业废料、生活垃圾等杂物的填土。冲填土是指由水力冲填泥沙形成的填土。

除了上述六类土之外，还有一些特殊土，如淤泥和淤泥质土、红黏土和次生黏土、湿陷性黄土和膨胀土等，它们都具有特殊的性质。

思　考　题

1. 土的结构有哪些？各有何特点？

2. 土由哪几部分组成？土中三相比例变化对土的性质有何影响？

3. 何谓土的颗粒级配？如何绘制颗粒级配曲线？如何从颗粒级配曲线的陡缓判断土的工程性质？

4. 土的物理性质指标有哪些？

5. 土的物理状态指标有哪些？如何判断土的工程性质？

6. 地基土分为哪几大类？划分各类土的依据是什么？

7. 黏土颗粒表面哪一层水膜对土的工程性质影响最大？

8. 何谓土的塑限、液限？它们与天然含水量是否有关？

习　题

1. 在某土层中，用体积为 72cm^3 的环刀取样，经测定：土样质量 129.1g，烘干质量 121.5g，土粒相对密度为 2.7，问该土样的含水量、重度、饱和重度、浮重度、干重度各是多少？

2. 某完全饱和黏性土的含水量 $\omega = 40\%$，土粒相对密度 $d_s = 2.7$，试求土的孔隙比 e 和干重度 γ_d。

3. 由黏粒组成的结构为（　　）。

A. 层状　　B. 絮状　　C. 蜂窝状

4. 粒度成分的“筛分法”适用于分析粒径（　　）mm 的风干试样。

A. ＞0.075　　B. ＜0.075　　C. ＝0.075

5. “筛分法”是用一套孔径依次由大到小的标准筛做试验，以下不是标准筛的孔径的是（　　）。

A. 20mm　　B. 12mm　　C. 2mm

6. 经试验测得某土的密度为 1.84g/cm^3，含水率为 25%，则其干密度为（　　）。

A. 1.38g/cm^3　　B. 1.47g/cm^3　　C. 2.16g/cm^3

7. 土的孔隙比为 0.648，则其孔隙率为（　　）。

A. 39.3%　　B. 39.9%　　C. 39.5%

8. 土的比重为 2.65，孔隙比为 0.612，含水率为 20.5%，它的饱和度为（　　）。

A. 85.2%　　B. 88.8%　　C. 88.6%

9. 某土样的天然含水率为 25.3%，液限为 40.8，塑限为 22.7，其塑性指数为（　　）。

A. 17.3　　B. 17.6　　C. 18.1

10. 从某地基中取原状黏性土样，测得土的液限为 56，塑限为 15，天然含水率为 40%，试判断地基土处于（　　）状态。

A. 坚硬　　B. 可塑　　C. 软塑

11. 某砂性土天然孔隙比 e＝0.800，已知该砂土最大孔隙比 e_{max}＝0.900，最小孔隙比 e_{min}＝0.640，用相对密度来判断该土的密实程度为（　　）。

A. 密实　　B. 中密　　C. 松散

12. 压实土现场测定的干密度为 1.61g/cm^3，最大干密度为 1.75g/cm^3，则压实度为（　　）。

A. 95%　　B. 93%　　C. 92%

项目六　土的渗透性

项目描述：本项目通过完成两个学习任务：土的渗透定律和渗透系数、渗透力和渗透变形，讲述土的渗透性及渗透变形。

项目目标：理解土的渗透定律和渗透系数、渗透力和渗透变形。

项目学习的重点：渗透变形基本概念，渗透变形防止的原理、防治措施。

项目学习的难点：渗透力。

任务一　土的渗透定律和渗透系数

任务描述：围绕完成土的渗透定律和渗透系数这个任务，通过实验推理，解决三个问题，使学生明晰：土的渗透性、渗透水力坡降、渗透系数等基本概念和达西定律的内容；土的渗透系数测定与分析使用；土的渗透系数的因素。

课前设问：

问题一：什么是达西定律？

问题二：何为渗透系数？如何确定？

问题三：何为成层土的渗透系数？如何确定？

解答：

关于问题一，水在重力作用下通过土中的孔隙，从势能高的地方向势能低的地方发生流动，这种现象称为水的渗透。土的生成决定了土的多孔性，这给水的渗透提供了通道。土体被水透过的性质，称为土的渗透性。如图 6－1 所示，当土坝或水闸挡水后，在上、下游水位差的作用下，上游的水就会通过土坝或水闸地基渗透到下游，水也会在浸润线以下的坝体中产生渗流。

水在土中渗透，引起水量漏失，减小工程的经济效益；还会使土中的应力发生变化，改变土体的稳定条件，甚至造成土体的渗流破坏和土体的滑坡。这些渗流问题的出现，使得研究水在土中的渗透对于水工建筑物的设计、施工和管理，地基基础的处理都具有非常重要的意义。

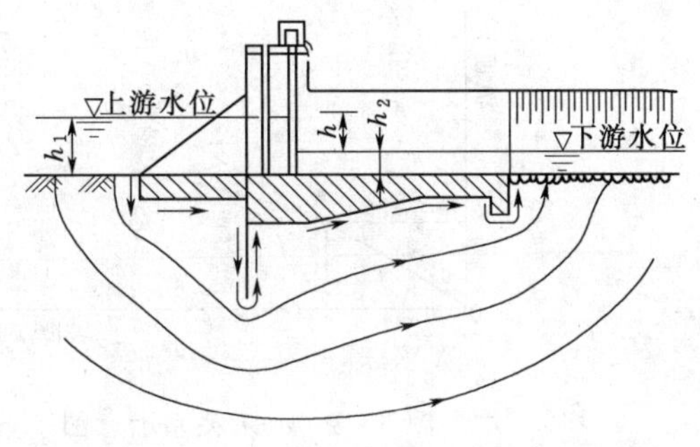

图 6－1　水闸地基的渗透

1. 达西定律

为了解决生产实践中的渗流问题，首先必须研究渗流运动的基本规律。1856 年，法国学者达西用直立圆筒装砂进行了渗透试验，如图 6－2 所示。结果发现：渗流量 Q 与过水断面积 A、渗流水头 h 成正比，与渗流路径（渗径）L 成反比，引入表征土的渗透性大小的系数即渗透系数 k 后，可以表示为

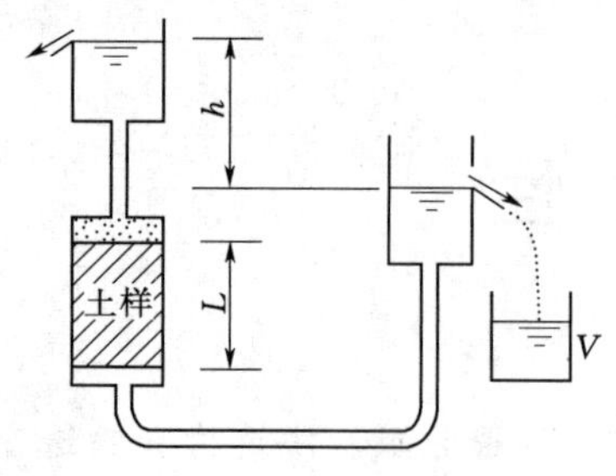

图 6-2　渗透试验

$$Q=qt=k\frac{h}{L}At \qquad (6-1)$$

或

$$v=ki \qquad (6-2)$$

式中　i——水力坡降，$i=\frac{h}{L}$。

也就是说，根据达西的研究，当水流在层流状态时，水的渗透速度与水力坡降成正比。这就是著名的达西定律。

达西定律研究时由于观测实际流动的巨大困难，按照生产实际的需要对渗流进行了简化，不考虑土的固体颗粒，认为整个土体的空间均为渗流所充满。而实际上，由于水在土体中的渗透不是经过整个土体的截面积，而仅仅是通过该截面积内土体的孔隙面积，因此，水在土体孔隙中渗透的实际速度要大于按式（6-2）计算出的渗透速度。

达西定律是土力学中的重要定律之一。不仅仅是研究地下水运动的基本定律，在水利水电工程建设中，坝基和渠道的渗漏计算、水库的渗漏计算、基坑排水计算、井孔的涌水量计算等，都是以达西定律为基础获得解决的。

2. 达西定律的适用范围

一般情况下，由于土体中的孔隙通道很小且很曲折，水在土体中的渗透流速都很小，其渗流可以看作层流——水流流线互相平行的流动。水在砂性土和较疏松的黏性土中的渗流，一般都符合达西定律，渗透速度与水力坡降成直线关系。

水在粗颗粒土如砾石、卵石中的渗流，水力坡降较小时，渗透速度不大，可以认为是层流。如图 6-3 所示，当渗透速度超过某一临界流速时，渗透速度与水力坡降的关系就表现为流线不规则的紊流，此时达西定律便不再适用。

水在密实黏土中的渗流，由于受到水薄膜的阻碍，其渗流情况便偏离达西定律，如图 6-4中的曲线 b。当水力坡降较小时，渗透速度与水力坡降不成线性关系，甚至不发生渗流。只有当水力坡降达到某一较大数值，克服了薄膜水的阻力后，水才开始渗流，其渗透存在一个起始水力坡降。

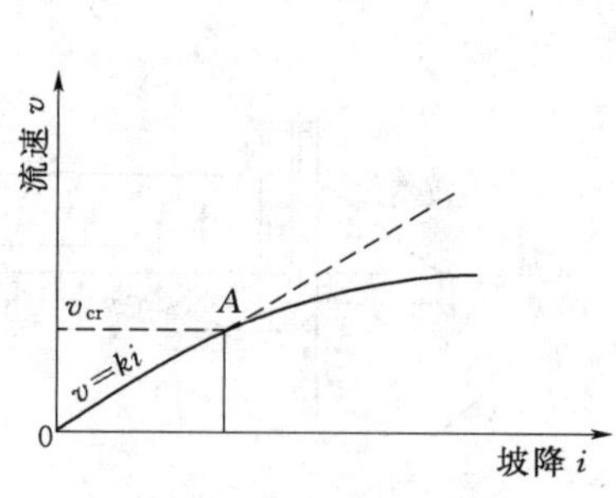

图 6-3　v-i 关系示意图

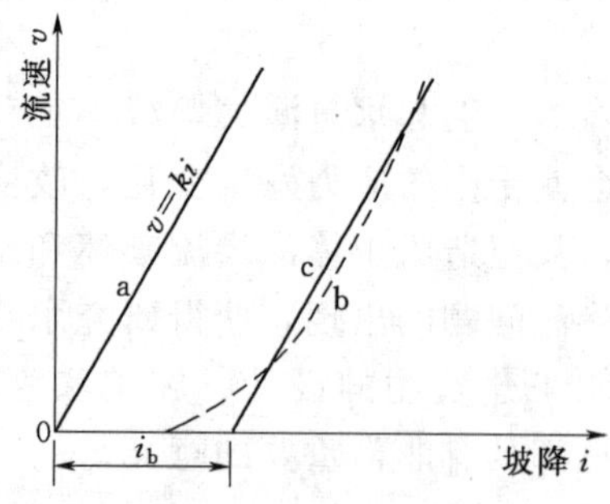

图 6-4　黏性土的渗透规律

关于问题二：

1. 渗透系数

从达西定律公式中可以获得当 $i=1$ 时，则 $v=k$，表明渗透系数 k 是单位水力坡降时的渗透速度。它是表示土的透水性强弱的指标，单位为 cm/s，与水的渗透速度单位相同。

土的渗透系数是渗流计算中必不可少的一个基本参数，其数值大小主要决定于土的种类和透水性质（表6-1）。土的渗透系数不仅用于渗透计算，还可用来评定土层透水性的强弱，作为选择坝体填料的依据，如筑坝土料的选择，如土石坝的防渗墙常用渗透系数较小的黏土。

当 $k>10^{-2}$ cm/s 时，称为强透水层；当 $k=10^{-3}\sim10^{-5}$ cm/s 时，称为中等透水层；当 $k<10^{-6}$ cm/s时，称为相对不透水层。

表6-1　　各种土的渗透系数参考数值

土的类别	渗透系数 k	
	cm/s	m/d
黏土	$<6\times10^{-6}$	<0.005
亚黏土	$6\times10^{-6}\sim1\times10^{-4}$	0.005～0.1
轻亚黏土	$1\times10^{-4}\sim6\times10^{-4}$	0.1～0.5
黄土	$3\times10^{-4}\sim6\times10^{-4}$	0.25～0.5
粉砂	$6\times10^{-4}\sim1\times10^{-3}$	0.5～1.0
细砂	$1\times10^{-3}\sim6\times10^{-3}$	1.0～5.0
中砂	$6\times10^{-3}\sim2\times10^{-2}$	5.0～20.0
粗砂	$2\times10^{-2}\sim6\times10^{-2}$	20.0～50.0
网砾	$6\times10^{-2}\sim1\times10^{-1}$	50.0～100.0
卵石	$1\times10^{-1}\sim6\times10^{-1}$	100.0～500.0

2. *渗透系数的确定方法*

土的渗透系数可通过现场和室内试验确定，通常根据室内试验来确定，本节仅介绍室内测定渗透系数的方法。室内渗透试验使用的仪器较多，但根据其原理，可分为常水头试验与变水头试验两种方法。前者适用于透水性大（$k>10^{-2}$ cm/s）的土，例如砂土和中等卵石；后者适用于透水性小（$k<10^{-2}$ cm/s）的土，例如粉土和一般黏性土。

（1）常水头试验。常水头试验就是在试验过程中，渗流水头始终保持不变。如图6-2所示，L 为土样长度，A 为土样的截面积，h 为作用于土样上的水头。试验时测出一定时间 t 内流过土样的总水量 Q，即可根据达西定律求出土的渗透系数值。

因为
$$Q=qt=k\frac{h}{L}At$$

则
$$k=\frac{QL}{Aht} \tag{6-3}$$

【例6-1】 已知对某砂土进行常水头试验，土样的长度为10cm，直径为7.5cm，水位差为8.0cm，经测试在60s内渗水量为120cm³，试求该砂土的渗透系数。

【解】
$$k=\frac{QL}{Aht}=\frac{120\times10}{\frac{\pi}{4}\times7.5^2\times8.0\times60}=5.66\times10^{-2}(\text{cm/s})$$

（2）变水头试验。由于黏性土的透水性很小，流过土样的水量也小，不易测准；或者由于需要的时间很长，会因蒸发而影响试验的精度，故常用变水头试验方法。所谓变水头试验，就是在整个试验过程中，水头随时间变化的一种试验方法，如图6-5所示。土样上端装置一根有刻度竖管，便于在试验过程中观测水位的变化数值，其横截面积为 a。

根据渗流的连续性，通过土样上端竖管的单位时间流量和通过土样单位时间流量是相等的，通过积分计算，并用常用对数表示，则

$$k=2.3\frac{aL}{A(t_2-t_1)}\lg\frac{h_1}{h_2} \tag{6-4}$$

关于问题三， 天然土层一般都是成层土。碾压土坝，如果施工不合理也易形成成层坝体。确定成层土的渗透性时，需了解各层土的渗透系数，然后根据水流方向，按下列公式计算其平均渗透系数。如图 6-6 所示，设每层土为各向同性，其渗透系数分别为 k_1、k_2、k_3 等，厚度分别为 H_1、H_2、H_3 等，总厚度为 H。

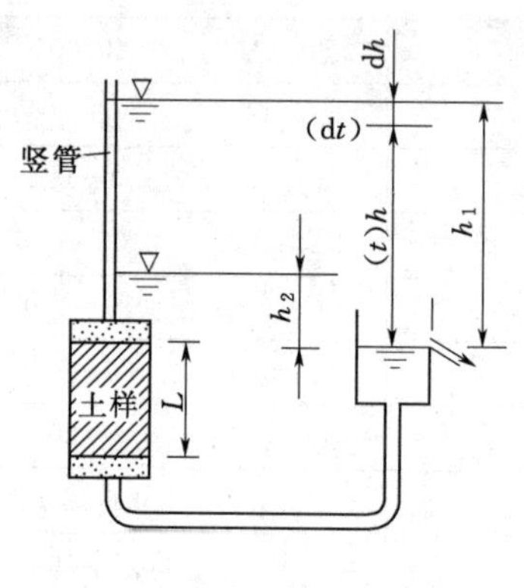

图 6-5　变水头试验

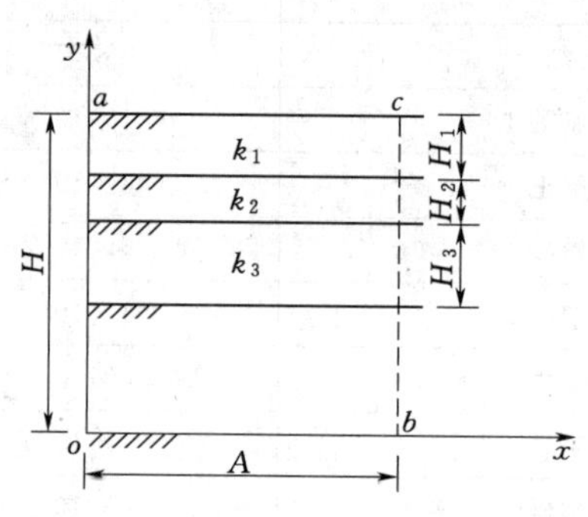

图 6-6　成层土

1. 平行于层面（x 方向）的渗透情况

在 ao 与 cb 间作用的水力坡降为 i，总渗透流量 q_x 等于各层土的渗透流量之和，即

$$q_x=q_1+q_2+q_3+\cdots$$

按单位土层宽度计，根据达西定律可得

$$q_x=k_xiH=k_1iH_1+k_2iH_2+k_3iH_3+\cdots$$

约去 i 后，沿 x 方向的平均渗透系数 k_x 为

$$k_x=\frac{1}{H}(k_1H_1+k_2H_2+k_3H_3+\cdots) \tag{6-5}$$

2. 垂直于层面（y 方向）的渗透情况

设渗流经过的截面积为 A，流经土层厚度 H 的总水力坡降为 i，流经各土层的水力坡降为 i_1、i_2、i_3 等。总渗透流量 q_y 应等于流经各土层的渗透流量 q_1、q_2、q_3 等，即 $k_yiA=k_1i_1A=k_2i_2A=k_3i_3A$。所以，又根据总水头损失等于各土层水头损失之和，可以得到沿 y 方向的平均渗透系数为

$$k_y=\frac{H}{\dfrac{H_1}{k_1}+\dfrac{H_2}{k_2}+\dfrac{H_3}{k_3}+\cdots} \tag{6-6}$$

从式（6-5）和式（6-6）可以发现，成层土的水平向渗透系数 k_x 总是大于垂直向渗透系数 k_y。根据大量实验及工程实践发现，水平渗透系数 k_x 有时甚至可大到垂直向渗透系数 k_y 的 10 倍左右。

任务二 渗透力和渗透变形

任务描述：围绕完成土的渗透力和渗透变形这个任务，通过实验推理，解决三个问题，使学生明晰：渗透力、渗透变形等基本概念；土的渗透变形的基本形式，渗透变形防止的原理；土的渗透变形基本形式、防治措施。

课前设问：

问题一：什么是渗透力？

问题二：什么是临界水力坡降？

问题三：渗透变形的基本形式、判别及防止措施分别有哪些？

解答：

关于问题一，土的渗透使土体受到渗透力的作用，在该作用下土体可能产生渗透破坏。破坏性的渗透破坏可导致水工建筑物的失事。以土石坝为例，根据近年资料来看，由于各种形式的渗透变形导致失事的仍占1/4～1/3。

水在土中渗透时将受到土粒的阻力，同时水对土粒也就产生一种反作用力。这种由于水的渗流作用对土粒产生的单位体积的力，称为渗透力或动水压力，记为j。

在渗流土体中沿渗流方向取出一个土柱体来研究，如图6-7所示，土柱长度为L，横截面积为A，水从截面1流向截面2。因渗流速度很小，惯性力可以忽略不计，土柱体上作用的力有：作用于截面1上的总水压力，作用于截面2上的总水压力，土柱体对渗流的总阻力。显然，引起渗流的力与土柱体对渗流的总阻力应达到静力平衡。即

$$(h_1-h_2)\gamma_w A=jAL$$

所以

$$j=\frac{h_1-h_2}{L}\gamma_w=\frac{h}{L}\gamma_w=i\gamma_w \tag{6-7}$$

可以看出，渗透力的大小等于水力坡降与水的容重之乘积，其作用方向与渗透方向一致，其单位为N/m^3或kN/m^3。

关于问题二，图6-8表示渗流对透水坝基的作用情况。在入渗处，渗流方向自上而下，与土重方向一致时，渗透力起增大重量的作用，对土体稳定有利；反之，在渗出处，渗流方向是自下而上，与土重方向相反时，渗透力起减轻土重的作用，不利于土体稳定。

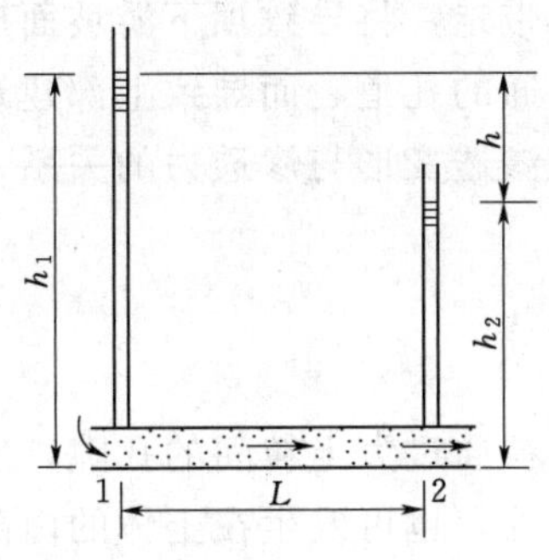

图6-7 水的渗透

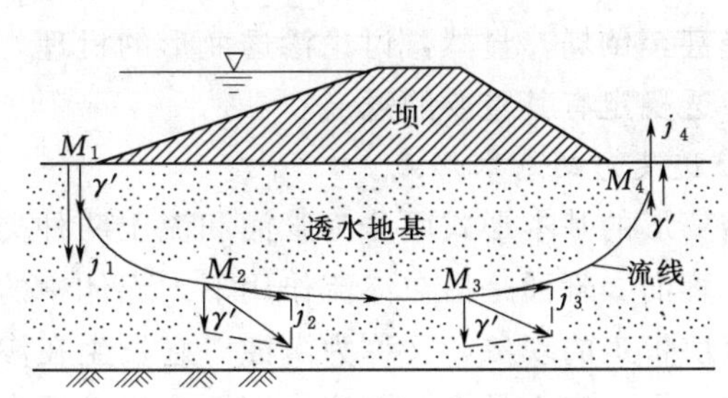

图6-8 渗流对透水坝基的作用

这时，若渗透力等于土的浮容重，土体所受压力为零，土颗粒处于悬浮的临界状态。若渗透力大于土的浮容重，土粒就会随流一起流动，向上涌出成破坏状态。

临界状态时，渗透力等于土的浮容重，写成

$$i_{cr}=i\gamma_w \tag{6-8}$$

此时，i_{cr}表示临界水力坡降。表示成与土的物理性质指标有关的形式，写成

$$i_{cr}=\frac{d_s-1}{1+e}=(1-n)(d_s-1) \tag{6-9}$$

由式（6－9）可知，临界水力坡降与土粒比重 d_s 及孔隙比 e（或孔隙率）有关，其值为0.8～1.2。对于 $d_s=2.65$、$e=0.65$ 的中等密实砂土，$i_{cr}=1.0$。在工程计算中，通常将土的临界水力坡降除以安全系数 2～3 后才得出设计上采用的允许水力坡降数值。

$$[i_{cr}]=\frac{i_{cr}}{2\sim3} \tag{6-10}$$

一些资料指出：匀粒砂土的允许水力坡降 $[i_{cr}]=0.27\sim0.44$；细粒含量大于 30%～50%的砂砾土的允许水力坡降 $[i_{cr}]=0.3\sim0.4$。黏土一般不易发生变形，其临界坡降值较大，故 $[i_{cr}]$值也可以提高。有的资料建议用 $[i_{cr}]=4\sim6$。

【例 6－2】 已知某土样长为 10m，承受水位差为 4m，如图 6－9 所示，该土饱和容重为 19kN/m³，试判断该土是否发生渗透破坏（安全系数取为 2)。

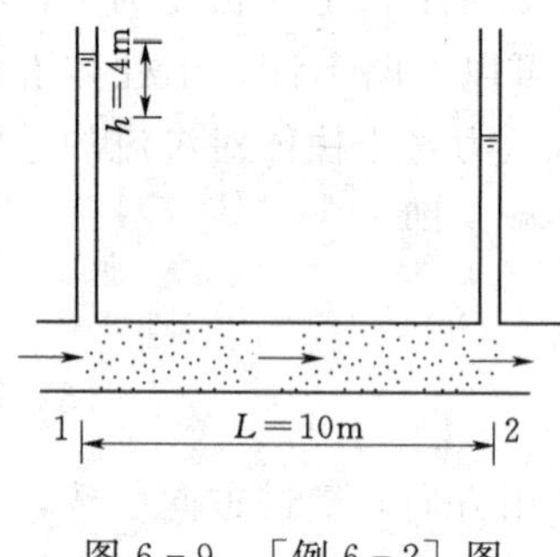

图 6－9　[例 6－2] 图

【解】

（1）计算渗透水流的水力坡降 i。

$$i=\frac{h}{L}=\frac{4}{10}=0.4$$

（2）计算该土的允许渗透水力坡降 $[i_{cr}]$。

$$i_{cr}=\frac{\gamma'}{\gamma_w}=\frac{19-10}{10}=0.9$$

$$[i_{cr}]=\frac{i_{cr}}{2}=\frac{0.9}{2}=0.45$$

（3）判断。

因为 $i<[i_{cr}]$，所以该土不会发生渗透破坏。

关于问题三， 在渗流作用下，当渗透力大于土的浮容重，或者说当渗流水力坡降大于土的临界水力坡降时，土粒就会被渗流挟带走，这种现象称为土体的渗透变形。如在靠近下游坝坡脚渗流出口处出现这种现象时，由于土粒不断被渗流带走，将导致坝下游坡面产生局部滑动。如在坝基中出现这种现象时，将会在地基中形成连通的孔道，而导致上部建筑物发生显著沉降甚至倒塌。显然，讨论渗透变形的机理，即研究渗透变形与渗透力的关系，对评定土体的渗透稳定有其重要的意义。

1. 渗透变形的基本形式

渗透变形的基本形式可分为管涌和流土两种类型。

（1）管涌。管涌是指在渗流作用下，土体中的细小土粒通过大土粒间的孔隙，发生移动或被水流挟带走的现象，又称为潜蚀。它发生在渗流逸出处，也可发生在土体的内部。

（2）流土。流土是指在渗流作用下，当渗透力等于或大于土的浮容重时，黏性土或无黏性土体中某一范围内的土粒或土粒团被掀起浮动的现象。流土发生于渗流出逸处的土体表面

而不发生于土体内部。不同的土类、不同的土层构造，流土表现的形式不同，常见的有以下两种。

1）表层透水性较小、下卧层透水性较大双层地基中的流土。由于渗流从透水性较大的下卧层（如砂层）透过时，水头损失相对较小，使得渗流出逸处的透水性较小的表层（如黏土层）承受了较大的水力坡降。发生流土时主要表现为表层隆起，整块土体被抬起，砂粒涌出。

2）流砂现象。流砂现象是开挖渠道或基坑时常遇到的一种现象，属于流土类型。此时，一般为均匀的砂土层，在渗透水头较大，而且渗透路径较短时，产生较大的水力坡降。发生流土时主要表现为小泉眼、冒气泡，然后土粒群向上抬起，发生浮动。

2. 渗透变形的判别

判别管涌和流土出现的可能性是很复杂的。工程实践表明，有的土体在水力坡降较小时就发生管涌，另一些土体必须在水力坡降较大时才会发生管涌。而且有的土虽然不易发生管涌，但在水力坡降增大后却会发生流土破坏。

黏性土由于土粒具有黏性，土粒间联结较紧，水在土中的渗透流速很小，一般不会出现管涌，但会发生流土破坏。

具体地，可以采用渗流水力坡降 i 与土的允许水力坡降 $[i_{cr}]$ 比较来判断。

试验研究表明，管涌的发生，除与水力坡降有关外，还与土粒级配有关。流土的发生则还与土的均匀性有关。

不均匀系数 $C_u<10$ 的匀粒砂土，在一定水力坡降条件下，较易发生局部流土破坏。$C_u>10$ 的砂土和砾石、卵石的孔隙中仅含有少量的细粒时，由于阻力不大，较小的水力坡降就可将细小土粒挟带走而发生管涌现象；反之，如孔隙多被细粒填充（此时细粒含量为30%～50%），由于水流受到的阻力很大，故不易出现管涌而会发生流土现象。有研究证明，缺乏中间粒径的砂砾料中细粒含量小于20%时，发生管涌的允许水力坡降还要小些。

3. 防止渗透变形的措施

通过前面的学习，已经知道使土体发生渗透变形的原因主要有两个方面：一个是内因，即土的类别及组成特征，决定土的允许水力坡降；另一个是外因，即渗流的特征，决定渗流的渗透水力坡降。

因此，防止土体渗透变形的原则是上挡下排。具体地，除了增大土体密度外，在入渗处，采用设置水平与垂直防渗措施，如水平的黏性土铺盖，或垂直的黏土或混凝土防渗墙、帷幕灌浆及板桩等，达到增长渗径、截断渗流，从而降低水力坡降的目的。在出渗处，采用滤土排水的措施，如设置反滤层、盖重体或排水沟、排水减压井，达到减小出逸水力坡降，减小渗透力，提高渗流出逸处土体抵抗渗透变形的能力的目的。

思 考 题

1. 达西定律的内容和适用范围是什么？
2. 解释渗透系数的概念及其含义。
3. 什么是渗透变形？两种主要的渗透变形形式是什么？
4. 渗透变形产生的原因是什么？常见的防止措施是什么？

习　　题

1. 已知对某砂土进行渗透试验，土样的长度为25cm，截面积为5cm^2，试验渗透水头20m，试验在5min后测得渗透流量为15cm^3，试求该砂土的渗透系数。

2. 已知某砂土渗透系数6×10^{-3}cm/s，土样的长度为20cm，截面积为5cm^2，试验作用水头25m，问试验在10min后可测得的渗透流量。

3. 下列指标为无量纲的是（　）。

A. 水力比降　　B. 渗透速度　　C. 渗透系数

4. 可通过常水头渗透试验测定土的渗透系数的是（　）。

A. 黏土　　B. 砂　　C. 粉土

5. 可通过变水头渗透试验测定土的渗透系数的是（　）。

A. 漂石　　B. 砂　　C. 粉土

6. 可测定土的渗透系数的现场原位试验方法有（　）。

A. 常水头渗透试验　　B. 变水头渗透试验　　C. 现场抽水试验

7. 关于渗透力的说法不正确的是（　）。

A. 渗透力是流动的水对土体施加的力　　B. 渗透力是一种体积力

C. 渗透力的大小与水力比降成反比

8. 渗透力是作用在（　）上的力。

A. 土颗粒　　B. 土孔隙　　C. 土中水

9. 达西定律中的渗流速度（　）水在土中的实际速度。

A. 大于　　B. 小于　　C. 等于

项目七　土体中的应力与地基变形计算

项目描述： 本项目通过完成六个学习任务：土体中的自重应力、基底压力、地基附加应力计算、土的压缩性、地基最终沉降量的计算以及地基沉降与时间的关系，讲述建筑沉降的观测与地基变形的控制。

项目目标： 理解土体中应力产生的原因和分类，土体产生压缩的原因，掌握土体应力和地基变形计算的方法和步骤以及地基变形随时间变化关系。

项目学习的重点： 土体中自重应力和附加应力计算，地基变形计算，地基变形随时间变化关系。了解地基不均匀沉降的控制措施。

项目学习的难点： 地基应力与变形计算。

任务一　土体中的自重应力

任务描述： 围绕土体中应力是如何计算、产生的原因和分类这个任务，通过分析、讲解，最后通过案例分析解决土体中应力的计算和总结土体中自重应力分布规律这个问题，使学生掌握土体中应力计算的方法以及土体中自重应力分布规律。

课前设问：

问题一： 什么是自重应力和附加应力？

问题二： 怎样计算自重应力？总结成层土的自重应力分布规律。

解答：

关于问题一， 通常建筑物是建造在土层上的，把支承建筑物的这种土层称为地基。由天然土层直接支承建筑物的地基称为天然地基，软弱土层经加固后支承建筑物的称为人工地基，而与地基相接触的建筑物下部结构称为基础。

地基土同其他的建筑材料一样，受荷以后将产生应力和变形，给建筑物带来两个工程问题，即土体稳定问题和变形问题。如果地基内部所产生的应力小于土体强度，那么土体是稳定的；反之，土体就要发生破坏，可能引起整个地基产生滑动而失去稳定，从而导致建筑物倾倒。因此，研究地基中的应力计算和分布规律是研究地基变形和稳定的依据。地基中的应力，按其产生的原因可以分为自重应力和附加应力两种。

(1) 自重应力。由土体本身有效重量产生的应力称为自重应力。一般而言，土体在自重作用下，在漫长的地质历史上已压缩稳定，不再引起土的变形（新沉积土或近期人工充填土除外）。

(2) 附加应力。由外荷（静的或动的）在地基内部引起的应力称为附加应力，它是使地基失去稳定和产生变形的主要原因。

关于问题二， 在计算地基中的自重应力时，一般将地基作为半无限弹性体来考虑。由半无限弹性体的边界条件可知，其内部任一与地面平行的平面或垂直的平面上，仅作用着竖直

应力 σ_{cz} 和水平向应力 $\sigma_{cx}=\sigma_{cy}$，而剪应力 $\tau=0$。

1. 均质土的自重应力

(1) 竖直自重应力。设地基中某单元体离地面的距离为 z，土的重度为 γ，则单元体上竖直自重应力等于单位面积上的土柱有效重量，即

$$\sigma_{cz}=\gamma z \tag{7-1}$$

可见，土的竖直自重应力随着土的计算深度增大而增大，呈三角形分布，如图 7-1 所示。

(2) 水平向自重应力 σ_{cx}、σ_{cy}。在半无限体内，由侧限条件可知，土不可能发生侧向变形（$\varepsilon_x=\varepsilon_y=0$），因此，该单元体上两个水平向应力相等并按下式计算：

$$\sigma_{cx}=\sigma_{cy}=K_0\sigma_{cz}=K_0\gamma z \tag{7-2}$$

式中　K_0——土的侧压力系数，它是侧限条件下土中水平向有效应力与竖直有效应力之比，可由试验测定，$K_0=\dfrac{\upsilon}{1-\upsilon}=1-\sin\varphi'$，$\upsilon$ 是土的泊松比，φ' 是有效内摩擦角；也可以查表确定。

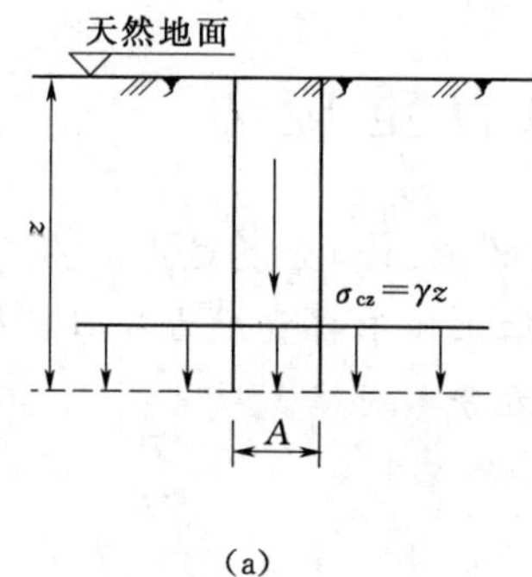

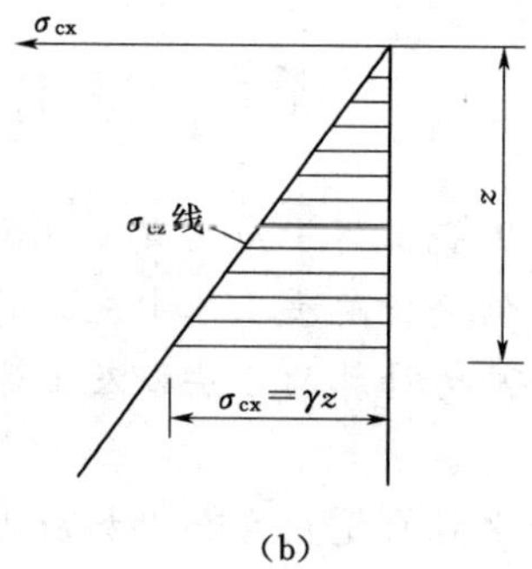

图 7-1　均质土的自重应力

2. 成层土的自重应力

设各土层的厚度为 $z_1, z_2, z_3, \cdots, z_n$，相应的容重分别为 $\gamma_1, \gamma_2, \cdots, \gamma_n$，则地基中的第 n 层底面处的竖直自重应力为

$$\sigma_{cz}=\gamma_1 z_1+\gamma_2 z_2+\gamma_3 z_3+\cdots+\gamma_n z_n=\sum_{i=1}^{n}\gamma_i z_i \tag{7-3}$$

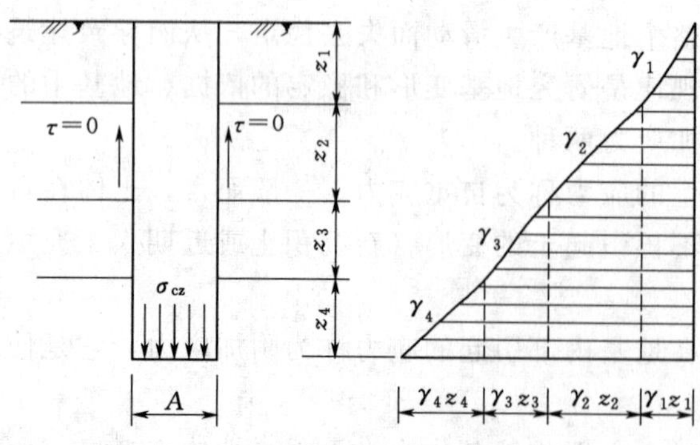

图 7-2　成层土的自重应力

可见，成层土的竖直自重应力随着土的计算深度增大而增大，自重应力的大小等于各层土的自重应力之和，呈折线分布，折点在土层层面交界处，如图 7-2 所示。

3. 特殊情况下的自重应力

(1) 土层存在地下水情况。由于土的自重应力是有效应力，地下水位以下土的重度采用有效重度参与计算。地下水位的升降变化对土的自重应力有影响。由于大量抽取地下水等原因，地下水位大幅度下

降，使地基中原水位以下土体的有效自重应力增加，会造成地表下沉的严重后果。如图7-3所示，地下水位上升的情况一般发生在人工抬高蓄水水位的地区（如筑坝蓄水）或工业用水等大量渗入地下的地区。如果该地区土层具有遇水后土的性质发生变化（如湿陷性或膨胀性等）的特性，则地下水位的上升会导致一些工程问题。

（2）土层存在不透水层情况。如果地下水位以下埋藏不透水层（如岩层或者坚硬的黏土层），由于不透水层不存在水的浮力，所以不透水层及层面以下的自重应力等于上覆土和水的重力之和。

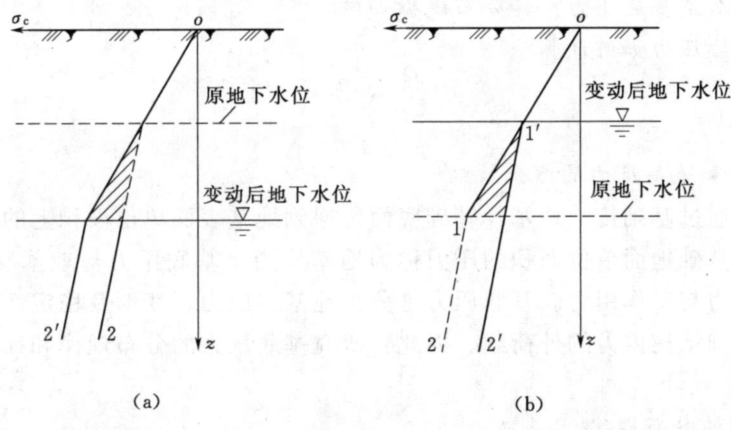

图7-3　地下水位的升降对土的自重应力的影响

【例7-1】 某地基土剖面图如图7-4所示，试计算各土层的自重应力并绘制自重应力的分布图。

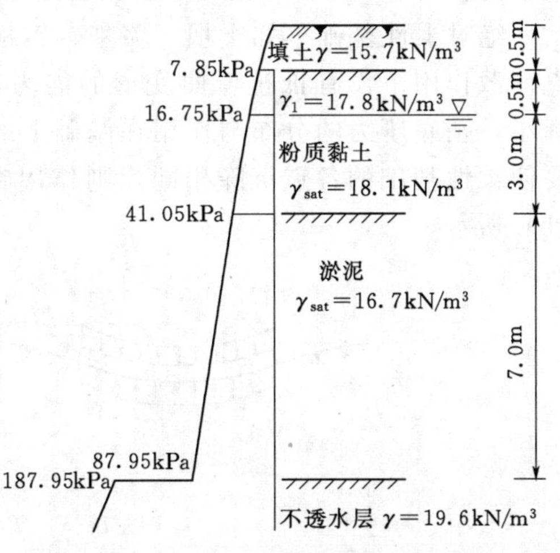

图7-4　[例7-1] 地基土剖面图

【解】

填土层底　$\sigma_{cz}=\gamma z=15.7\times0.5=7.85(\text{kPa})$

地下水位处　$\sigma_{cz}=\gamma_1 z_1+\gamma_2 z_2=7.85+17.8\times0.5=16.75(\text{kPa})$

粉质黏土层底　$\sigma_{cz}=\gamma_1 z_1+\gamma_2 z_2+\gamma_3' z_3=16.75+(18.1-10)\times3=41.05(\text{kPa})$

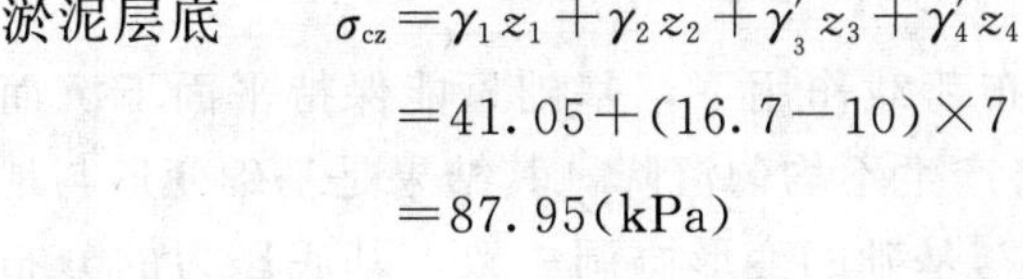

淤泥层底　$\sigma_{cz}=\gamma_1 z_1+\gamma_2 z_2+\gamma_3' z_3+\gamma_4' z_4=41.05+(16.7-10)\times7=87.95(\text{kPa})$

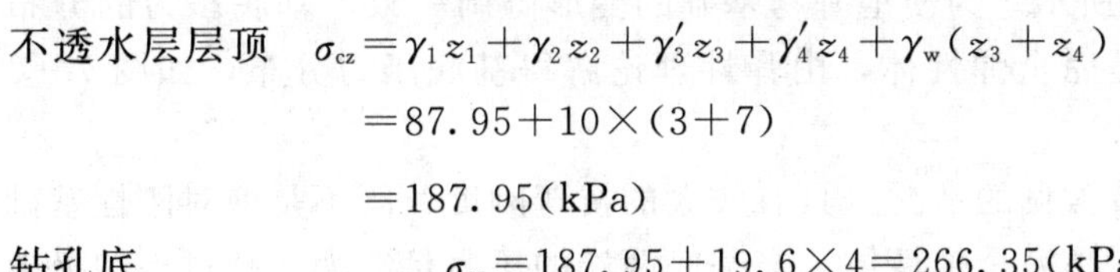

不透水层层顶　$\sigma_{cz}=\gamma_1 z_1+\gamma_2 z_2+\gamma_3' z_3+\gamma_4' z_4+\gamma_w(z_3+z_4)=87.95+10\times(3+7)=187.95(\text{kPa})$

钻孔底　$\sigma_{cz}=187.95+19.6\times4=266.35(\text{kPa})$

任务二 基底压力

任务描述：围绕基底压力的概念、分布规律、如何计算这个任务，通过分析、讲解，最后通过案例分析解决基底压力的简化计算方法和分布规律这个问题，使学生掌握：基底压力计算的原理；基底压力计算方法以及分布规律。

课前设问：

问题一：什么是基底压力？其分布规律如何？

问题二：基底压力如何计算？

解答：

关于问题一：

1. 基底压力和地基反力的概念

建筑物荷载通过基础传给地基，基础底面传递到地基表面单位面积上的压力称为基底压力，而地基支承基础地面单位面积的压力称为地基反力。基底压力与地基反力是大小相等、方向相反的作用力与反作用力。基底压力是分析地基中应力、变形及稳定性的外荷载，地基反力则是计算基础结构内力的外荷载。因此，研究基底压力的分布规律和计算方法具有重要的工程意义。

2. 基底压力的分布规律

试验研究证明，基底压力的分布形式是一个非常复杂的问题，它与地基与基础的相对刚度、荷载大小及其分布情况、基础埋深和地基土的性质等多种因素有关。

绝对柔性基础（如土坝、路基、钢板做成的储油罐底板等）的抗弯刚度 $EI=0$，在垂直荷载作用下没有抵抗弯曲变形的能力，基础随着地基一起变形，中部沉降大，两边沉降小，基底压力的分布与作用在基础上的荷载分布完全一致，如图 7－5（a）所示。如果要使柔性基础的各点沉降相同，则作用在基础上的荷载应是两边大而中部小，如图 7－5（b）所示。

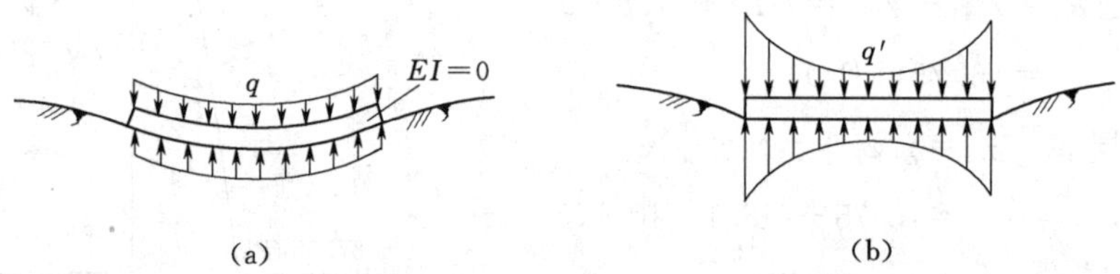

图 7－5 柔性基础的基底压力分布

绝对刚性基础的抗弯刚度 $EI=\infty$，在均布荷载作用下，基础只能保持平面下沉而不能弯曲，但对地基而言，均匀分布的基底压力将产生不均匀沉降，其结果是基础变形与地基变形不相适应，如图 7－6（a）所示。为使地基与基础的变形协调一致，基底压力的分布必是两边大而中部小。如果地基是完全弹性体，由弹性理论解得基底压力分布，如图 7－6（b）所示，边缘处压力将为无穷大。

有限刚度基础是工程中最常见的情况，具有较大的抗弯刚度，既不是绝对刚性基础，也不是绝对柔性基础，地基也不是完全弹性体。当基底两端的压力足够大，超过土的极限强度

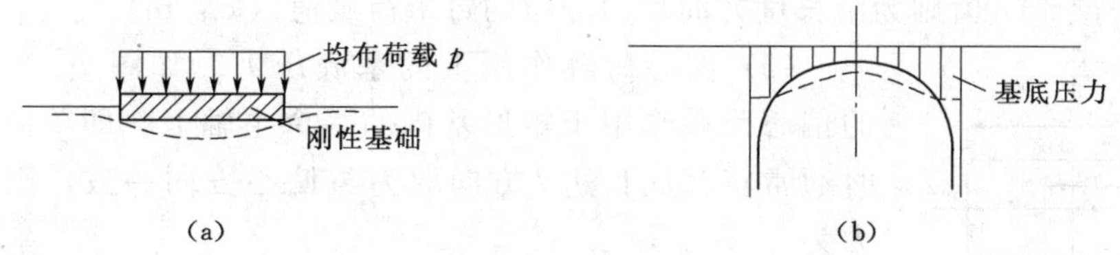

图 7－6 刚性基础的基底压力分布

后，土体就会形成塑性区，所承受的压力不再增大，自行调整向中间转移。实测资料表明，当荷载较小时，基底压力分布接近弹性理论解［图 7－7（a）］；随着上部荷载的逐渐增大，基底压力转变为马鞍形分布［图 7－7（b）］、抛物线形分布［图 7－7（c）］；当荷载接近地基的破坏荷载时，压力图形为钟形分布［图 7－7（d）］。

关于问题二：

1. 基底压力的简化计算

从以上分析可见，基底压力分布形式是十分复杂的，但在工程实践中，对一般基础受到工程压力作用时采用简化方法，即假定基底压力按直线分布，采用材料力学公式计算。

（1）轴心荷载作用下的基底压力。如图 7－8 所示，作用在基础上的荷载，其合力通过基础底面形心时为轴心受压基础，基底压力为均匀分布，数值按下式计算：

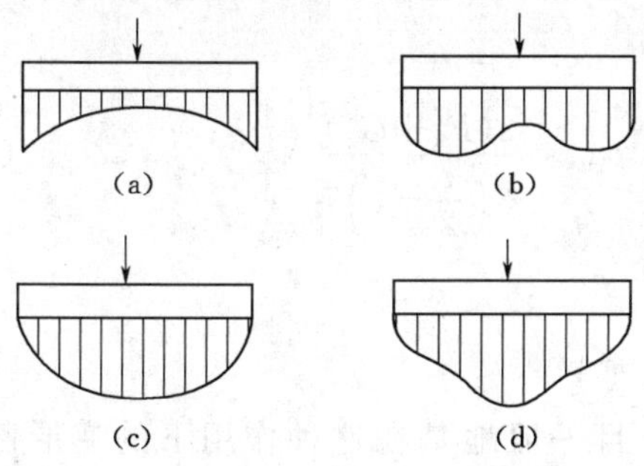

图 7－7 有限刚度基础的基底压力分布

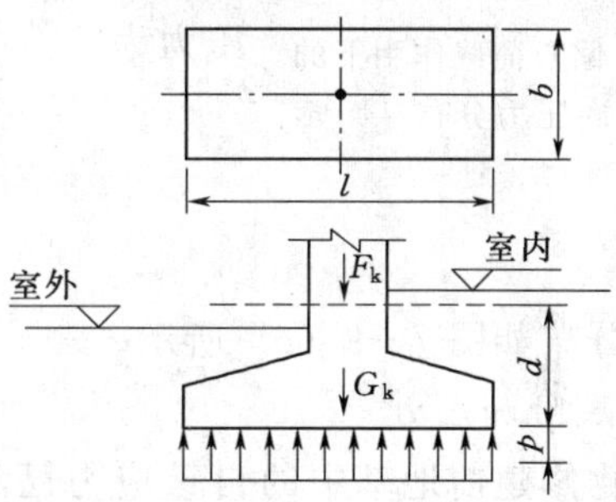

图 7－8 轴心荷载作用下的基底压力分布

$$p_k=\frac{F_k+G_k}{A} \tag{7-4}$$

式中 p_k——相应于荷载效应标准组合时，基础底面的平均压力值，kPa；

F_k——相应于荷载效应标准组合时，上部结构传至基础顶面的竖直力，kN；

G_k——基础自重和基础上的土重，kN，$G=\gamma_G Ad$；$\gamma_G=20\text{kN/m}^3$，地下水位以下采用有效重度；

A——基础底面积，m^2，对矩形基础 $A=lb$，l、b 分别为基底的宽度和长度，m。

对于荷载沿长度方向均匀分布的条形基础，则取长度方向 $l=1\text{m}$ 为计算单元，则公式为

$$p_k=\frac{F_k+G_k}{b} \tag{7-5}$$

此时公式中的 F_k+G_k 值则为沿长度方向均匀分布的每米荷载值（kN/m）。

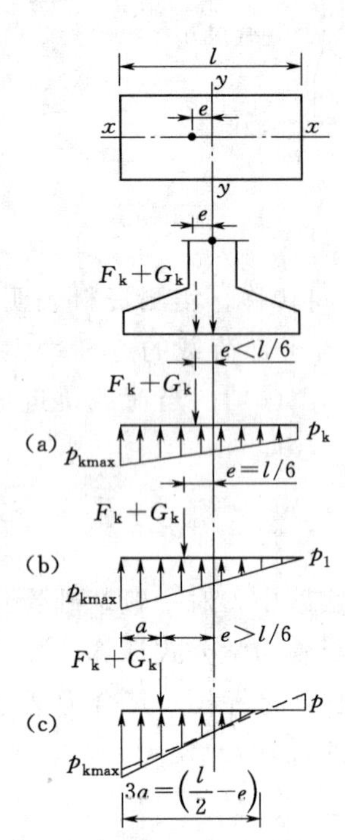

图 7－9　偏心荷载作用下的基底压力分布

（2）偏心荷载作用下的基底压力。如图 7－9 所示，常见的偏心荷载作用于矩形基础的一个主轴上，即单向偏心。设计时通常将基底长边 l 方向取为与偏心方向一致，则基底边缘压力为

$$p_{\min}^{\max}=\frac{F_k+G_k}{A}\pm\frac{M_k}{W}=\frac{F_k+G_k}{A}\left(1\pm\frac{6e}{l}\right) \tag{7-6}$$

式中　M_k——相应于荷载效应标准组合时，作用在基础底面的力矩值，kN·m；

W——基础底面的抵抗矩，m^3；

e——荷载合力偏心距，m。

由上式可见：

当 $e<l/6$ 时，基底压力呈梯形分布，如图 7－9（a）所示。

当 $e=l/6$ 时，基底压力呈三角形分布，如图 7－9（b）所示。

当 $e>l/6$ 时，基底压力呈三角形分布，基底出现拉应力，导致基底与地基分开，基底压力重新分布，则重新分布的基底压力为

$$p_{\max}=\frac{2(F_k+G_k)}{3\left(\frac{l}{2}-e\right)b} \tag{7-7}$$

基底压力分布如图 7－9（c）所示。

2. 基底附加应力

建筑物修建前地基中的自重应力已经存在，并且一般地基在这种作用下的变形已经完成，只有建筑物荷载引起的地基应力的增量才能导致地基产生新的变形。建筑物基础一般都有一定的埋深，建筑物修建时进行的基坑开挖减小了地基原有的自重应力，相当于加了一个负荷载。因此，在计算地基附加应力时，应该在基底压力中扣除基底处原有的自重应力，剩余的部分称为附加压力。则基底附加压力为

轴心荷载作用情况
$$p_0=p-\sigma_{cz}=p-\gamma_0 d \tag{7-8}$$

偏心荷载作用情况
$$p_{0\,\min}^{\;\max}=p_{\min}^{\max}-\gamma_0 d \tag{7-9}$$

式中　γ_0——基础底面标高以上的天然土体的加权平均重度；

d——基底埋深，从天然地面算起，对于新填土地区则从老底面算起。

【例 7－2】 某轴心受压基础底面尺寸 $l=b=2$m，基础顶面作用 $F_k=450$kN，基础埋深 $d=1.5$m，已知地质剖面第一层为杂填土，厚 0.5m，$\gamma_1=16.8\text{kN/m}^3$，以下为黏土，$\gamma_2=18.5\text{kN/m}^3$，试计算基底压力和基底附加压力。

【解】 基础自重及基础上回填土重　$G_k=20\times2\times2\times1.5=120(\text{kN})$

基底压力　　$p_k=\frac{F_k+G_k}{A}=\frac{450+120}{2\times2}=142.5(kN/m^3)$

基底处土自重应力　　$\sigma_{cz}=\gamma_1 z_1+\gamma_2 z_2=16.8\times0.5+18.5\times1.0=26.9(kPa)$

基底附加压力为　　$p_0=p-\sigma_{cz}=p-\gamma_0 d=142.5-26.9=115.6(kPa)$

任务三　地基附加应力计算

任务描述：围绕地基中的附加应力的概念、分布规律、如何计算这个任务，通过分析、讲解，最后通过案例分析解决地基中的附加应力的简化计算方法和分布规律这个问题，使学生掌握土中附加应力计算方法以及分布规律。

课前设问：

问题一：什么是附加应力？集中荷载作用下地基中的附加应力有何分布规律？

问题二：空间问题——矩形基础受到荷载作用时，地基中的附加应力如何计算？

问题三：平面问题——条形基础受到荷载作用时，地基中的附加应力如何计算？

解答：

关于问题一：

1. 附加应力的基本概念

地基附加应力是指建筑物荷载（其他外荷载）在地基中产生的应力。对一般天然土层来说，土的自重应力引起的压缩变形在地质历史上早已完成，不会再引起地基沉降，因此引起地基变形与破坏的主要原因是附加应力。目前地基中的附加应力计算方法采用弹性理论推导，即假设地基土为均质、连续、各向同性的半无限弹性体。

2. 集中荷载作用下地基中的附加应力计算

（1）竖直集中荷载作用下地基中的附加应力计算。1885 年法国学者布辛涅斯克用弹性理论推出了在半无限空间弹性体表面上作用有竖直集中力 P 时，在弹性体内任一点 M 所引起的应力解析解。其中竖向附加应力分量对计算地基变形最有意义，其计算公式为

$$\sigma_{cz}=\frac{3Pz^3}{2\pi R^5} \tag{7-10}$$

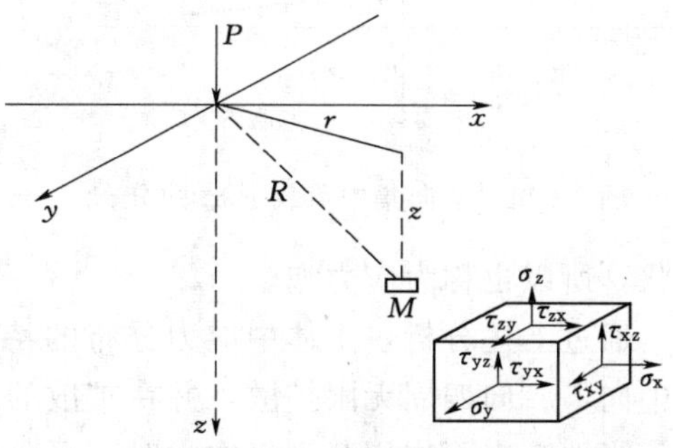

图 7-10　竖直集中力作用下土体中一点的应力

式中　R——集中作用力 P 至计算点 M 的距离。

利用图 7-10 中的几何关系可将式（7-10）改写为

$$\sigma_{cz}=\frac{3Pz^3}{2\pi R^5}=\frac{3}{2\pi}\frac{1}{\left[1+\left(\frac{r}{z}\right)^2\right]^{\frac{5}{2}}}\frac{P}{z^2}=K\frac{P}{z^2} \tag{7-11}$$

式中　r——计算点 M 到集中力 P 作用线的水平距离；

　　K——集中力作用下竖直附加应力系数，可由表 7-1 查得。

表 7-1　　集中力作用下的竖直附加应力系数

r/z	K	r/z	K	r/z	K	r/z	K	r/z	K
0	0.4775	0.50	0.2733	1.00	0.0844	1.50	0.0251	2.00	0.0085
0.05	0.4745	0.55	0.2466	1.05	0.0744	1.55	0.0224	2.20	0.0058
0.10	0.4657	0.60	0.2214	1.10	0.0658	1.60	0.0200	2.40	0.0040
0.15	0.4516	0.65	0.1978	1.15	0.0581	1.65	0.0179	2.60	0.0029
0.20	0.4329	0.70	0.1762	1.20	0.0513	1.70	0.0160	2.80	0.0021
0.25	0.4103	0.75	0.1565	1.25	0.0454	1.75	0.0144	3.00	0.0015
0.30	0.3849	0.80	0.1386	1.30	0.0402	1.80	0.0129	3.50	0.0007
0.35	0.3577	0.85	0.1226	1.35	0.0357	1.85	0.0116	4.00	0.0004
0.40	0.3294	0.90	0.1083	1.40	0.0317	1.90	0.0105	4.50	0.0002
0.45	0.3011	0.95	0.0956	1.45	0.0282	1.95	0.0095	5.00	0.0001

由式（7-11）计算竖直集中力在地基中引起的竖直应力 σ_z 表现出图 7-11 所示的规律。

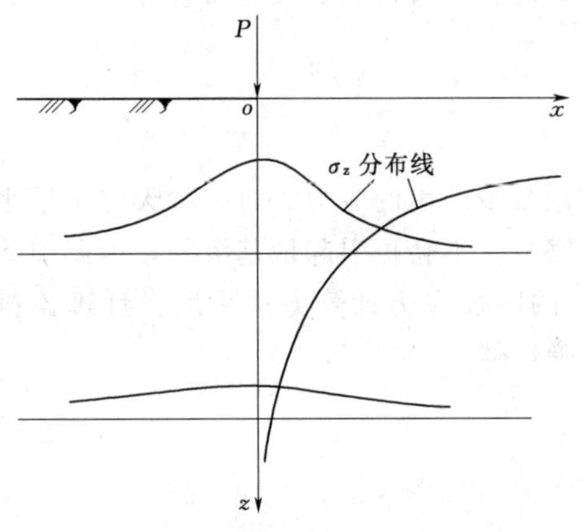

图 7-11　竖向集中荷载下 σ_z 的分布

1）在集中力作用线上（$r=0$），当 $z=0$ 时，竖直应力 $\sigma_z \to \infty$，随着计算深度的增加，σ_z 逐渐减小。

2）在 $r>0$ 的竖直线上，当 $z=0$ 时，$\sigma_z=0$；随着 z 的增加，σ_z 从零逐渐增大，至一定深度后又随着 z 的增加逐渐变小。

3）在 z 为常数的水平面上，σ_z 在集中力作用线上最大，并随着 r 的增大而逐渐减小。随着深度 z 的增加，集中力作用线上的 σ_z 减小，但随 r 增加而降低的速率变缓。

若在空间将 σ_z 相同的点连接成曲面，可以得到如图 7-12 所示的等值线，其空间曲面的形状如泡状，所以也称为应力泡。

通过上述分析，土体中应力分布的特点为：集中力 P 在地基中引起的附加应力，在地基中向下、向四周无限扩散，并在扩散的过程中应力逐渐降低。反映了应力扩散的现象。

当地基表面作用几个集中力时，可分别算出各集中力在地基中引起的附加应力（图 7-13），然后根据弹性体应力叠加原理求出附加应力的总和。

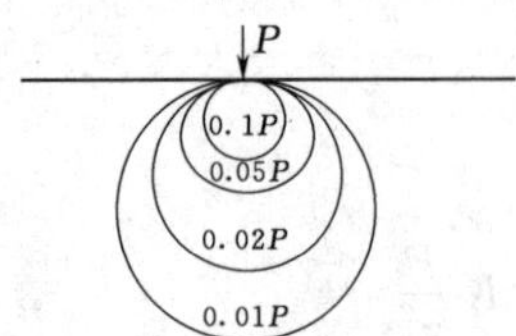

图 7-12　σ_z 的等值线

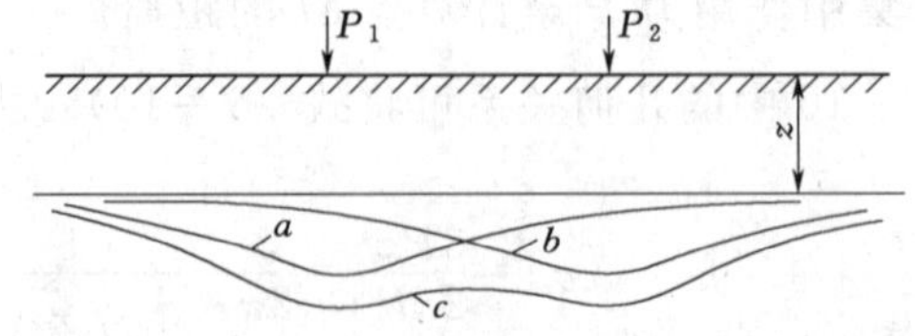

图 7-13　两个集中荷载作用下地基中 σ_z 的叠加

（2）水平集中荷载作用下地基中的附加应力计算。如果地基表面有水平集中力 P_h 作用，地基中任一点 M 的附加应力是弹性理论中另一课题。该课题由西罗蒂提出，其中竖直附加

应力 σ_z 计算公式为

$$\sigma_z=\frac{3P_h}{2\pi}\frac{xz^2}{R^5} \tag{7-12}$$

关于问题二：

任何建筑物荷载都是通过一定尺寸的基础传递给地基的，因此分布在一定面积上的局部荷载（即基底压力），如竖直均布荷载、竖直三角形荷载、水平均布荷载等，如基础的 $l/b<10$ 时，均可按照空间问题计算地基中的附加应力。矩形基础是工程中最常见的基础，圆形分布荷载也属于空间问题。

1. 矩形基础受到竖向均布荷载作用下附加应力计算

基础传给地基表面的压应力都是面荷载，设长度为 l、宽度为 b 的矩形面积上作用竖向均布荷载 p。若要求地基内各点的附加应力 σ_z，应先求出矩形面积角点下的应力，再利用"角点法"求任一点的应力。

(1) 矩形均布荷载角点下的应力。如图 7-14 所示，在矩形面积上任取微小面积 $dxdy$，将其上作用荷载以合力 $dP=pdxdy$ 集中力代替，因此矩形基底角点下任一深度 M 点的竖向附加应力，可对式（7-10）沿长度 l 和宽度 b 两个方向进行二重积分求得，即

$$\begin{aligned}\sigma_z&=\int_0^l\int_0^b\frac{3p}{2\pi}\frac{z^3}{(x^2+y^2+z^2)^{\frac{5}{2}}}dxdy\\&=\frac{p}{2\pi}\left[\arctan\frac{m}{n\sqrt{1+m^2+n^2}}+\frac{mn}{\sqrt{1+m^2+n^2}}\left(\frac{1}{m^2+n^2}+\frac{1}{1+n^2}\right)\right]\end{aligned} \tag{7-13}$$

为了计算方便，将上式简写成

$$\sigma_z=K_c p \tag{7-14}$$

式中 K_c——矩形基础受竖直均布荷载作用下角点下的附加应力系数，它是 m、n 的函数，其值可由表 7-2 查出。

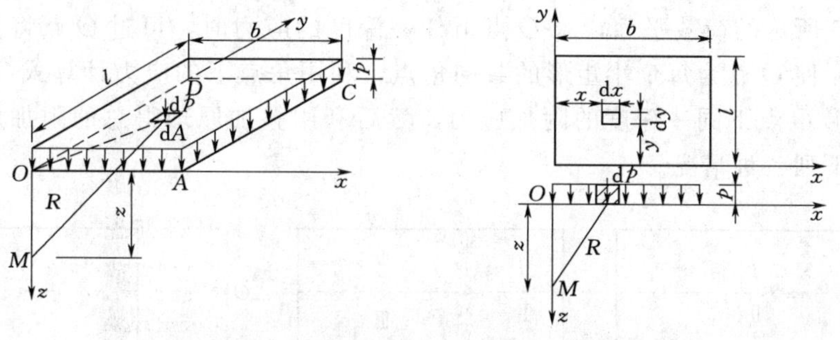

图 7-14 矩形基础均布荷载角点下的附加压力

表 7-2 竖向均布荷载下角点下的附加压力系数 K_c

$m=l/b$ \ $n=z/b$	1.0	1.2	1.4	1.6	1.8	2.0	3.0	4.0	5.0	6.0	10.0
0	0.2500	0.2500	0.2500	0.2500	0.2500	0.2500	0.2500	0.2500	0.2500	0.2500	0.2500
0.2	0.2486	0.2489	0.2490	0.2491	0.2491	0.2491	0.2492	0.2492	0.2492	0.2492	0.2492
0.4	0.2401	0.2420	0.2429	0.2434	0.2437	0.2439	0.2442	0.2443	0.2443	0.2443	0.2443

续表

$m=l/b$ / $n=z/b$	1.0	1.2	1.4	1.6	1.8	2.0	3.0	4.0	5.0	6.0	10.0
0.6	0.2229	0.2275	0.2300	0.2315	0.2324	0.2329	0.2339	0.2341	0.2342	0.2342	0.2342
0.8	0.1999	0.2075	0.2120	0.2147	0.2165	0.2176	0.2196	0.2200	0.2202	0.2202	0.2202
1.0	0.1752	0.1851	0.1911	0.1955	0.1981	0.1999	0.2034	0.2042	0.2044	0.2045	0.2046
1.2	0.1516	0.1626	0.1705	0.1758	0.1793	0.1818	0.1870	0.1882	0.1885	0.1887	0.1888
1.4	0.1308	0.1423	0.1508	0.1569	0.1613	0.1644	0.1712	0.1730	0.1735	0.1738	0.1740
1.6	0.1123	0.1241	0.1329	0.1436	0.1445	0.1482	0.1567	0.1590	0.1598	0.1601	0.1604
1.8	0.0969	0.1083	0.1172	0.1241	0.1294	0.1334	0.1434	0.1463	0.1474	0.1478	0.1482
2.0	0.0840	0.0947	0.1034	0.1103	0.1158	0.1202	0.1314	0.1350	0.1363	0.1368	0.1374
2.2	0.0732	0.0832	0.0917	0.0984	0.1039	0.1084	0.1205	0.1248	0.1264	0.1271	0.1277
2.4	0.0642	0.0734	0.0812	0.0879	0.0934	0.0979	0.1108	0.1156	0.1175	0.1184	0.1192
2.6	0.0566	0.0651	0.0725	0.0788	0.0842	0.0887	0.1020	0.1073	0.1095	0.1106	0.1116
2.8	0.0502	0.0580	0.0649	0.0709	0.0761	0.0805	0.0942	0.0999	0.1024	0.1036	0.1048
3.0	0.0447	0.0519	0.0583	0.0640	0.0690	0.0732	0.0870	0.0931	0.0959	0.0973	0.0987
3.2	0.0401	0.0467	0.0562	0.0580	0.0627	0.0668	0.0806	0.0870	0.0900	0.0916	0.0933
3.4	0.0361	0.0421	0.0477	0.0527	0.0571	0.0611	0.0747	0.0814	0.0847	0.0864	0.0882

（2）矩形基础受竖直均布荷载作用下地基内任一点的附加应力。可利用角点下的应力计算式（7－12）和应力叠加原理求得，此方法称为角点法。

如图 7－15 所示的荷载平面，求 O 点下任一深度的应力时，可过 O 点将荷载面积划分为几个小矩形，使 O 点为每个小矩形的共同角点，利用角点下的应力计算式（7－13）分别求出每个小矩形 O 点下同一深度的附加应力，然后利用叠加原理得总的附加应力。角点法的应用可分为下列三种情况。

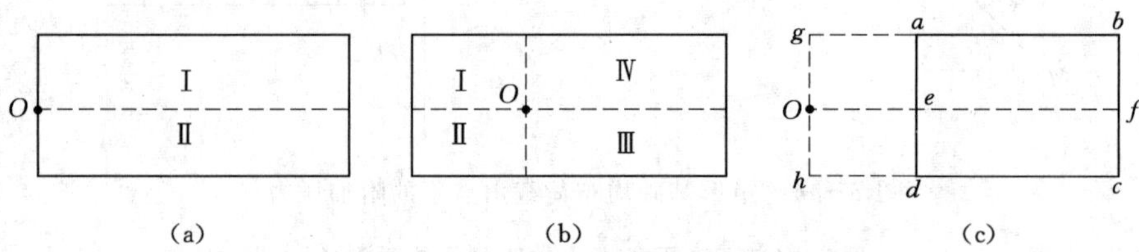

图 7－15　综合角点法的应用

第一种情况：计算矩形面积边缘上任一点 O 下的附加应力［图 7－15（a）］

$$\sigma_z = K_c p = (K_{c\text{I}} + K_{c\text{II}})p$$

第二种情况：计算矩形面积内任一点 O 下的附加应力［图 7－15（b）］

$$\sigma_z = K_c p = (K_{c\text{I}} + K_{c\text{II}} + K_{c\text{III}} + K_{c\text{IV}})p$$

第三种情况：计算矩形面积外任一点 O 下的附加应力［图 7－15（c）］

$$\sigma_z = K_c p = (K_{c\mathrm{I}} + K_{c\mathrm{II}} - K_{c\mathrm{III}} - K_{c\mathrm{IV}})p$$

图 7－15（c）中Ⅰ为 $Ogbf$，Ⅱ为 $Ofch$，Ⅲ为 $Ogae$，Ⅳ为 $Oedh$。

必须注意：（1）查表（或公式）确定 K_c 时矩形小面积的长边取 l，短边取 b。

（3）所有划分的矩形小面积总和应等于原有矩形荷载面积。

【例 7－3】 如图 7－16 所示，矩形面积 2m×1m，$p=100$kPa，求 A、E、O、F、G 各点下深度为 1m 下的附加应力，并利用计算结果说明附加应力的分布规律。

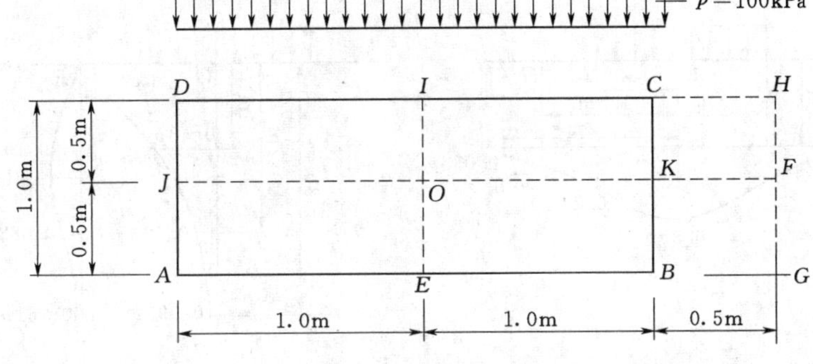

图 7－16 ［例 7－3］附图

【解】 （1）A 点下的应力。A 点是矩形基础的角点，$m=l/b=2$，$n=z/b=1$，查表 7－2 得 $K_{cA}=0.1999$，故 A 点的竖直附加应力为

$$\sigma_{zA} = K_{cA} p = 0.1999 \times 100 = 19.99(\text{kPa})$$

（2）E 点下的应力。过 E 点将矩形基础荷载面积分为两个相等小矩形 $EADI$ 和 $EBCI$。任一个小矩形 $m=1$，$n=1$，查表 7－2 得 $K_{cE}=0.1752$，故 E 点下的竖直附加应力为

$$\sigma_{zE} = 2K_{cE} p = 2 \times 0.1752 \times 100 = 35.04(\text{kPa})$$

（3）O 点下的应力。过 O 点将矩形面积分为四个相等小矩形，任一个小矩形 $m=2$，$n=2$，由表 7－2 查得 $K_{cO}=0.1202$，故 O 点下的竖直附加应力为

$$\sigma_{zO} = 4K_{cO} p = 4 \times 0.1202 \times 100 = 48.08(\text{kPa})$$

（4）F 点下的应力。过 F 点作矩形 $FGAJ$、$FJDH$、$FGBK$、$FKCH$。设矩形 $FGAJ$ 和 $FJDH$ 的角点应力系数为 $K_{c\mathrm{I}}$；矩形 $FGBK$ 和 $FKCH$ 的角点应力系数为 $K_{c\mathrm{II}}$。

求 $K_{c\mathrm{I}}$：$m=\dfrac{2.5}{0.5}=5$，$n=\dfrac{1}{0.5}=2$，由表 7－2 查得 $K_{c\mathrm{I}}=0.1363$。

求 $K_{c\mathrm{II}}$：$m=\dfrac{0.5}{0.5}=1$，$n=\dfrac{1}{0.5}=2$，由表 7－2 查得 $K_{c\mathrm{II}}=0.084$。

故 F 点下的竖直附加应力为

$$\sigma_{zF} == 2(K_{c\mathrm{I}} - K_{c\mathrm{II}})p = 2 \times (0.1363 - 0.084) \times 100 = 10.46(\text{kPa})$$

（5）G 点下的应力。过 G 点作矩形 $GADH$ 和 $GBCH$，分别求出它们的角点应力系数 $K_{c\mathrm{I}}$ 和 $K_{c\mathrm{II}}$。

求 K_{cI}：$m=\frac{2.5}{1}=2.5$，$n=\frac{1}{1}=1$，由表 7－2 查得 $K_{cI}=0.2016$。

求 K_{cII}：$m=\frac{1}{0.5}=2$，$n=\frac{1}{0.5}=2$，由表 7－2 查得 $K_{cII}=0.1202$。

故 G 点下的竖直附加应力为

$$\sigma_{zG}=(K_{cI}-K_{cII})p=(0.2016-0.1202)\times 100=8.14(\text{kPa})$$

将计算结果绘成图 7－17（a）；将点 O 和点 F 下不同深度的 σ_z 求出并绘成图 7－17（b），可以形象地表现出附加应力的分布规律，请读者自行总结。

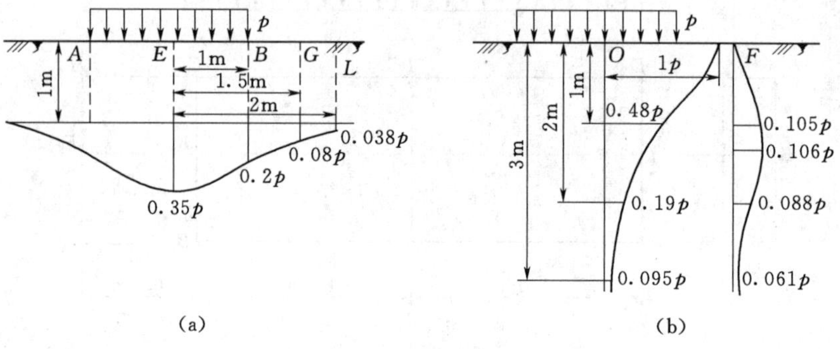

图 7－17　［例 7－3］计算结果

2. 矩形基础受竖直三角形分布荷载作用时角点以下的竖直附加应力计算

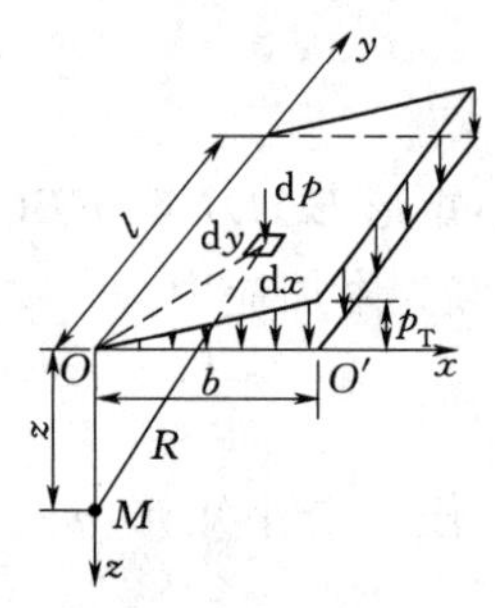

图 7－18　矩形基础受竖直三角形分布荷载作用时角点下的附加应力

矩形基础受竖直三角形分布荷载作用时，把荷载强度为零的角点 O 作为坐标原点，同样可利用公式 $\sigma_z=\frac{3p}{2\pi}\frac{z^3}{R^5}$ 沿着整个面积积分来求得。如图 7－18 所示，若矩形基础受到三角形荷载的最大强度为 p_T，则微分面积 $\mathrm{d}x\mathrm{d}y$ 上的作用力 $\mathrm{d}p=\frac{p_T}{B}\mathrm{d}x\mathrm{d}y$ 可看作集中力，于是角点 O 以下任意深度 z 处，由于该集中力所引起的竖直附加应力为

$$\mathrm{d}\sigma_z=\frac{3p_T}{2\pi B}\frac{1}{\left[1+\left(\frac{r}{z}\right)^2\right]^{\frac{5}{2}}}\frac{x\mathrm{d}x\mathrm{d}y}{z^2} \tag{7-15}$$

将 $r^2=x^2+y^2$ 代入上式并沿整个底面积积分，即可得到矩形基底受竖直三角形分布荷载作用时角点下的附加应力为

$$\sigma_z=K_T p_T \tag{7-16}$$

式中　K_T——矩形基础受竖直三角形分布荷载作用时的竖直附加应力分布系数，可由 $m=l/b$、$n=z/b$ 查表 7－3 求得。

对于矩形基础范围内（或外）任意点下的竖向附加应力，仍然可以利用“角点法”和叠加原理进行计算。

表 7-3　　矩形基础受三角形分布荷载作用零角点下的附加应力系数 K_T 值

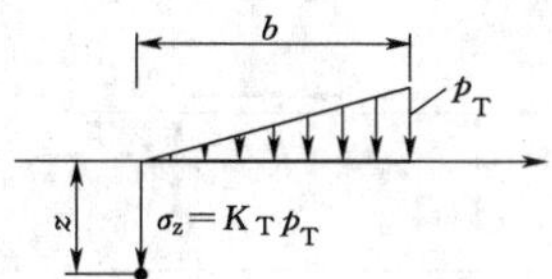

$n=z/b$	$m=l/b$												
	0.2	0.4	0.6	0.8	1.0	1.2	1.4	1.6	1.8	2.0	4.0	6.0	8.0
0.2	0.0223	0.0280	0.0296	0.0301	0.0304	0.0305	0.0305	0.0306	0.0306	0.0306	0.0306	0.0306	0.0306
0.4	0.0269	0.0420	0.0487	0.0517	0.0531	0.0539	0.0543	0.0545	0.0546	0.0547	0.0549	0.0549	0.0549
0.6	0.0259	0.0448	0.0560	0.0621	0.0654	0.0673	0.0684	0.0690	0.0694	0.0696	0.0702	0.0702	0.0702
0.8	0.0232	0.0421	0.0553	0.0637	0.0688	0.0720	0.0739	0.0751	0.0759	0.0764	0.0776	0.0776	0.0776
1.0	0.0201	0.0375	0.0508	0.0602	0.0666	0.0708	0.0735	0.0753	0.0766	0.0774	0.0794	0.0795	0.0796
1.2	0.0171	0.0324	0.0450	0.0546	0.0615	0.0664	0.0698	0.0721	0.0738	0.0749	0.0779	0.0782	0.0783
1.4	0.0145	0.0278	0.0392	0.0483	0.0554	0.0606	0.0644	0.0672	0.0692	0.0707	0.0748	0.0752	0.0752
1.6	0.0123	0.0238	0.0339	0.0424	0.0492	0.0545	0.0586	0.0616	0.0639	0.0656	0.0708	0.0714	0.0715
1.8	0.0105	0.0204	0.0294	0.0371	0.0435	0.0487	0.0528	0.0560	0.0585	0.0604	0.0666	0.0673	0.0675
2.0	0.0090	0.0176	0.0255	0.0324	0.0384	0.0434	0.0474	0.0507	0.0533	0.0553	0.0624	0.0634	0.0636
2.5	0.0063	0.0125	0.0183	0.0236	0.0284	0.0326	0.0362	0.0393	0.0419	0.0440	0.0529	0.0543	0.0547
3.0	0.0046	0.0092	0.0135	0.0176	0.0214	0.0249	0.0280	0.0307	0.0331	0.0352	0.0449	0.0469	0.0474
5.0	0.0018	0.0036	0.0054	0.0071	0.0088	0.0104	0.0120	0.0135	0.0148	0.0161	0.0248	0.0283	0.0296
7.0	0.0009	0.0019	0.0028	0.0038	0.0047	0.0056	0.0064	0.0073	0.0081	0.0089	0.0152	0.0186	0.0204
10.0	0.0005	0.0009	0.0014	0.0019	0.0023	0.0028	0.0033	0.0037	0.0041	0.0046	0.0084	0.0111	0.0218

3. 矩形基础受水平均布荷载作用时角点下的竖直附加应力计算

如图 7-19 所示，当矩形基底受到水平均布荷载 p_h 作用时，角点下任意深度 z 处的竖直附加应力可以利用公式 $\sigma_z=\dfrac{3p}{2\pi}\dfrac{z^3}{R^5}$ 求得，即

$$\sigma_z=\pm K_h p_h \tag{7-17}$$

式中　K_h——矩形基础受水平均布荷载作用时的竖向附加应力分布系数，可由 $m=l/b$、$n=z/b$ 查表 7-4 求得。

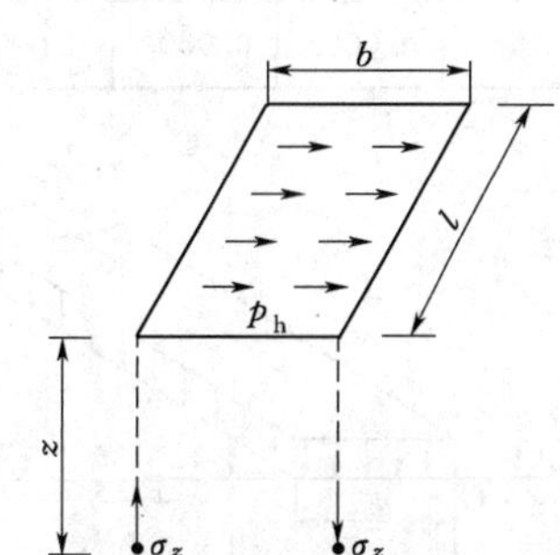

图 7-19　矩形基础受水平均布荷载作用时角点下的附加应力

当计算点在水平均布荷载作用方向的终止端以下时用“+”；当计算点在水平均布荷载作用方向的起始端以下时用“-”。

当计算点在基础范围内（或外）任一位置，同样可以利用“角点法”和叠加原理来进行计算。

表 7-4　　矩形基础受水平均布荷载作用角点下竖直附加应力系数 K_h 值

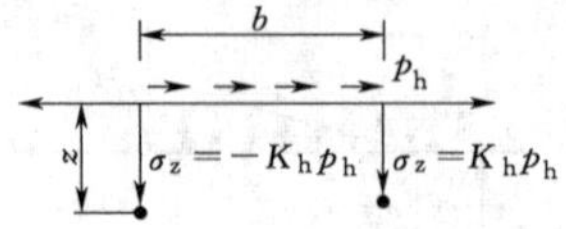

$n=z/b$	$m=l/b$										
	1.0	1.2	1.4	1.6	1.8	2.0	3.0	4.0	6.0	8.0	10.0
0	0.1592	0.1592	0.1592	0.1592	0.1592	0.1592	0.1592	0.1592	0.1592	0.1592	0.1592
0.2	0.1518	0.1523	0.1526	0.1528	0.1529	0.1529	0.1530	0.1530	0.1530	0.1530	0.1530
0.4	0.1328	0.1347	0.1356	0.1362	0.1365	0.1367	0.1371	0.1372	0.1372	0.1372	0.1372
0.6	0.1091	0.1121	0.1139	0.1150	0.1156	0.1160	0.1168	0.1169	0.1170	0.1170	0.1170
0.8	0.0861	0.0900	0.0924	0.0939	0.0948	0.0955	0.0967	0.0969	0.0970	0.0970	0.0970
0.8	0.0861	0.0900	0.0924	0.0939	0.0948	0.0955	0.0967	0.0969	0.0970	0.0970	0.0970
1.0	0.0666	0.0708	0.0735	0.0753	0.0766	0.0774	0.0790	0.0794	0.0795	0.0796	0.0796
1.2	0.0512	0.0553	0.0582	0.0601	0.0615	0.0624	0.0645	0.0650	0.0652	0.0652	0.0652
1.4	0.0395	0.0433	0.0460	0.0480	0.0494	0.0505	0.0528	0.0534	0.0537	0.0537	0.0538
1.6	0.0308	0.0341	0.0366	0.0385	0.0400	0.0410	0.0436	0.0443	0.0446	0.0447	0.0447
1.8	0.0242	0.0270	0.0293	0.0311	0.0325	0.0336	0.0362	0.0370	0.0374	0.0375	0.0375
2.0	0.0192	0.0217	0.0237	0.0253	0.0266	0.0277	0.0303	0.0312	0.0317	0.0318	0.0318
2.5	0.0113	0.0130	0.0145	0.0157	0.0167	0.0176	0.0202	0.0211	0.0217	0.0219	0.0219
3.0	0.0070	0.0083	0.0093	0.0102	0.0110	0.0117	0.0140	0.0150	0.0156	0.0158	0.0159
5.0	0.0018	0.0021	0.0024	0.0027	0.0030	0.0032	0.0043	0.0050	0.0057	0.0059	0.0060
7.0	0.0007	0.0008	0.0009	0.0010	0.0012	0.0013	0.0018	0.0022	0.0027	0.0029	0.0030
10.0	0.0002	0.0003	0.0003	0.0004	0.0004	0.0005	0.0007	0.0008	0.0011	0.0013	0.0014

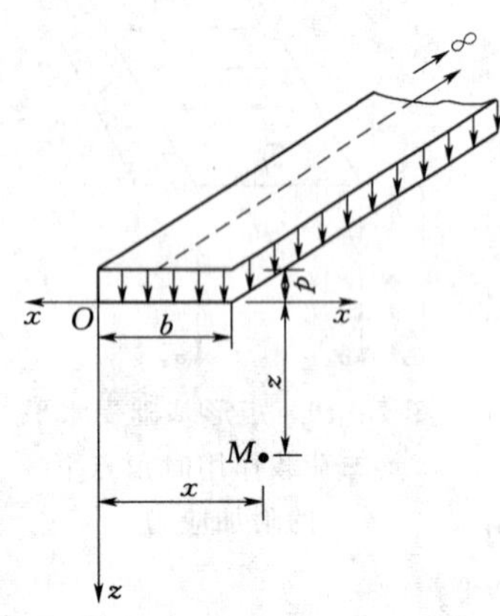

图 7-20　条形基础受竖直均布荷载作用下的附加应力

关于问题三：

理论上，当基础长度 l 与宽度 b 之比 $l/b=\infty$ 时，地基内部的应力状态属于平面问题。

实际工程实践中，当 $l/b\geqslant10$ 时，便把地基内部的应力状态看作平面问题。

1. 条形基础受竖直均布荷载作用下的附加压力

如图 7-20 所示，将坐标原点 O 取在基础一侧的端点上，荷载作用的一侧为 x 的正方向。地基中任一点 M 的竖直附加应力 σ_z 可由简化公式求得：

$$\sigma_z=K_z^s p \tag{7-18}$$

式中　K_z^s——条形基础受竖直均布荷载作用下的附加应力系数，可根据 $m=x/b$、$n=z/b$ 查表 7-5 求得。

表 7-5　　条形基础受竖直均布荷载作用下的竖直附加应力系数 K_z^s 值

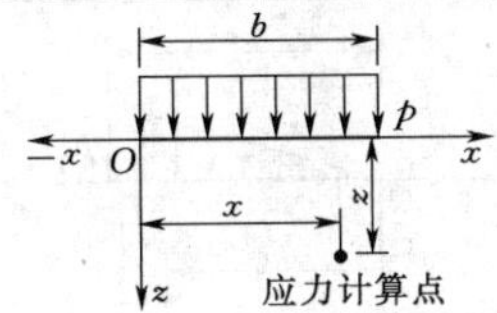

$n=z/b$	$m=x/b$								
	-0.5	-0.25	0	0.25	0.5	0.75	1.00	1.25	1.50
0.01	0.001	0	0.500	0.999	0.999	0.999	0.500	0	0.001
0.1	0.002	0.011	0.499	0.988	0.997	0.988	0.499	0.011	0.002
0.2	0.011	0.091	0.498	0.936	0.978	0.936	0.498	0.091	0.011
0.4	0.056	0.174	0.489	0.797	0.881	0.797	0.489	0.174	0.056
0.6	0.111	0.243	0.468	0.679	0.756	0.679	0.468	0.243	0.111
0.8	0.155	0.276	0.440	0.586	0.642	0.586	0.440	0.276	0.155
1.0	0.186	0.288	0.409	0.511	0.549	0.511	0.409	0.288	0.186
1.2	0.202	0.287	0.375	0.450	0.478	0.450	0.375	0.287	0.202
1.4	0.210	0.279	0.348	0.400	0.420	0.400	0.348	0.279	0.210
1.6	0.212	0.268	0.321	0.360	0.374	0.360	0.321	0.268	0.212
1.8	0.029	0.255	0.297	0.326	0.337	0.326	0.297	0.255	0.209
2.0	0.205	0.242	0.275	0.298	0.306	0.298	0.275	0.242	0.205
2.5	0.188	0.212	0.231	0.244	0.248	0.244	0.231	0.212	0.188
3.0	0.171	0.186	0.198	0.206	0.208	0.206	0.198	0.186	0.171
3.5	0.154	0.165	0.173	0.178	0.179	0.178	0.173	0.165	0.154
4.0	0.140	0.147	0.153	0.156	0.158	0.156	0.153	0.147	0.140
4.5	0.128	0.133	0.137	0.139	0.140	0.139	0.137	0.133	0.128
5.0	0.117	0.121	0.124	0.126	0.126	0.126	0.124	0.121	0.117

如图 7-20 所示，当条形基础受到均布荷载 p 作用时，根据布辛涅斯克公式

2. 条形基础受竖直三角形分布荷载作用时的附加应力

如图 7-21 所示，当条形基础上受最大强度为 p_T 的三角形分布荷载作用时，同样可利用基本公式 $\sigma_z=\frac{2p}{\pi}\frac{z^3}{(x^2+z^2)^2}$，地基中任一点 M 的竖直附加应力 σ_z，可由简化公式求得：

$$\sigma_z=K_z^T p_T \tag{7-19}$$

式中　K_z^T——条形基础受三角形分布荷载作用时的竖向附加应力系数，按 $m=x/b$、$n=z/b$ 查表 7-6 求得。

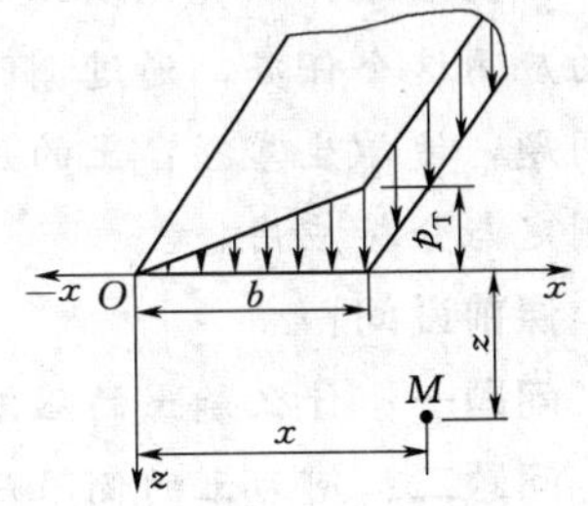

图 7-21　条形基础受竖直三角形分布荷载作用时的附加应力

表 7-6　　条形基础受三角形分布荷载作用下竖直附加应力系数 K_Z^T 值

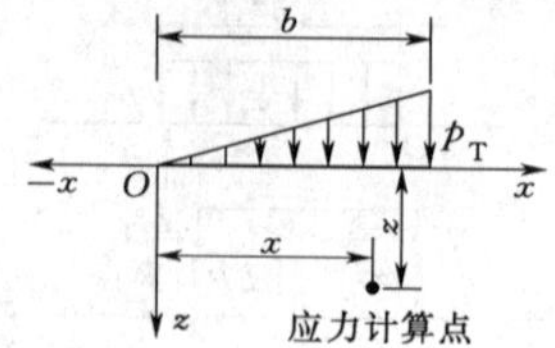

$n=z/b$	$m=x/b$								
	−0.5	−0.25	0	0.25	0.50	0.75	1.00	1.25	1.50
0.01	0	0	0.003	0.249	0.500	0.750	0.497	0	0
0.1	0	0.002	0.032	0.251	0.498	0.737	0.468	0.010	0.002
0.2	0.003	0.009	0.061	0.255	0.489	0.682	0.437	0.050	0.009
0.4	0.010	0.036	0.110	0.263	0.441	0.534	0.379	0.137	0.043
0.6	0.030	0.066	0.140	0.258	0.378	0.421	0.328	0.177	0.080
0.8	0.050	0.089	0.155	0.243	0.321	0.343	0.285	0.188	0.106
1.0	0.065	0.104	0.159	0.224	0.275	0.286	0.250	0.184	0.121
1.2	0.070	0.111	0.154	0.204	0.239	0.246	0.221	0.176	0.126
1.4	0.083	0.114	0.151	0.186	0.210	0.215	0.198	0.165	0.127
1.6	0.087	0.114	0.143	0.170	0.187	0.190	0.178	0.154	0.124
1.8	0.089	0.112	0.135	0.155	0.168	0.171	0.161	0.143	0.120
2.0	0.090	0.108	0.127	0.143	0.153	0.155	0.147	0.134	0.115
2.5	0.086	0.098	0.110	0.119	0.124	0.125	0.121	0.113	0.103
3.0	0.080	0.088	0.095	0.101	0.104	0.105	0.102	0.098	0.091
3.5	0.073	0.079	0.084	0.088	0.090	0.090	0.089	0.086	0.081
4.0	0.067	0.071	0.075	0.077	0.079	0.079	0.078	0.076	0.073
4.5	0.062	0.065	0.067	0.069	0.070	0.070	0.070	0.068	0.066
5.0	0.057	0.059	0.061	0.063	0.063	0.063	0.063	0.062	0.060

任务四　土的压缩性

任务描述：围绕完成土的压缩性概念及土体产生压缩的原因以及土的压缩性指标在工程中的应用这个任务，通过侧限压缩试验，绘制压缩曲线，测定土的压缩性指标，解决以下两个问题，使学生掌握：土的压缩性及压缩性指标等基本概念和应用等内容；土的压缩性指标的测定与分析应用。

课前设问：

问题一：什么是土的压缩性？土体产生压缩的原因是什么？

问题二：何为土的侧限压缩试验？压缩曲线如何绘制？土的压缩性指标如何确定？

解答：

关于问题一，土是一种松散颗粒沉积物，具有压缩性。在建筑物荷载作用下，地基中产

生附加应力，从而引起地基变形（主要是竖直变形），建筑物基础亦随之沉降。对于非均质地基或上部结构荷载差异较大时，基础部分还可能出现不均匀沉降。如果沉降或不均匀沉降超过容许范围，将会影响建筑物的正常使用，如引起上部结构的过大下沉、裂缝、扭曲或倾斜，严重时还将危及建筑物的安全。因此，研究地基的变形，对于保证建筑物的经济性和安全具有重要意义。为了保证建筑物的正常使用和经济合理，在地基基础设计时就必须计算地基的变形值，将这一变形值控制在允许范围内，否则应采取必要的措施。

土在压力作用下体积缩小的特性称为土的压缩性。土体积缩小的原因，从土的三相组成来看不外乎有以下三个方面：①土颗粒本身的压缩；②土体孔隙中不同形态的水和气体的压缩；③孔隙中部分水和气体被挤出，土颗粒相互移动靠拢使孔隙体积减小。试验研究表明，在一般建筑物压力 100～600kPa 作用下，土颗粒和水自身体积的压缩都很小，可以略去不计，气体的压缩性较大。密闭系统中，土的压缩是气体压缩的结果，但在压力消失后，土的体积基本恢复，即土呈弹性。而自然界中土是一个开放系统，孔隙中的水和气体在压力作用下不可能被压缩而是被挤出，因此，土的压缩变形主要是由于孔隙中水和气体被挤出，致使土体孔隙体积减小而引起。

关于问题二：

1. 侧限压缩试验

（1）侧限压缩试验与压缩曲线。室内压缩试验是用环刀取土样放入单向同结仪或压缩仪内进行的，由于该试验中土样受到环刀和护环等刚性护壁的约束，在压缩过程中不可能发生侧向膨胀，只能产生竖直变形，因此又称为侧限压缩试验。土的压缩特性可由试验中施加的竖直固结压力 p 与土层应固结稳定状态下的土孔隙比 e 之间关系反映出来。

试验时，逐级对土样施加分布压力，一般按 p 取 50kPa、100kPa、200kPa、300kPa 和 400kPa 五级加荷，待土样压缩相对稳定后（符合 GB/T 50123—1999《土工试验方法标准》有关规定要求）测定相应变形量 S_i，而 S_i 用孔隙比的变化来表示。

如图 7－22 所示，一固结土样的断面面积为 A，体积为 V，土样在没有荷载作用时的高度为 H_0，孔隙比为 e_0，土粒体积为 V_0，土样在任一级荷载作用下达到稳定后的高度为 $H_i = H_0 - \sum \Delta S_i$，相应的孔隙比为 e_i，土粒体积不变，即 $V_{s0} = V_{si}$。由土体的组成可知：

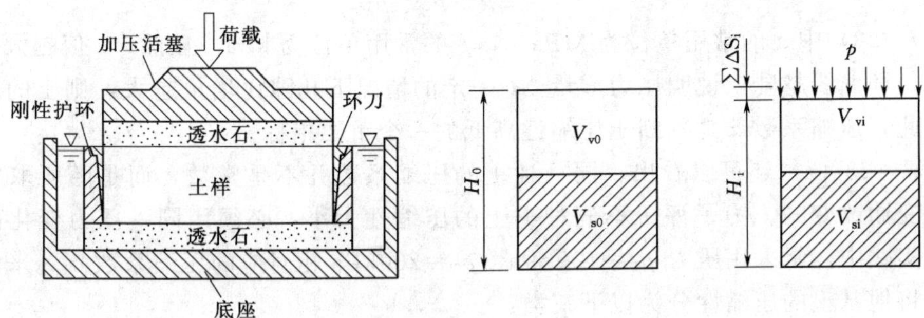

图 7－22　土的压缩试验原理示意图

土样压缩前
$$V_0 = V_{s0} + V_{v0} = V_{s0}(1 + e_0) \tag{7-20}$$
且
$$V_0 = AH_0$$
即
$$AH_0 = V_{s0}(1 + e_0)$$

土样压缩后
$$V_i = V_{si} + V_{vi} = V_{si}(1+e_i) \tag{7-21}$$
且
$$V_i = AH_i$$
即
$$AH_i = V_{si}(1+e_i)$$

由式（7-20）和式（7-21）得到$\dfrac{H_i}{H_0}=\dfrac{V_{si}(1+e_i)}{V_{s0}(1+e_0)}$，任一级荷载作用下稳定后的孔隙比为

$$e_i = e_0 - (1-e_0)\frac{\sum \Delta S_i}{H_0} \tag{7-22}$$

（2）试验结果表示方法。试验时，测得各级荷载作用下的土样变形量ΔS_i，由式（7-22）计算出相应的孔隙比e_i，根据试验的各级压力和相应的孔隙比，绘出压力和孔隙比之间的关系曲线（即土的压缩曲线）。常用的表示法有$e-p$曲线和$e-\lg p$曲线两种形式，如图7-23所示。

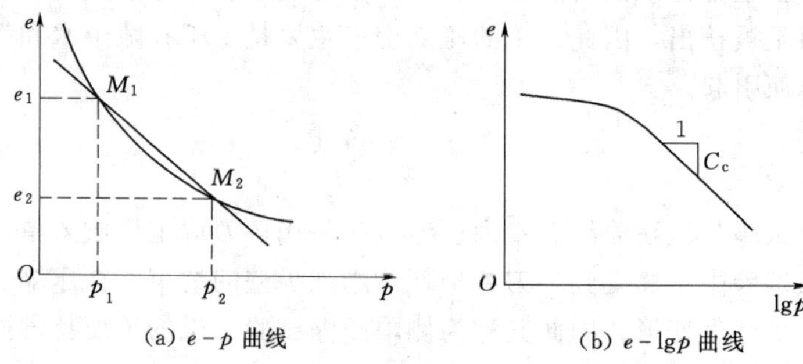

图 7-23　土的压缩曲线

2. 压缩性指标

虽然根据$e-p$关系曲线可以判定土的压缩性大小，但实际工程中需进行定量判别，常用的压缩性指标有压缩系数a、压缩模量E_s和压缩指数C_c。

（1）压缩系数a。a值表示单位压力增量所引起的孔隙比的变化，称为土的压缩系数。

$$a = \frac{\Delta e}{\Delta p} = \frac{e_1 - e_2}{p_2 - p_1} \tag{7-23}$$

式（7-23）中a的常用单位为MPa^{-1}，p的常用单位为kPa。显然，a值越大，表明曲线斜率大，即曲线越陡，说明压力增量Δp一定的情况下孔隙比增量越大，则土的压缩性就越高。因此，压缩系数a是判断土压缩性高低的一个重要指标。

由图7-23（a）还可以看出，同一种土的压缩系数并不是常数，而是随所取压力变化范围的改变而改变的。为了评价不同种类土的压缩性大小，必须用同一压力变化范围来比较。工程实践中，常采用压力$p_1=100$kPa、$p_2=200$kPa相对应的压缩系数a_{1-2}来评价土的压缩性。将地基土的压缩性分为以下三类：

当$a_{1-2}\geqslant 0.5MPa^{-1}$时，为高压缩性土；

当$0.1MPa^{-1}<a_{1-2}<0.5MPa^{-1}$时，为中压缩性土；

当$a_{1-2}\leqslant 0.1MPa^{-1}$时，为低压缩性土。

（2）压缩模量E_s。土在完全侧限条件下，其竖直应力变化量Δp与相应的应变变化量ε之比，称为土的压缩模量，用E_s表示，常用单位MPa。即

$$E_s=\frac{\Delta p}{\varepsilon} \tag{7-24}$$

压力增量 $\Delta p=p_2-p_1$，竖向应变 $\varepsilon=\frac{H_1-H_2}{H_1}$，代入式（7-24）计算得

$$E_s=\frac{1+e_1}{a} \tag{7-25}$$

同样，相应于 $p_1=100$kPa、$p_2=200$kPa 范围内的压缩模量 E_s 值评价地基土的压缩性：

当 $E_s<4$MPa 时，为高压缩性土；

当 4MPa$<E_s\leqslant$15MPa 时，为中压缩性土；

当 $E_s>15$MPa 时，为低压缩性土。

(3) 压缩指数 C_c。从图 7-23（b）中的 $e-\lg p$ 曲线可以看出，此曲线的后半部为直线，此直线的斜率称为土的压缩指数 C_c，即

$$C_c=\frac{e_1-e_2}{\lg p_2-\lg p_1} \tag{7-26}$$

压缩指数无量纲，压缩指数越大，土的压缩性也就越大。按 GB 50007—2011《建筑地基基础设计规范》的规定：$C_c<0.2$ 为低压缩性土；$0.2<C_c\leqslant0.4$ 为中压缩性土；$C_c>0.35$ 为高压缩性土。

任务五　地基最终沉降量的计算

任务描述： 围绕完成地基最终沉降量的计算这个任务，可以通过多种方法计算地基沉降量，解决以下两个问题，使学生掌握地基沉降量计算的方法和步骤等内容；分层总和法和《建筑地基基础设计规范》中推荐的计算地基沉降量的方法和步骤。

课前设问：

问题一： 什么是地基沉降量？地基沉降产生的原因是什么？

问题二： 地基沉降量计算的方法有哪些？

解答：

关于问题一：

1. 地基沉降量

地基最终沉降量是指地基在建筑物荷载作用下最后的稳定沉降量。计算地基最终沉降量的目的在于确定建筑物最大沉降量、沉降差、倾斜和局部倾斜，并将其控制在允许范围内，为建筑物设计和地基处理提供依据，以保证建筑物的安全和正常使用。

2. 地基产生沉降的原因

地基沉降的原因主要有：①建筑物的荷重产生的附加应力；②欠固结土的自重；③地下水位下降和施工中水的渗流。

基础沉降按其原因和次序分为瞬时沉降 s_d、主固结沉降 s_c 和次固结沉降 s_s 三部分。

(1) 瞬时沉降。是指加荷后立即发生的沉降，对饱和土地基，土中水尚未排出的条件下，沉降主要由土体侧向变形引起，这时土体不发生体积变化。

(2) 主固结沉降。是指超静孔隙水压力逐渐消散，使土体积压缩而引起的渗透固结沉降，也称为固结沉降，它随时间增加而逐渐增大。

(3) 次固结沉降。指超静孔隙水压力基本消散后，主要由土粒表面结合水膜发生蠕变等引起的，它随时间极其缓慢地沉降。

因此，建筑物基础的总沉降量应为上述三部分之和，即

$$s=s_d+s_c+s_s$$

计算地基变形时，传至基础底面上的荷载效应应按正常使用极限状态效应的准永久组合，不应计入风荷载和地震作用，相应的限值应为地基变形永久值。

关于问题二， 计算地基最终沉降量的方法有多种，这里主要介绍分层总和法和 GB 50007—2011《建筑地基基础设计规范》推荐的方法。

1. *分层总和法*

分层总和法是将地基压缩层范围以内的土层划分成若干薄层，分别计算每一薄层土的变形量，最后总和起来，即得基础的沉降量。

(1) 计算假设。

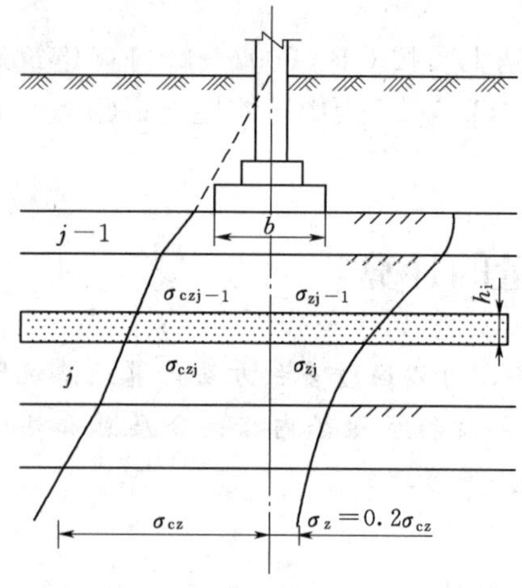

图 7-24　分层总和法计算原理示意图

1) 地基中附加应力按均质地基考虑，采用弹性理论计算。

2) 假定地基受压后不发生侧向膨胀，土层在竖直附加应力作用下只产生竖向变形，即可采用完全侧限条件下的室内压缩指标计算土层的变形量。

3) 一般采用基础底面中心点下的附加应力计算各薄层的变形量，各薄层变形量之和即为地基总沉降量。

(2) 计算公式。将基础底面下压缩层范围内的土层划分为若干分层。现分析第 i 分层的变形量的计算方法，如图 7-24 所示。

在建筑物建造以前，第 i 分层仅受到土的自重应力作用，在建筑物建造以后，该薄层除受自重应力外，还受到建筑荷载所产生的附加应力的作用。

一般情况下，土的自重应力产生的变形过程早已结束，而只有附加应力才会使土层产生新的变形，从而使基础发生沉降。假定地基土受荷后不产生侧向变形，所以其受力状况与土的室内压缩试验时一样，故第 i 层土的沉降量由式 (7-22) 推导可得，即

$$\Delta s_i=\frac{e_{1i}-e_{2i}}{1+e_{1i}}h_i \tag{7-27}$$

则地基总变形量为

$$s=\sum_{i=1}^{n}\Delta s_i=\sum_{i=1}^{n}\frac{e_{1i}-e_{2i}}{1+e_{1i}}h_i \tag{7-28}$$

式中　Δs_i——第 i 薄层土的沉降量；

s——基础最终沉降量；

e_{1i}——第 i 薄层土在建筑物建造前，土层平均自重作用下的孔隙比；

e_{2i}——第 i 薄层土在建筑物建造后，土层在平均自重应力和平均附加应力作用下，最终压缩稳定的孔隙比；

h_i——第 i 薄层土的厚度；

n——压缩层范围内土层分层数目。

式（7-28）是分层总和法的基本公式，它采用压缩曲线计算。在计算中若采用压缩指标压缩系数 a_i 或者压缩模量 E_{si} 来表示，则式（7-28）可变为

$$s=\sum_{i=1}^{n}\Delta s_i=\sum_{i=1}^{n}\frac{e_{1i}-e_{2i}}{1+e_{1i}}h_i=\sum_{i=1}^{n}\frac{a_i\ \overline{\sigma_{czi}}}{1+e_{1i}}h_i=\sum_{i=1}^{n}\frac{\overline{\sigma_{czi}}}{E_{si}}h_i \tag{7-29}$$

式中　a_i、E_{si}——第 i 薄层土的压缩系数、压缩模量；

$\overline{\sigma_{czi}}$——第 i 薄层土上下层面所受附加应力的平均值。

（3）计算步骤。

1）按比例尺绘出地基土层剖面图和基础剖面图。

2）计算基底的附加应力和自重应力。

3）将压缩层范围内各土层划分成厚度为 $h_i \leqslant 0.4b$（b 为基础宽度）的若干薄土层，不同性质的土层面和地下水位面作为分层的界面。

4）计算并绘出自重应力和附加应力分布图（各分层的分界面应标明应力值）。

5）确定地基压缩层厚度。一般取对应 $\sigma_{zi}<0.2\sigma_{czi}$ 处的地基深度 z_n 作为压缩层计算深度的下限；当在该深度下有高压缩性土层时，取 $\sigma_{zi}<0.1\sigma_{czi}$ 所对应的深度。

6）按式（7-27）计算各分层的压缩量。

7）按式（7-28）计算出基础总沉降量。

2. 规范法

根据各向同性均质线性变形体理论，GB 50007—2011《建筑地基基础设计规范》采用下式计算最终的基础沉降量：

$$s=\psi_s s'=\psi_s\sum_{i=1}^{n}\frac{p_0}{E_{si}}(z_i\ \overline{a_i}-z_{i-1}\ \overline{a_{i-1}}) \tag{7-30}$$

式中　s——地基最终沉降量，mm；

s'——理论计算沉降量，mm；

n——地基变形计算深度范围内压缩模量（特性）不同的土层数量；

z_i、z_{i-1}——基础底面至第 i 层和第 $i-1$ 层底面的距离，m；

$\overline{a_i}$、$\overline{a_{i-1}}$——基础底面至第 i 层和第 $i-1$ 层底面范围内平均附加应力系数，可查表 7-7；

ψ_s——沉降计算经验系数，根据各地区沉降观测资料及经验确定，也可采用表 7-8 中的数值。

表 7-7　　矩形基础受到均布荷载作用角点下的平均附加应力系数值

z/b	l/b												
	1.0	1.2	1.4	1.6	1.8	2.0	2.4	2.8	3.2	3.6	4.0	5.0	>10.0
0	1.000	1.000	1.000	1.000	1.000	1.000	1.000	1.000	1.000	1.000	1.000	1.000	1.000
0.2	0.987	0.990	0.991	0.992	0.992	0.992	0.993	0.993	0.993	0.993	0.993	0.993	0.993
0.4	0.936	0.947	0.953	0.956	0.958	0.960	0.961	0.962	0.962	0.963	0.963	0.963	0.963
0.6	0.858	0.878	0.890	0.898	0.903	0.906	0.910	0.912	0.913	0.914	0.914	0.915	0.915
0.8	0.775	0.801	0.810	0.831	0.839	0.844	0.851	0.855	0.857	0.858	0.859	0.860	0.860
1.0	0.689	0.738	0.749	0.764	0.775	0.783	0.792	0.798	0.801	0.803	0.804	0.806	0.807

续表

z/b	l/b												
	1.0	1.2	1.4	1.6	1.8	2.0	2.4	2.8	3.2	3.6	4.0	5.0	≥10.0
1.2	0.631	0.663	0.686	0.703	0.715	0.725	0.737	0.744	0.749	0.752	0.754	0.756	0.758
1.4	0.573	0.605	0.629	0.648	0.661	0.672	0.687	0.696	0.701	0.705	0.708	0.711	0.714
1.6	0.524	0.556	0.580	0.599	0.613	0.625	0.614	0.651	0.658	0.663	0.666	0.670	0.675
1.8	0.482	0.513	0.537	0.556	0.571	0.583	0.600	0.611	0.619	0.624	0.629	0.633	0.638
2.0	0.446	0.475	0.499	0.518	0.533	0.545	0.563	0.575	0.584	0.590	0.594	0.600	0.606
2.2	0.414	0.443	0.466	0.484	0.499	0.511	0.530	0.543	0.552	0.558	0.563	0.570	0.577
2.4	0.387	0.414	0.436	0.454	0.469	0.481	0.500	0.513	0.523	0.530	0.535	0.543	0.551
2.6	0.362	0.389	0.410	0.428	0.442	0.455	0.473	0.487	0.496	0.504	0.509	0.518	0.528
2.8	0.341	0.366	0.387	0.404	0.418	0.430	0.449	0.463	0.472	0.480	0.486	0.495	0.506
3.0	0.322	0.346	0.366	0.383	0.397	0.409	0.427	0.441	0.451	0.459	0.465	0.477	0.487
3.2	0.305	0.328	0.348	0.364	0.377	0.389	0.407	0.420	0.431	0.439	0.445	0.455	0.468
3.4	0.289	0.312	0.331	0.346	0.359	0.371	0.388	0.402	0.412	0.420	0.427	0.437	0.452
3.6	0.276	0.297	0.315	0.330	0.343	0.353	0.372	0.385	0.395	0.403	0.410	0.421	0.436
3.8	0.263	0.284	0.301	0.316	0.328	0.339	0.356	0.369	0.379	0.388	0.394	0.405	0.422
4.0	0.251	0.271	0.288	0.302	0.314	0.325	0.342	0.355	0.365	0.373	0.379	0.391	0.408
4.2	0.241	0.260	0.276	0.290	0.300	0.312	0.328	0.341	0.352	0.359	0.366	0.377	0.396
4.4	0.231	0.250	0.265	0.278	0.290	0.300	0.316	0.329	0.339	0.347	0.353	0.365	0.384
4.6	0.222	0.240	0.255	0.268	0.279	0.289	0.305	0.317	0.327	0.335	0.341	0.353	0.373
4.8	0.214	0.231	0.245	0.258	0.269	0.279	0.294	0.300	0.316	0.324	0.330	0.342	0.362
5.0	0.206	0.223	0.237	0.249	0.260	0.269	0.284	0.296	0.306	0.313	0.320	0.332	0.352

表 7-8　　沉降计算经验系数 ψ_s 值

基底附加应力 \ E_s/MPa		2.5	4.0	7.0	15.0	20.0
黏性土	$p_0=f_{ak}$	1.4	1.3	1.0	0.4	0.2
	$p_0<0.75f_{ak}$	1.1	1.0	0.7	0.4	0.2
砂土		1.1	1.0	0.7	0.4	0.2

$\overline{E_s}$为计算深度范围内压缩模量的当量值，即

$$\overline{E_s}=\frac{\sum A_i}{\sum \frac{A_i}{E_{si}}}$$

式中　A_i——第 i 层土附加应力系数沿土层厚度的积分值，即第 i 层土的附加应力系数面积；

E_{si}——相应于该土层的压缩模量；

f_{ak}——地基承载力特征值，kPa；

p_0——对应于荷载效应准永久组合时的基础底面处的附加压力，kPa。

如图 7-25 所示，地基变形计算深度 z_n 的确定，应符合下式要求：

$$\Delta s'_n \leqslant 0.025 \sum_{i=1}^{n} \Delta s' \qquad (7-31)$$

式中　$\Delta s'$——在计算深度 z_n 范围内，第 i 层土的计算变形量；

$\Delta s'_n$——计算深度向上取厚度为 Δz 的土层变形值，Δz 如图 7-25所示，并按表 7-9 确定。

如确定的计算深度下部仍有较软土层时，应继续计算。

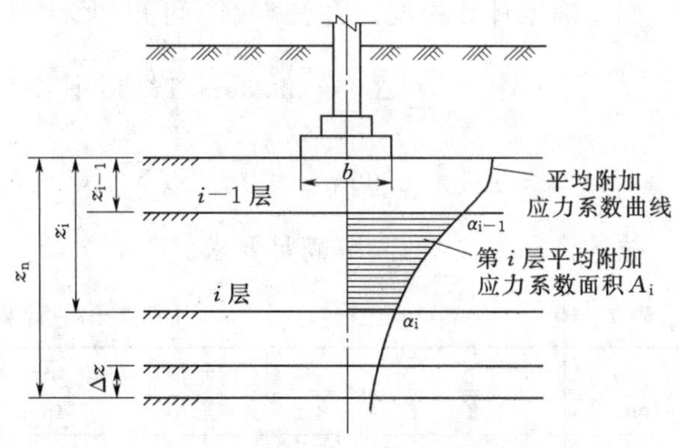

图 7-25　规范法计算沉降量计算原理示意图

当无相邻荷载影响，基础宽度在 1～30m 范围内时，基础中点的地基变形计算深度也可按下列简化公式计算：

$$z_n = b(2.5 - 0.4\ln b) \qquad (7-32)$$

式中　b——基础宽度，m。

在计算深度范围内存在基岩时，z_n 可取至基岩表面；当存在较厚的坚硬黏性土层，其孔隙比小于 0.5、压缩模量大于 50MPa，或存在较厚的密实砂卵石层，其压缩模量大于 80MPa 时，z_n 可取至该层土表面。

表 7-9　　**Δz 取值表**　　单位：m

b	≤2	2～4	4～8	8～15	15～30	>30
Δz	0.3	0.6	0.8	1.0	1.2	1.5

计算地基变形时，应考虑相邻荷载的影响，其值可按应力叠加原理，采用角点法计算。

现将按 GB 50007—2011《建筑地基基础设计规范》方法计算基础沉降量的计算步骤总结如下：

1）计算基底附加应力。

2）将地基土按压缩性分层（即按 E_s 分层）。

3）计算各分层的沉降量。

4）确定沉降计算深度。

5）计算基础总沉降量。

【例 7-4】　某中心受压柱基础，已知基底压力 $p=220$kPa，地基承载力特征值 $f_{ak}=190$kPa，其他条件如图 7-26所示，试用规范法计算基础的沉降量。

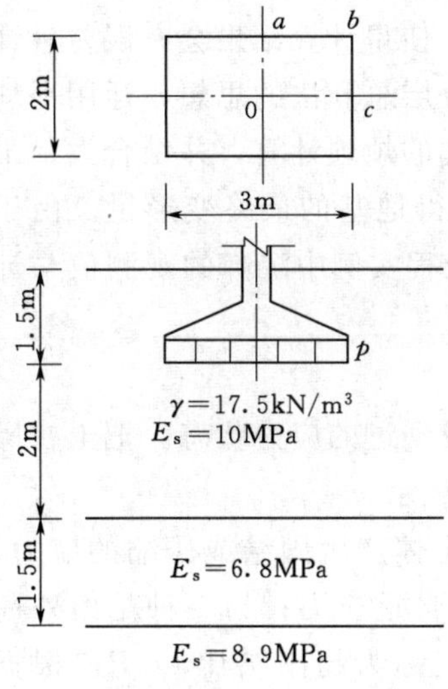

图 7-26　[例 7-4] 附图

【解】（1）计算基底附加压力。

$$p_0 = p - \sigma_{cz} = 220 - 17.5 \times 1.5 = 193.75(\text{kPa})$$

（2）将地基土按压缩性分层。试取 $z_n=4.3$m，查表 7-9 知 $\Delta z=0.3$m。分层厚度见表 7-10。

（3）各分层的沉降量计算过程见表 7－10。

（4）确定计算深度。由表 7－10 可知

$$\sum_{i=1}^{4} \Delta s_i = 29.36 + 12.35 + 1.85 + 0.96 = 44.53(\text{mm})$$

$$\Delta s''_n = 0.96\text{mm} \leqslant 0.025 \sum_{i=1}^{4} \Delta s_i = 0.025 \times 44.53 = 1.11(\text{mm})$$

故计算深度 $z_n=4.3$m 满足要求。

表 7－10　　[例 7－4] 计算过程

z_i /mm	$n=\frac{l}{b}$	$m=\frac{z}{b}$	$\overline{a_i}$	$\overline{a_i}z_i$ /mm	$\overline{a_i}z_i-\overline{a_{i-1}}z_{i-1}$ /mm	E_{si} /kPa	Δs_i /mm
0	1.5	0	0.2500	0			
2000	1.5	2.0	0.1894	1515.2	1515.2	10000	29.36
3500	1.5	3.5	0.1392	1948.8	433.6	6800	12.35
4000	1.5	4.0	0.1271	2033.6	84.8	8900	1.85
4300	1.5	4.3	0.1208	2077.7	44.1	8900	0.96

（5）确定沉降计算经验系数。

$$\overline{E_s}=\frac{\sum A_i}{\sum \frac{A_i}{E_{si}}}=\frac{1515.2+433.6+84.8+44.2}{\frac{1515.2}{10}+\frac{433.6}{6.8}+\frac{84.8}{8.9}+\frac{44.2}{8.9}}=9.04(\text{MPa})$$

查表 7－7 得 $\psi_s=0.85$。

（6）计算基础最终沉降量。

$$s=\psi_s s'=0.85\times 44.53=37.85(\text{mm})$$

3. 关于计算方法的讨论

分层总和法计算基础沉降量时，仅仅考虑地基的主固结沉降，没有考虑次固结沉降和瞬时沉降的影响；由于分层厚度的大小，应力的平均值参与计算，使得计算结果会有误差且计算工作量很大。规范法提出的计算最终沉降量的方法，是基于分层总和法的思想，运用平均附加应力面积的概念，按天然土层界面以简化由于过分分层引起的烦琐计算，并结合大量工程实际中沉降量观测的统计分析，以经验系数 ψ_s 进行修正，求得地基的最终变形量。由于 ψ_s 综合反映了计算公式中一些未能考虑的因素，它是根据大量工程实例中沉降的观测值与计算值的统计分析比较而得的。

4. 应力历史对地基沉降的影响

（1）土的应力历史。土的应力历史是指土体在历史上曾经受到过的应力状态。把土在历史上曾经受到过的最大有效固结压力称为先期固结应力，用 p_c 表示。

（2）先期固结应力和土层的固结。土体的固结应力就是使土体产生固结或压缩的应力，用 p_0 表示。就地基土层来说，该应力主要有两种：一种是土的自重应力；另一种是由外荷引起的附加应力。把先期固结应力和现在所受的固结应力之比称为超固结比 *OCR*。根据 *OCR* 值可将土层分为正常固结土、超固结土和欠固结土。

$OCR=1$，即先期固结应力等于现有的固结应力，为正常固结土；

$OCR>1$，即先期固结应力大于现有的固结应力，为超固结土；

$OCR<1$，即先期固结应力小于现有的固结应力，为欠固结土。

考虑应力历史对土层压缩性的影响，必须解决以下问题：①判定土层的固结属正常固结、超固结、欠固结；②反映现场土层实际的压缩曲线，其可行办法为：通过现场取样，由室内压缩曲线的特征建立室内压缩曲线与现场压缩曲线的关系，从而以室内压缩曲线推求现场压缩曲线。

（3）先期固结应力 p_c 的推求。室内大量试验资料证明：室内压缩曲线开始弯曲平缓，随着压力增大明显下弯，当压力接近 p_c 时，曲线急剧变陡，并随压力的增长近似直线向下延伸。

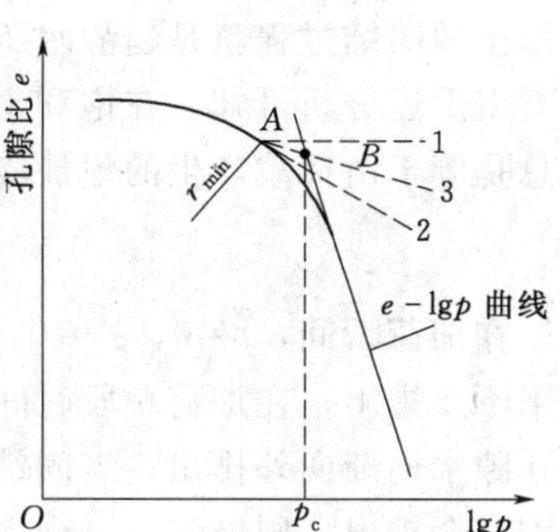

图 7－27　卡萨格兰德法确定先期固结压力

确定 p_c 的常用方法是卡萨格兰德提出的经验作图法，如图 7－27 所示，其步骤如下：

1）从室内 $e-\lg p$ 压缩曲线上找出曲率最大点 A 点。

2）过 A 点作水平线 $A1$ 和切线 $A2$。

3）作水平线 $A1$ 与切线 $A2$ 的夹角平分线 $A3$。

4）作 $e-\lg p$ 曲线直线段的向上延长交 $A3$ 于 B 点，则 B 点的横坐标即为所求的先期固结应力 p_c。

任务六　地基沉降与时间的关系

任务描述：围绕完成地基沉降与时间的关系这个任务，通过理论推导，解决以下三个问题，使学生了解：地基变形随时间的变化关系；工程施工和运行中进行地基沉降的观测和控制。

课前设问：

问题一：地基沉降随时间变化如何变化？

问题二：如何理解饱和土体的渗透固结理论的假设、计算原理？

问题三：地基沉降如何观测？地基变形特征值有哪些？

解答：

关于问题一，对于饱和土体压缩，必须使孔隙中的水分排出后才能完成。孔隙中水分的排出需要一定的时间，通常碎石土和砂土地基渗透性大、压缩性小，地基沉降趋于稳定的时间很短。而饱和的厚黏性土地基的孔隙小、压缩性大，沉降往往需要几年甚至几十年才能完成，达到稳定。一般建筑物在施工期间完成的沉降量，对于砂土可认为其最终沉降量已完成80%以上；对于低压缩性黏性土可以认为已完成最终沉降量的50%～80%；对于中压缩性土可以认为已完成最终沉降量的20%～50%；对于高压缩性土却只能完成最终沉降量的5%～20%。因此，工程实践中一般只考虑黏性土的变形与时间之间的关系对建筑物变形的影响。

在建筑物设计施工中，既要计算地基最终沉降量，还需要知道地基沉降与时间的关系，以便预留建筑物有关部分之间的净空，合理选择连接方法和施工顺序。对已发生裂缝、倾斜等事故的建筑物，也需要知道沉降与时间的关系，以便对沉降计算值和实测值进行分析。

关于问题二：

1. *有效应力原理*

土的压缩需要一定的时间才能完成，土的压缩随时间而增长的过程称为土的固结。饱和土在荷载作用后的瞬间，孔隙中水承受了由荷载产生的全部压力，此压力称为孔隙水压力或超静水压力。孔隙水在超静水压力作用下逐渐被排出，同时使土粒骨架逐渐承受这部分压力，此压力称为有效应力。在有效应力增加的过程中，土粒孔隙被压密，土的体积被压缩。所以土的固结过程就是超静水压力消散而转为有效应力的过程。

由上述分析可知，在饱和土的固结过程中，任一时间内，有效应力 σ' 与超静水压力 u 之和总是等于由荷载产生的附加应力 σ，即

$$\sigma=\sigma'+u \tag{7-33}$$

在加荷瞬间，$t=0$，$\sigma'=0$，而 $u=\sigma$，此时土体处于完全饱和状态，饱和土体中的孔隙水来不及排出；在加荷一段时间，$0<t<\infty$，$\sigma'>0$，$u>0$，而 $\sigma=\sigma'+u$，此时饱和土体中的孔隙水逐渐向外排出；当固结变形稳定时，$t=\infty$，$\sigma'=\sigma$，而 $u=0$，此时饱和土体中的孔隙水完全排出，则饱和土完全固结。

2. *饱和土的单向固结理论*

在工程实践中，不仅要确定地基的最终沉降量，而且要预估建筑物完工及一段时间后的沉降量和达到某一沉降所需要的时间，这就要求解决沉降与时间的关系问题。下面，依据渗流固结理论，简单介绍饱和土体地基沉降与时间的关系，即饱和土体的单向固结理论。

(1) 基本假设。将固结理论模型用于反映饱和黏性土的实际固结问题，其基本假设如下：

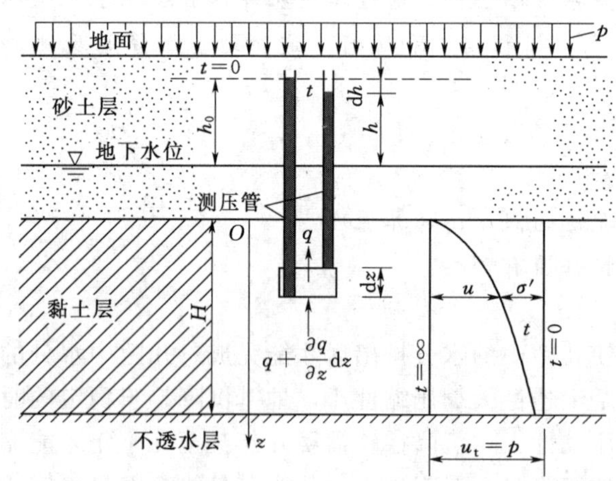

图 7-28　饱和土体的固结过程

1) 地基土是均质的、各相同性的饱和土。

2) 在固结过程中，土粒和孔隙水是不可压缩的。

3) 土层仅在竖向产生排水固结（相当于有侧限条件）。

4) 土层的渗透系数 K、孔隙比 e 和压缩系数 a 为常数。

5) 土层的压缩速率取决于孔隙水的排出速率，孔隙水的渗出符合达西定律。

6) 外荷是一次瞬时施加的，且沿深度 z 为均匀分布。

(2) 固结度及其应用。在饱和土体渗透固结过程中，土层内任一点的孔隙水应力 u_{zt} 所满足的微分方程式称为固结微分方程式，如图 7-28 所示。

所谓固结度，就是指在某一固结应力作用下，经某一时间 t 后，土体发生固结或孔隙水应力消散的程度。对于土层任一深度 z 处经时间 t 后的固结度，按下式表示：

$$u_t=\frac{\sigma'}{p}=\frac{u_0-u_{zt}}{u_0}=1-\frac{u_{zt}}{u_0} \tag{7-34}$$

式中　u_0——初始孔隙水应力，其大小等于该点的固结应力；

u_{zt}——t 时刻的孔隙水应力；

u_t——固结度。

平均固结度（u_t）：当土层为均质时，地基在固结过程中任一时刻 t 时的沉降量 s_t 与地基最终沉降量 s 之比称为地基在 t 时刻的平均固结度，用 u_t 表示，即

$$u_t=\frac{s_t}{s}\text{或 } s_t=u_t s$$

在地基的固结应力、土层性质和排水条件已定的前提下，u_t 仅是时间 t 的函数，由 $u_{zt}=\frac{4p}{\pi}\sum_{m=1}^{\infty}\frac{1}{m}\sin\frac{m\pi z}{2H}e^{-m^2\frac{\pi^2}{4}T_v}$ 给出了 t 时刻在深度 z 的孔隙水应力的大小，根据有效应力和孔隙水应力的关系，土层的平均固结度为

$$u_t=\frac{s_t}{s}=\frac{\frac{a}{1+e_1}\int_0^H\sigma' dz}{\frac{a}{1+e_1}\int_0^H\sigma_z dz}=\frac{\int_0^H(\sigma-u)dz}{\int_0^H\sigma_z dz}=1-\frac{\int_0^H u dz}{\int_0^H\sigma_z dz} \tag{7-35}$$

$\int_0^H u dz$、$\int_0^H\sigma_z dz$ 分别表示土层在外荷作用下 t 时刻孔隙水应力面积与固结应力面积，将式 $u_{zt}=\frac{4p}{\pi}\sum_{m=1}^{\infty}\frac{1}{m}\sin\frac{m\pi z}{2H}e^{-m^2\frac{\pi^2}{4}T_v}$ 代入上式得

$$u_t=1-\frac{8}{\pi^2}\left(e^{-\frac{\pi^2}{4}T_v}+\frac{1}{9}e^{-9\frac{\pi^2}{4}T_v}+\cdots\right) \tag{7-36}$$

令
$$C_v=\frac{K(1+e_1)}{ar_w}$$

式中　C_v——竖向渗透固结系数，m^2/a 或 cm^2/a。

T_v 为时间因数，无因次，$T_v=tC_v/H^2$，t 的单位为年，H 为压缩土层的透水面至不透水面的排水距离（cm）；当土层双面排水时，H 取土层厚度的一半。

此式给出的 u_t 与 T_v 之间的关系可以用图 7-29 中的曲线表示。

从上式可以看出，土层的平均固结程度是时间因数 T_v 的单值函数，它与所加的固结应力的大小无关，但与土层中固结应力的分布有关。

有了上述几个公式，就可根据土层中的固结应力、排水条件解决下列两类问题：

1）已知土层的最终沉降量 s，求某时刻历时 t 的沉降 s_t。由地基资料 K、压缩系数 a、e_1、H、t，按式 $C_v=K(1+e_1)/ar_w$、$T_v=C_v t/H^2$ 求得 T_v 后，利用图 7-29 查出相应的固结度 u_t 或地基沉降与时间关系，可采用固结理论或经验公式估算（具体应用时可参考有关资料）。

2）已知土层的最终沉降量 s，某时刻固结度 u_t，求土层固结所经历的时间 t。由地基资料 K，压缩系数 a、e_1、H、t，按式 $C_v=K(1+e_1)/ar_w$ 和 u_t，然后利用图 7-29 查出相应

的固结度 T_v，然后求时间 t。

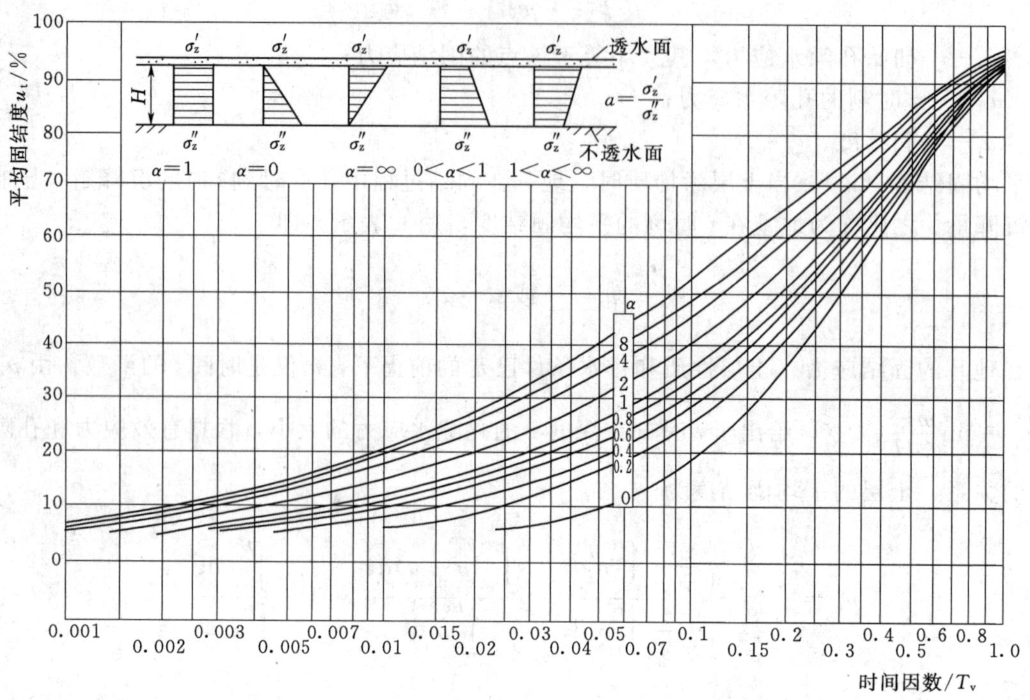

图 7-29　平均固结度 u_t 与时间因数 T_v 的关系曲线

【例 7-5】 有一地基压缩层为厚 8m 的饱和软黏土层，下部为隔水层，软黏土加荷载之前的孔隙比 $e_1=0.7$，渗透系数 $K=2\text{cm/a}$，压缩系数 $a=0.25\text{MPa}^{-1}$，附加应力分布如图 7-30所示。求：（1）一年后地基沉降量为多少？（2）加荷多长时间，地基固结度可大于 80%？

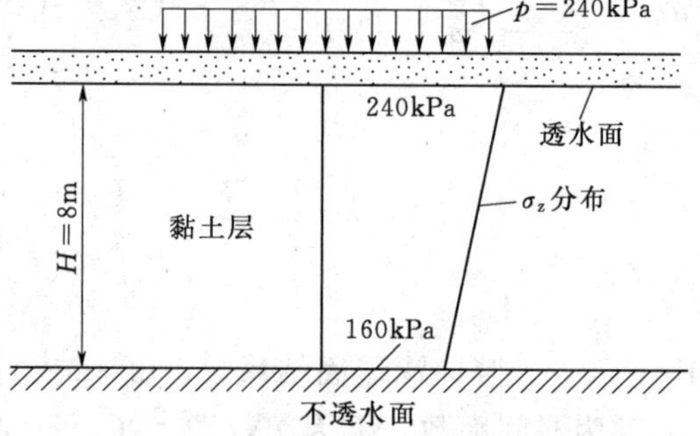

图 7-30 ［例 7-5］图

【解】（1）求土层最终沉降量 s。地基的平均附加应力为

$$\overline{\sigma_z}=\frac{240+160}{2}=200(\text{kPa})$$

$$s=\frac{a}{1+e_1}\overline{\sigma_z}H=\frac{0.25\times10^{-3}}{1+0.7}\times200\times800=23.53(\text{cm})$$

该土层固结系数为

$$C_v=\frac{k(1+e_1)}{a\gamma_w}=\frac{2\times(1+0.7)}{0.00025\times0.098}=1.39\times10^5(\text{cm}^2/\text{a})$$

$$T_v=\frac{C_v t}{H^2}=\frac{1.39\times10^5}{800^2}=0.217,\ \alpha=\frac{\sigma_z'}{\sigma_z''}=\frac{240}{160}=1.5$$

查图 7-29 加荷 1 年的固结度 $u_t=0.55$，故 $s_t=su_t=23.53\times0.55=12.94(\text{cm})$。

（2）计算地基固结度为 80%时所经历的时间。由 $\alpha=\frac{\sigma_z'}{\sigma_z''}=\frac{240}{160}=1.5$ 和 $u_t=80\%$ 查图 7-29

得知 $T_v=0.54$。

由 $T_v=\frac{C_v t}{H^2}$得，固结度达 80%所经历的时间为

$$t=\frac{T_v H^2}{C_v}=\frac{0.54\times800^2}{1.39\times10^5}=2.49(\text{a})$$

关于问题三：

1. 建筑物的沉降观测

为了及时发现建筑物变形并防止有害变形的扩大，对于重要的、新型的、形状复杂的建筑物，或使用上对不均匀沉降有严格限制的建筑物，在施工过程中以及使用过程中需要进行沉降观测。根据沉降观测的资料，可以预估最终沉降量，判断不均匀沉降的发展趋势，以便控制施工速度或采取相应的加固处理措施。

（1）沉降观测点的布置。沉降观测首先要设置好水准基点，其位置必须稳定可靠，妥善保护。埋设地点宜靠近观测对象，但必须在建筑物所产生的压力影响范围以外。在一个观测区内，水准基点不应少于 3 个，埋置深度应与建筑物基础的埋深相适应。其次应根据建筑物的平面形状、结构特点和工程地质条件综合考虑布置观测点。一般设置在建筑物四周的角点、转角、纵横墙的中点、沉降缝和新老建筑物连接处的两侧，或地质条件有明显变化的地方，数量不宜少于 6 点。观测点的间距一般为 8～12m。

（2）沉降观测的技术要求。沉降观测采用精密水准仪测量，观测的精度为 0.01mm。沉降观测应在浇捣基础后立即开始，民用建筑每增高一层观测一次，工业建筑应在不同荷载阶段分别进行观测，施工期间的观测不应少于 4 次。建筑物竣工后应逐渐加大观测时间间隔，第一年不少于 3～5 次，第二年不少于 2 次，以后每年 1 次，直到下沉稳定为止。稳定标准为半年的沉降量不超过 2mm。在正常情况下，沉降速率应逐渐减慢，如沉降速率减小到 0.05mm/d 以下时，可认为沉降趋向稳定，这种沉降称为减速沉降。如出现等速沉降，就有导致地基丧失稳定的危险。当出现加速沉降时，表示地基已丧失稳定，应及时采取措施，防止发生工程事故。

（3）沉降观测资料的整理。沉降观测的测量数据应在每次观测后立即进行整理，计算观测点高程的变化和每个观测点在观测间隔时间内的沉降增量以及累计沉降量。同时应绘制各种图件，包括每个观测点的沉降-时间变化过程曲线，建筑物沉降展开图和建筑物的倾斜及沉降差的时间过程曲线。根据这些图件可以分析判断建筑物的变形状况及其变化发展趋势。

2. 地基允许变形值

（1）地基变形分类。不同类型的建筑物，对地基变形的适应性是不同的。因此，应用前述公式验算地基变形时，要考虑不同建筑物采用不同的地基变形特征来进行比较与控制。

GB 50007—2011《建筑地基基础设计规范》将地基变形依其特征分为以下四种：

1）沉降量：指单独基础中心的沉降值。对于单层排架结构柱基和高耸结构基础须计算沉降量，并使其小于允许沉降值。

2）沉降差：指两相邻单独基础沉降量之差。对于建筑物地基不均匀，有相邻荷载影响和荷载差异较大的框架结构、单层排架结构，需验算基础沉降差，并使其控制在允许值以内。

3）倾斜：指单独基础在倾斜方向上两端点的沉降差与其距离之比当地基不均匀或有相邻荷载影响的多层和高层建筑基础及高耸结构基础，须验算基础的倾斜。

4）局部倾斜：指砌体承重结构沿纵墙 6～10m 内基础两点的沉降差与其距离之比。根据调查分析，砌体结构墙身开裂，大多数情况下都是由于墙身局部倾斜超过允许值所致。所以，当地基不均匀、荷载差异较大、建筑体型复杂时，就需要验算墙身的倾斜。

（2）地基变形允许值。一般建筑物的地基变形允许值可按表 7－11 的规定采用。表中数值是根据大量常见建筑物系统沉降观测资料统计分析得出的。对于表中未包括的其他建筑物的地基允许变形值，可根据上部结构对地基变形的适应性和使用上的要求确定。

表 7－11　　建筑物的地基变形允许值

变形特征		地基土类别	
		中、低压缩性土	高压缩性土
砌体承重结构基础的局部倾斜		0.002	0.003
工业与民用建筑相邻柱基的沉降差	（1）框架结构	$0.002l$	$0.003l$
	（2）砌体墙填充的边排柱	$0.0007l$	$0.001l$
	（3）当基础不均匀沉降时不产生附加应力的结构	$0.005l$	$0.005l$
单层排架结构（柱距为 6m）柱基的沉降量/mm		（120）	200
桥式吊车轨面的倾斜（按不调整轨道考虑）	纵向	0.004	
	横向	0.003	
多层和高层建筑的整体倾斜	$H_g \leqslant 24$	0.004	
	$24 < H_g \leqslant 60$	0.003	
	$60 < H_g \leqslant 100$	0.0025	
	$H_g > 100$	0.002	
体形简单的高层建筑基础的平均沉降量/mm		200	
高耸结构基础的倾斜	$H_g \leqslant 20$	0.008	
	$20 < H_g \leqslant 50$	0.006	
	$50 < H_g \leqslant 100$	0.005	
	$100 < H_g \leqslant 150$	0.004	
	$150 < H_g \leqslant 200$	0.003	
	$200 < H_g \leqslant 250$	0.002	
高耸结构基础的沉降量/mm	$H_g \leqslant 100$	400	
	$100 < H_g \leqslant 200$	300	
	$200 < H_g \leqslant 250$	200	

注　1. 本表数值为建筑物地基实际最终变形允许值。
2. 有括号者仅适用于中压缩性土。
3. l 为相邻柱基的中心距离（mm）；H_g 为自室外地面起算的建筑物高度（m）。

思　考　题

1. 何为基底压力、地基反力、基底附加压力、土中附加应力？
2. 地下水位的升降对土自重应力有何影响？

3. 土体中自重应力和附加应力沿着深度的变化分布有何特点？通常建筑物的沉降是什么应力引起的？土的自重应力在任何情况下都会引起建筑物的沉降吗？

4. 在集中荷载作用下地基中附加应力的分布有何规律？

5. 假设基地压力保持不变，当基础埋置深度增加时对土中附加应力有何影响？

6. 何为角点法？如何应用角点法计算任一点的附加应力？

7. 何为土的压缩性？引起土压缩的主要原因是什么？工程上如何评价土的压缩性？

8. 何为土的固结与固结度？

9. 地基变形特征有哪几种？

习　题

1. 如图 7－31 所示均布荷载作用的面积，如 p 相同，试比较 A 点下深度均为 5m 处的土中附加应力大小。

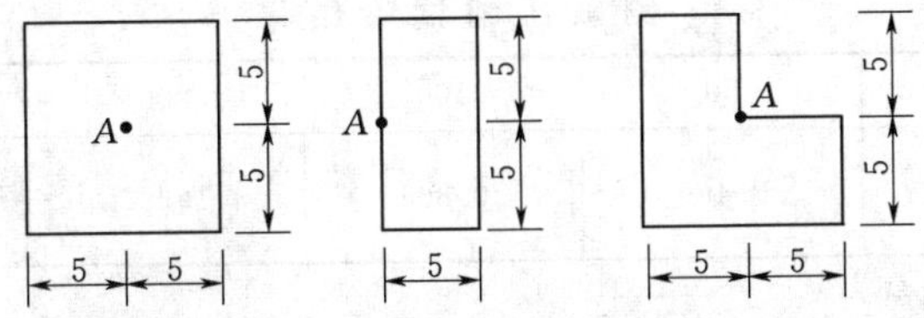

图 7－31　习题 1 附图（单位：m）

2. 某土层的剖面图和资料如图 7－32 所示。

(1) 试计算并绘制竖向自重应力 σ_{cz} 沿深度的分布曲线。

(2) 若土层中的地下水位由原来的水位下降 2m（至黏土层底），此时土中的自重应力 σ_{cz} 将有何变化？并用图表示。

3. 有两相邻的矩形基础 A 和 B，其尺寸、相对位置及荷载如图 7－33 所示。考虑相邻基础的影响，试求基础 A 中心点下深度 $z=2$m 处的竖向附加应力。

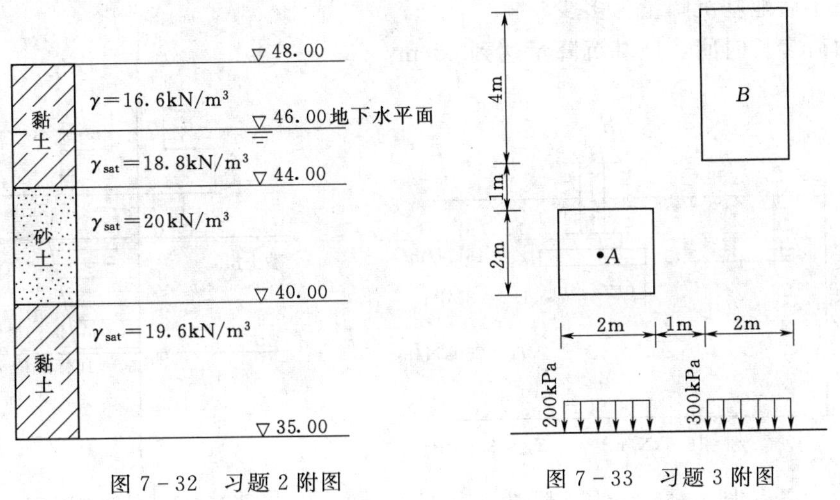

图 7－32　习题 2 附图

图 7－33　习题 3 附图

4. 如图 7－34 所示，一宽度 $b=4$m 的条形基础受中心荷载作用，试计算基础中心下

12m 深度内的附加应力 σ_z，并按比例绘出 σ_z 分布曲线。

5. 如图 7-35 所示，宽度 b=10m 的条形基础受偏心竖直荷载及水平荷载作用，试计算中心点 O 及 O_1 点下 20m 深度内的附加应力，并绘出附加应力的分布图。

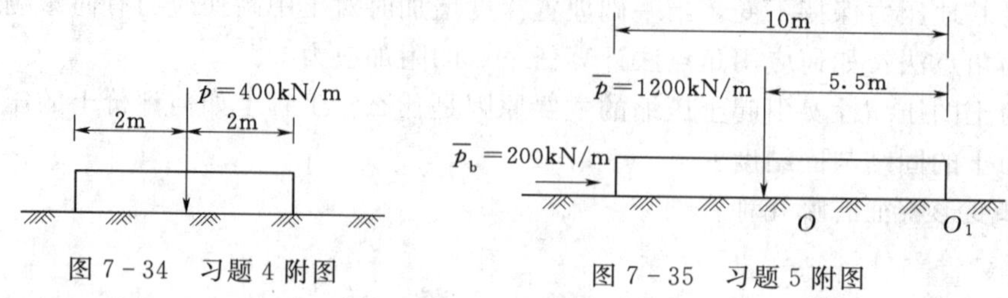

图 7-34　习题 4 附图　　图 7-35　习题 5 附图

6. 某原状土样高 h=2cm，截面面积 A=30cm^2，重度 γ=19kN/m^3，土粒比重 G_s=2.70，含水率 ω=25%，进行侧限压缩试验，试验结果见表 7-12。试绘制土的压缩曲线，求土的压缩系数 a_{1-2}，并判断土的压缩性。

表 7-12　　侧限压缩试验结果

压力 p/kPa	0	50	100	200	300	400
稳定后的变形量 $\sum\Delta h$/mm	0	0.480	0.808	1.232	1.526	1.735

7. 某条形基础，宽度 b=10m，基础埋深 d=2m，受竖直中心荷载 $\overline{p}$=1300kN/m，地面 10m 以下为不可压缩土层，土层重度 γ=18.5kN/m^3，压缩试验结果见表 7-12，试求基础中心下的最终沉降量。

8. 某独立柱基础如图 7-36 所示，基础底面尺寸 3.2m×2.3m，基础埋深 d=1.5m，作用于基础上的荷载 F=950kN，试用规范法计算基础的最终沉降量。

9. 一地基为饱和软黏土，层厚为 10m，上下为砂层，由外荷载在黏土中引起的附加应力 z 分布图如图 7-37 所示，已知黏土层的物理性质指标：孔隙比 e_1=0.8，渗透系数 k=2cm/a，压缩系数 a=0.25MPa^{-1}，求：

(1) 一年后地基沉降量为多少？

(2) 加荷多长时间，地基沉降量达到 25cm？

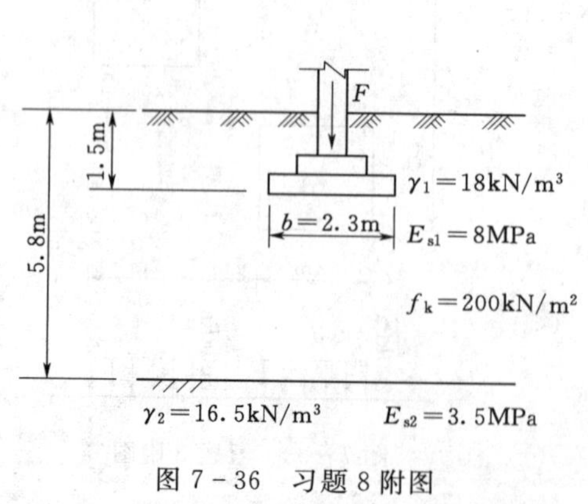

图 7-36　习题 8 附图

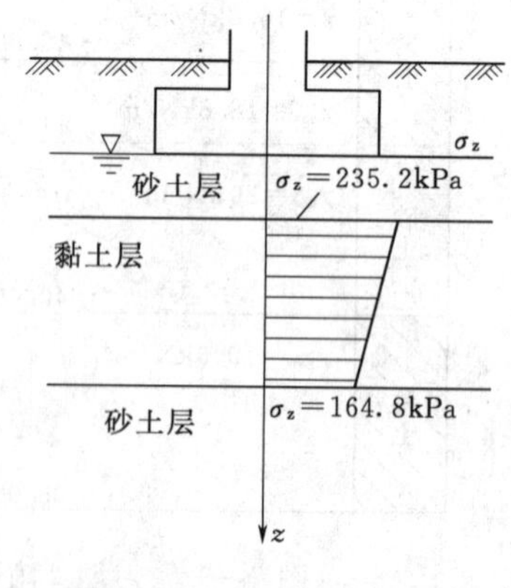

图 7-37　习题 9 附图

10. 当 $e<l/6$（l 为基础长度）时，基地压力呈（　　）分布。

A. 三角形　　B. 梯形　　C. 均匀

11. 条形基础水平荷载作用下，基础中心点下土中附加应力系数为（　　）。

A. 0　　B. 0.5　　C. 1.0

12. 条形基础水平荷载作用下，箭头一侧的边下土中附加应力为（　　）。

A. 0　　B. 压力　　C. 拉力

13. 关于土的压缩系数的说法错误的是（　　）。

A. 土的压缩曲线平缓，压缩系数较小，土的压缩性较低

B. 土的压缩系数是无量纲

C. 工程上常采用压缩系数 a 来判别土的压缩性

14. 关于土的压缩模量的说法正确的是（　　）。

A. 土的压缩曲线越陡，压缩模量越大

B. 土的压缩模量越大，土的压缩性越高

C. 土的压缩模量与压缩系数成反比

15. 下列指标中，数值越大，表明土的压缩性越小的是（　　）。

A. 压缩系数　　B. 压缩指数　　C. 压缩模量

16. 关于土的压缩指数的说法正确的是（　　）。

A. 土的压缩指数越大，土的压缩性越低

B. 土的压缩指数是有量纲的

C. 压缩指数可以在 $e-\lg p$ 曲线上得到

17. 已知某土层的压缩系数为 2MPa^{-1}，则该土属于（　　）。

A. 低压缩性土　　B. 中压缩性土　　C. 高压缩性土

18. 关于土的压缩性的说法不正确的是（　　）。

A. 土的压缩主要是由于水和气体的排出所引起的

B. 土的压缩主要是土中孔隙体积的减小引起的

C. 土体的压缩量不会随时间的增长而变化

项目八　土的抗剪强度与地基承载力

项目描述：本项目通过完成四个学习任务：土的抗剪强度和破坏理论、土的抗剪强度试验、剪切试验方法的分析与选用、地基承载力，讲述土的抗剪强度与地基承载力。

项目目标：掌握土的抗剪强度基本概念和库仑定律；理解土的极限平衡条件应用；掌握土的抗剪强度指标的测定方法，并熟悉工程上强度指标的选用原则；掌握地基强度破坏的形式和特征；掌握地基承载力的基本概念和确定方法。

项目学习的重点：剪切试验方法的分析与选用、地基承载力。

项目学习的难点：剪切试验方法的分析与选用。

任务一　土的抗剪强度和破坏理论

任务描述：围绕完成土的抗剪强度和破坏理论这个任务，通过实验推理，解决三个问题，使学生明晰：土的抗剪强度基本概念和库仑定律；土的抗剪强度指标及其确定方法；土的极限平衡条件应用等基本概念。

课前设问：

问题一：什么是土的抗剪强度定律——库仑定律？

问题二：土的抗剪强度指标有哪些及如何确定？

问题三：土的极限平衡状态及条件分别是什么？

解答：

关于问题一，土的抗剪强度是指土体抵抗剪切破坏的极限能力，是土的重要力学性质之一。在外荷载作用下土体中将产生剪应力，若土体中某一平面上的剪应力超过了该平面上的抗剪强度，土就沿剪应力作用面产生相对滑动，该点便发生剪切破坏。若荷载继续增加，剪切破坏点将随之增多，形成局部塑性区，最终形成一个连续的滑动面，导致土体丧失整体稳定，如图 8-1 所示。

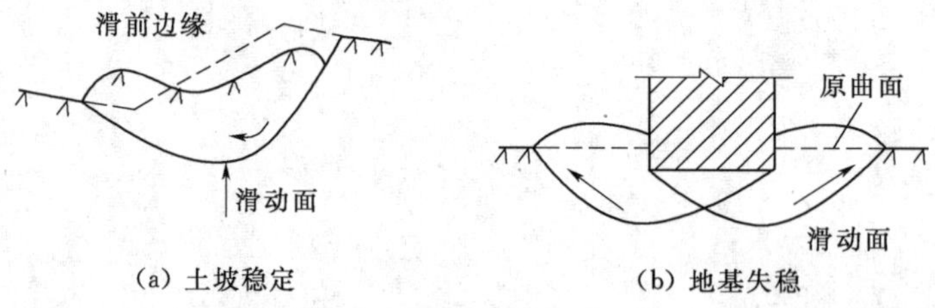

图 8-1　土体破坏示意图

大量的室内试验和工程实践都表明：土的破坏大多数是剪切破坏，土的强度问题实质上就是土的抗剪强度问题。工程中的地基承载力、挡土墙土压力、土坡稳定性等问题都与土的抗剪强度直接相关。

为了对地基的稳定性进行力学分析和计算，必须研究土的极限平衡理论，了解土的抗剪强度的影响因素和测定方法。

1. 总应力表示法

1776 年库仑提出了土体抗剪强度表达式为

黏性土
$$\tau_f = \sigma \tan\varphi + c \tag{8-1}$$
无黏性土
$$\tau_f = \sigma \tan\varphi \tag{8-2}$$

式中　τ_f——土的抗剪强度，kPa；

σ——剪切面上的法向应力，kPa；

c——土的黏聚力，kPa；

φ——土的内摩擦角，(°)。

从式（8-1）和式（8-2）可以看出，土的抗剪强度随剪切面的法向应力呈直线变化，如图 8-2 所示。

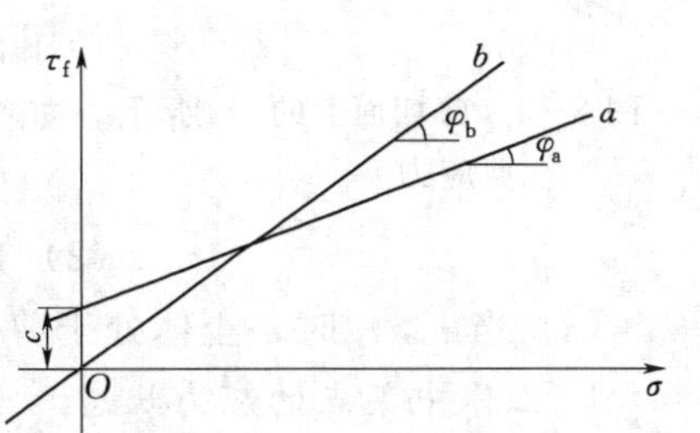

图 8-2　土的抗剪强度

a—黏性土；b—无黏性土

2. 有效应力表示法

有效应力原理表明，土的变形与强度的变化仅仅决定于有效应力的变化。也就是说，土的抗剪强度取决于土中有效应力的大小，即土体内的剪应力仅能由土的骨架承担，其规律可表示为

黏性土
$$\tau_f = \sigma' \tan\varphi' + c' = (\sigma - u)\tan\varphi' + c' \tag{8-3}$$
无黏性土
$$\tau_f = \sigma' \tan\varphi' = (\sigma - u)\tan\varphi' \tag{8-4}$$

式中　σ——剪切面上的法向应力，kPa；

σ'——剪切面上的有效应力，kPa；

u——孔隙水压力，kPa；

c'——有效黏聚力，kPa；

φ'——有效内摩擦角，(°)。

从库仑定律可以看出，与一般的固体材料不同，土的抗剪强度不是常数，而是与剪切面上的法向应力成正比变化的。

关于问题二，c、φ 称为土的抗剪强度指标，在一定试验条件下得出的土的黏聚力 c 和内摩擦角 φ，一般能反映土的抗剪强度的大小，如图 8-2 所示。

鉴于目前的理论水平和技术设备条件，要在工程中全面了解或测定地基土中各点的孔隙水压力还很困难，也就无法计算各点的有效应力，所以有效应力表示法在工程中的应用受到一定约束，更多和经常使用的是总应力表示法。为此，在测定土的抗剪强度指标 c、φ 时，应尽可能使试验条件与地基实际工作情况相符合。

土的抗剪强度指标中，内摩擦角 φ 反映了土的摩擦特性，$\tan\varphi$ 表示土的内摩擦系数，$\sigma\tan\varphi$ 则表示土的内摩擦力。一般认为土的内摩擦力包含土颗粒表面的摩擦力和颗粒间的嵌入和连锁作用产生的咬合力这两部分。黏聚力 c 包括了结合水联结作用、胶结作用、毛细水及冰的联结作用三种作用。无黏性土一般无联结，抗剪强度主要由颗粒间的摩擦力组成，无黏性土黏聚力 $c=0$。

按照库仑定律，对于某一种土，它们是作为常数来使用的。实际上，它们均随试验方法和土样的试验条件等的不同而发生变化，即使是同一种土，φ、c 值也不是常数。

关于问题三，如果说，抗剪强度定律从内因解决了土的抗剪强度变化情况，土在所受荷载作用下的应力状态则是土体破坏的外部因素。

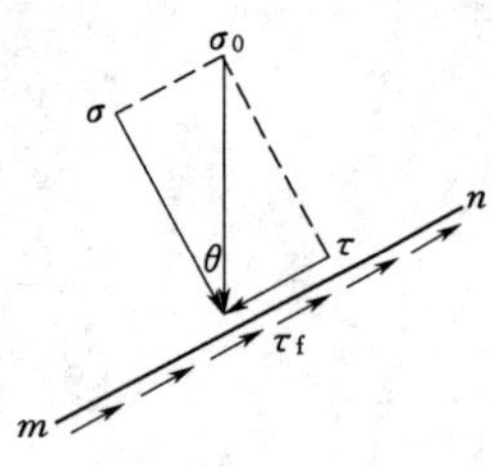

图 8-3 剪切面上的剪应力

当土体中任意一点在某一平面上的剪应力等于土的抗剪强度时的临界状态称为极限平衡状态，当土体中任意一点在某一平面上的剪应力大于土的抗剪强度时的状态称为剪切破坏状态。极限平衡状态下土的应力状态和土的抗剪强度之间的关系，则称为土的极限平衡条件。

作用在土体中某点任一平面的剪应力 τ 与抗剪强度 τ_f 如图 8-3 所示，如果将两者比较，就可能有以下三种情况：

（1）当 $\tau<\tau_f$ 时，土体处于稳定平衡状态；

（2）当 $\tau=\tau_f$ 时，土体处于极限平衡状态；

（3）当 $\tau>\tau_f$ 时，土体处于剪切破坏状态；

1. 土体中某点的应力状态

根据材料力学关于应力状态的理论，土体中任一点的应力可以用该点主应力平面上的最大主应力与最小主应力表示，如图 8-4 所示。

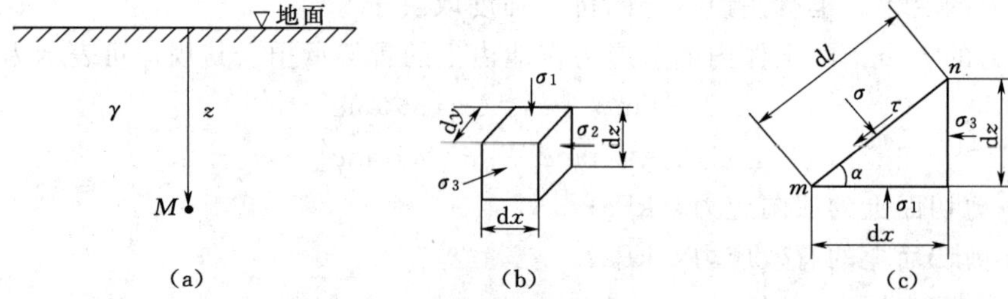

图 8-4 土体中任一点的应力

$$\begin{cases}\sigma=\dfrac{1}{2}(\sigma_1+\sigma_3)+\dfrac{1}{2}(\sigma_1-\sigma_3)\cos2\alpha \\ \tau=\dfrac{1}{2}(\sigma_1-\sigma_3)\sin2\alpha\end{cases} \tag{8-5}$$

式中 σ——任一截面 mn 上的法向应力，kPa；

τ——任一截面 mn 上的剪应力，kPa；

σ_1——最大主应力，kPa；

σ_3——最小主应力，kPa；

α——截面 mn 与最大主应力作用面的夹角。

上述应力间的关系也可用应力圆（莫尔圆）表示。

将上两式变为

$$\begin{cases}\sigma-\dfrac{1}{2}(\sigma_1+\sigma_3)=\dfrac{1}{2}(\sigma_1-\sigma_3)\cos2\alpha \\ \tau=\dfrac{1}{2}(\sigma_1-\sigma_3)\sin2\alpha\end{cases} \tag{8-6}$$

取两式平方和，即得应力圆的公式

$$\left(\sigma-\frac{\sigma_1-\sigma_3}{2}\right)^2+\tau=\left(\frac{\sigma_1-\sigma_3}{2}\right)^2 \tag{8-7}$$

上式表示了 σ 与 τ 的关系，这种关系是一个圆，称为莫尔应力圆。纵、横坐标分别表示为 τ 及 σ，圆心为 $\left(\frac{\sigma_1+\sigma_3}{2}，0\right)$，圆半径等于 $\frac{\sigma_1-\sigma_3}{2}$。

2. 土的极限平衡条件

土体中某点达到极限平衡状态时的条件式，表示了土体中某点上所作用的最大主应力 σ_1 与最小主应力 σ_3，以及土的抗剪强度指标 φ、c 值之间的关系。可由莫尔应力圆与库仑强度线相切的几何关系推出。

通过土体中一点，在 σ_1、σ_3 作用下可出现剪切破裂面，如图 8-5 所示。

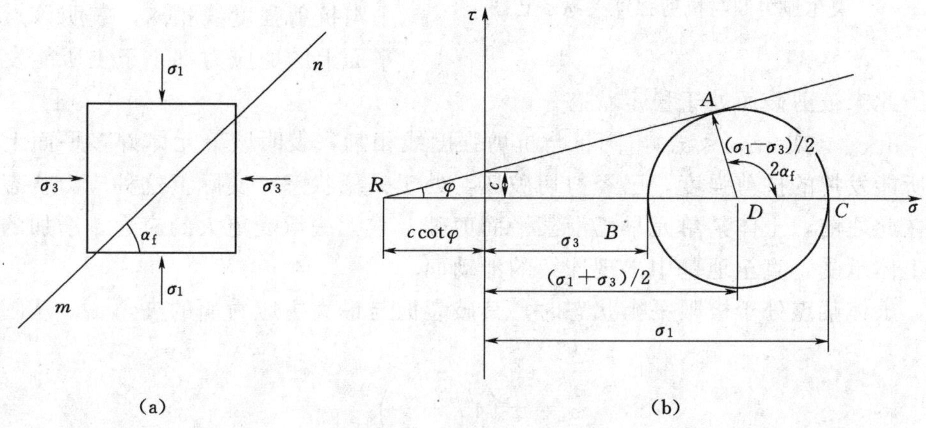

图 8-5　土的极限平衡状态

由应力圆的几何条件可知

$$\sin\varphi=\frac{\frac{1}{2}(\sigma_1-\sigma_3)}{c\cdot \operatorname{ctan}\varphi+\frac{1}{2}(\sigma_1-\sigma_3)}=\frac{\sigma_1-\sigma_3}{\sigma_1+\sigma_3+2c\cdot \operatorname{ctan}\varphi} \tag{8-8}$$

进一步整理可得

$$\sigma_1=\sigma_3\tan^2\left(45°+\frac{\varphi}{2}\right)+2c\tan\left(45°+\frac{\varphi}{2}\right) \tag{8-9}$$

$$\sigma_3=\sigma_1\tan^2\left(45°+\frac{\varphi}{2}\right)-2c\tan\left(45°-\frac{\varphi}{2}\right) \tag{8-10}$$

式（8-9）和式（8-10）表示了黏性土的极限平衡条件。对于无黏性土，$c=0$，表示如下：

$$\sigma_1=\sigma_3\tan^2\left(45°+\frac{\varphi}{2}\right) \tag{8-11}$$

$$\sigma_3=\sigma_1\tan^2\left(45°-\frac{\varphi}{2}\right) \tag{8-12}$$

由最小主应力 σ_3 及公式 $\sigma_1=\sigma_3\tan^2\left(45°+\frac{\varphi}{2}\right)+2c\tan\left(45°+\frac{\varphi}{2}\right)$ 可推求土体处于极限状态时，所能承受的最大主应力 $\sigma_{1极限}$（若实际最大主应力为 σ_1）。

同理，由最大主应力 σ_1 及公式 $\sigma_3=\sigma_1\tan^2\left(45°-\frac{\varphi}{2}\right)-2c\tan\left(45°-\frac{\varphi}{2}\right)$ 可推求土体处于极

限平衡状态时，所能承受的最小主应力 $\sigma_{3极限}$（若实际最小主应力为 σ_3）。

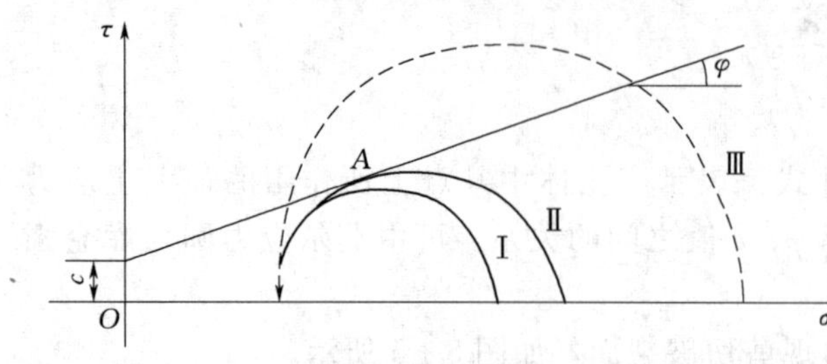

图 8-6　莫尔应力圆与抗剪强度关系示意图

判断时，如图 8-6 所示，圆Ⅱ为满足 $\sigma_1=\sigma_{1极限}$（或 $\sigma_{3极限}=\sigma_3$）条件的极限应力圆，与抗剪强度线相切，表明切点 A 所代表的平面上的剪应力正好等于土的抗剪强度，该点处于极限平衡状态。

若 $\sigma_1<\sigma_1$ 极限（或 $\sigma_{3极限}>\sigma_3$），圆Ⅰ与抗剪强度线相离，表明该点在任何平面上的剪应力都小于土所能发挥的抗剪强度，因此未被剪破而处于稳定状态。

若 $\sigma_1>\sigma_{1极限}$（或 $\sigma_{3极限}<\sigma_3$），圆Ⅲ与抗剪强度线相割，表明该单元体许多平面上的剪应力已超过所能发挥的抗剪强度，已经剪切破坏，处于失稳状态。实际上这种应力状态并不存在，因为在此之前，土体某单元早已沿某平面剪破，它无法承受更大的应力，增加的荷载将由邻近的土体承受，直至地基中出现连续的滑动面。

另外，土体某点处于极限平衡状态时，其破裂面与最大主应力面的夹角 α_f，从图中几何关系可得

$$\alpha_f=\pm\left(45°+\frac{\varphi}{2}\right) \tag{8-13}$$

“±”号表示取角的方向不同。

可见，土体的剪切破坏面不发生在剪应力最大的斜面上，而是发生在与大主应力面成夹角 α_f 的斜面上。

【例 8-1】 某土样承受 $\sigma_1=200\text{kPa}$、$\sigma_3=100\text{kPa}$ 的应力，土的内摩擦角 $\varphi=28°$，黏聚力 $c=10\text{kPa}$，试判别该土的应力状态，并计算最大剪应力面上的抗剪强度。

【解】 (1) 求与 σ_3 处于极限平衡状态的 $\sigma_{1极限}$。

$$\begin{aligned}\sigma_{1极限}&=\sigma_3\tan^2\left(45°+\frac{\varphi}{2}\right)+2c\tan\left(45°+\frac{\varphi}{2}\right)\\&=100\times\tan^2\left(45°+\frac{28°}{2}\right)+2\times10\times\tan\left(45°+\frac{28°}{2}\right)\\&=310.27(\text{kPa})\end{aligned}$$

(2) 判断。因为 $\sigma_{1极限}>\sigma_{1已知}$，所以该土样处于尚未剪破的弹性平衡状态。

(3) 计算最大剪应力面上的抗剪强度。

$$\tau_f=\sigma\tan\varphi+c=\frac{\sigma_1+\sigma_3}{2}\tan\varphi+c=\frac{100+200}{2}\times\tan28°+10=89.76(\text{kPa})$$

任务二　土的抗剪强度试验

任务描述： 围绕完成土的抗剪强度试验这个任务，通过实验推理，解决四个问题，使学生明晰：使用试验方法，确定工程土的抗剪强度指标，在不同工程条件下合理选择抗剪强度指标的能力。

课前设问：

问题一：什么是土的直接剪切试验？

问题二：什么是土的三轴剪切试验？

问题三：什么是土的无侧限压缩试验？

问题四：什么是土的十字板剪切试验？

解答：

关于问题一，土的抗剪强度试验是确定土的抗剪强度指标 c、φ 的试验。测定土的抗剪强度的设备与方法很多，常用的室内试验有直接剪切试验、三轴剪切试验、无侧限压缩试验，野外常用的有十字板剪切试验等。各种试验的仪器、试验原理和方法都不一样，取决于土的性质和工程的规模。

直接剪切试验是最早、最简单的抗剪强度测定方法，使用广泛。直接剪切试验所用仪器，按加荷方式不同可分为应变式和应力式。我国多采用应变式直剪仪，等速推动剪切盒使之错动，如图 8-7 所示。

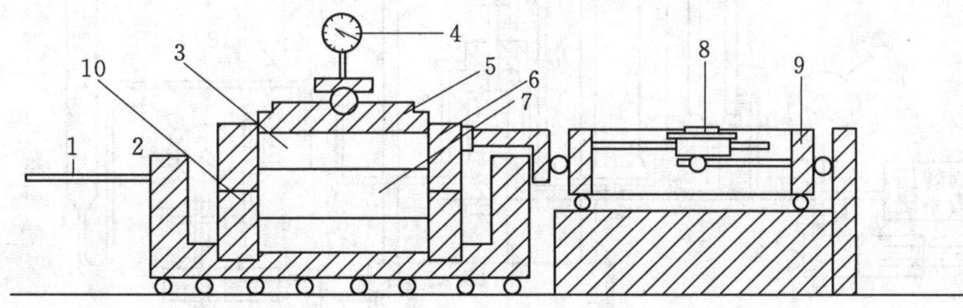

图 8-7 应变控制式直剪仪

1—轮轴；2—底座；3—透水石；4、8—测微表；5—活塞；6—上盒；7—土样；9—量力环；10—下盒

应变式直剪仪其主要部分由固定的上盒和活动的下盒组成，将土样放在盒内上下两块透水石之间。垂直荷重 P 通过金属传压板施加到土样上。水平剪力 τ 由等速转动的手轮推动下盒，施加到土样上，土样沿上、下盒水平接触面受剪，直至剪切破坏。

读出施加的垂直荷重 P 即剪切面上的法向应力 σ，利用剪切变形读数换算出土的抗剪强度 τ_f，重复做 3～5 个试样，由此得出法向应力 σ 和土的抗剪强度 τ_f 之间的关系曲线，从而获得土的抗剪强度指标 c、φ，如图 8-8 所示。

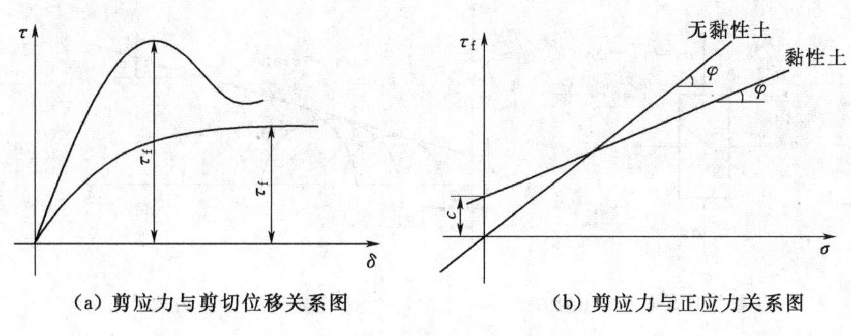

(a) 剪应力与剪切位移关系图

(b) 剪应力与正应力关系图

图 8-8 直接剪切试验

直接剪切试验具有仪器构造简单、操作方便、易于掌握等优点，但在技术性能方面存在以下缺点：①剪切面人为限定在上、下盒的接触面上，此平面不一定是土样的最薄弱面；②剪切过程中，土样剪切面积逐渐减小，但仍按初始面积进行计算；③试验时不能严格控制排水条件，无法量测孔隙水压力，不能以有效应力进行计算；④土样应力状态复杂，存在应力集中现象，但在试验中仍当作均匀分布来考虑，其结果有误差。工程规模较大的重要工程往往采用更完善的三轴剪切试验。

关于问题二，三轴剪切试验是针对直剪仪的缺点而发展起来的，是测定土的抗剪强度的较为完善的一种方法。所用仪器称为三轴压缩仪，它由加载系统（对试样施加周围压力及竖向应力增量）、量测系统（量测孔隙水压力及试样排水量）、压力室（底座和有机玻璃罩等组成的密封容器）等组成，如图 8-9 所示。

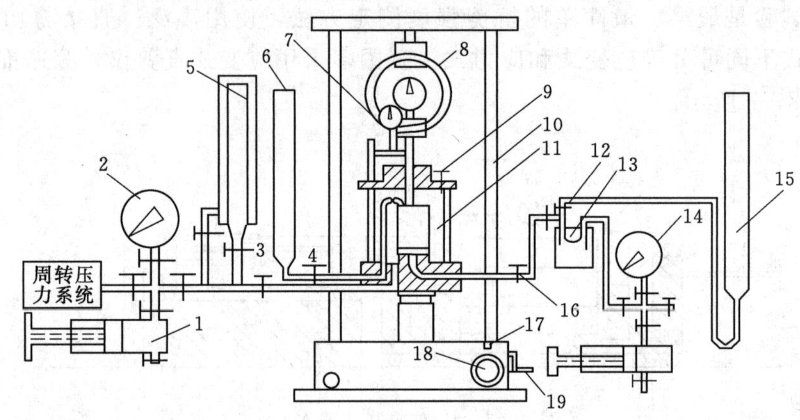

图 8-9　三轴压缩仪

1—调压筒；2—周围压力表；3—周围压力阀；4—排水阀；5—变体阀；6—排水管；7—百分表；8—量力环；9—排气孔；10—轴向加压设备；11—压力室；12—量管阀；13—零位指示器；14—孔隙水压力表；15—量管；16—孔隙水压力阀；17—离合器；18—微调手轮；19—粗调手轮

试验用的土样为圆柱体，套在橡胶膜内，上下扎紧置于密封的压力室内。开启阀门向压力室压入液体，使试样在三轴方向承受相同的周围压力，即 σ_3，此时，土样不受剪力。然后通过活塞杆对试样施加垂直压力 $\Delta\sigma$，$\Delta\sigma$ 逐渐增大直至土样剪裂，则剪切时的大主应力为 $\sigma_1=\Delta\sigma+\sigma_3$，如图 8-10（a）所示。

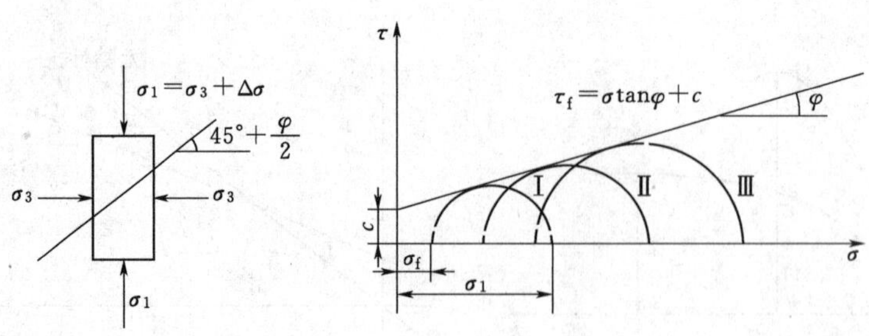

(a) 破坏时试样上的主应力　　(b) 剪应力与正应力关系图

图 8-10　三轴剪切试验原理

根据剪切时的大主应力、小主应力可画出一个应力圆，重复做 3～5 个试样，施加不同的周围压力 σ_3，可以得到不同的剪切破坏时的大主应力 σ_1，由此得出同一种土的不同的极限应力圆。作出这组极限应力圆的公切线即莫尔破裂包线，就是所求土的抗剪强度曲线，从而获得土的抗剪强度指标 c、φ，如图 8－10（b）所示。

三轴压缩仪是一种较完善的抗剪强度测量仪器，其最突出的优点是试样中的应力状态明确，破裂面就是最薄弱的面；能较严格地控制排水条件，并能准确量测剪切过程中试样的孔隙水压力变化，定量得到土样中有效应力的变化情况，结果比较可靠。试验的难点是仪器设备与试验操作较复杂等。

关于问题三，无侧限压缩试验是指试验时土样侧向不受限制，可以任意变形的试验。实际上是三轴剪切试验的一个特例，只对土样施加垂直压力，不施加周围压力，即 $\sigma_3=0$。试验设备称为无侧限压缩仪，如图 8－11（a）所示。试样放在仪器底座上，摇动手轮，使底座缓慢上升，顶压上部量力环，从而产生轴向压力至土样剪切破坏。试验时的轴向压应力用 q_u 表示，q_u 称为无侧限抗压强度。

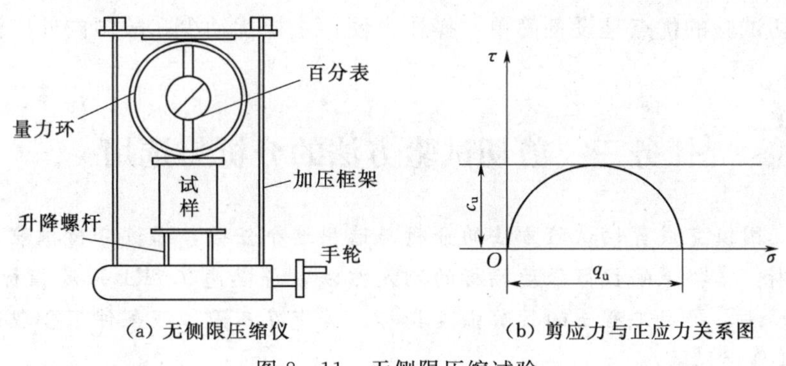

（a）无侧限压缩仪　　（b）剪应力与正应力关系图

图 8－11　无侧限压缩试验

三轴剪切试验是通过施加不同的周围压力 σ_3，得出同一种土的不同的极限应力圆后，作出公切线即为强度包线。无侧限压缩试验据试验结果只能作一个极限应力圆（$\sigma_3=0$，$\tau_f=\frac{q_u}{2}$），因此对一般黏性土就难以作出强度包线。但饱和黏性土的三轴不固结不排水试验结果的强度包线是一条水平线，如图 8－11（b）所示。因此，如仅测定饱和黏性土的不固结不排水强度时，可用无侧限抗压强度试验代替三轴剪切试验，根据无侧限压缩试验结果推算饱和黏性土的不排水抗剪强度 c。也就是说，无侧限压缩试验适用土质是饱和黏性土。

$$\tau_f=c=\frac{q_u}{2} \tag{8-14}$$

式中　c——土的不排水抗剪强度，kPa；

　q_u——无侧限抗压强度，kPa。

利用无侧限压缩试验还可以测定黏性土的灵敏度，即

$$S_t=\frac{q_u}{q_{ur}} \tag{8-15}$$

关于问题四，十字板剪切试验是一种在工地现场直接测试地基土强度的方法，适用于地基为取原状土困难的软弱黏性土，也避免了软弱黏性土取土、运送、制备土样过程中受扰动强度变化的缺点。

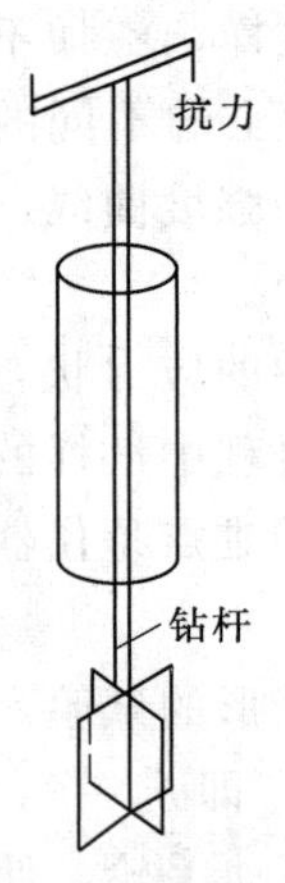

图 8-12　十字板剪切仪

试验所用仪器为十字板剪切仪，主要由十字板、加力装置及量测设备三个部分组成，如图 8-12 所示。试验时先在地基中钻孔至要求测试的深度以上 75cm 左右。清理孔底，将十字板头压入土中至测试深度。由地面设备施加扭力矩，直至十字板旋转土体剪破破坏为止，破裂面为十字板旋转形成的圆柱面。测得土的抗剪强度 τ_f，即

$$\tau_f=\frac{2M}{\pi D^2\left(H+\frac{D}{3}\right)} \tag{8-16}$$

式中　M——剪切破坏时的扭力矩，kN·m；

H——十字板的高度，m；

D——十字板的直径，m。

由十字板在现场测定的土的抗剪强度，属于不排水剪切的试验条件，因此其结果应与无侧限压缩试验结果接近，即 $\tau_f=\frac{q_u}{2}$。

十字板剪切试验的优点是设备简单、操作方便、土样扰动少，故国内外广泛应用于工程勘察。

任务三　剪切试验方法的分析与选用

任务描述： 围绕完成剪切试验方法的分析与选用这个任务，通过分析推理，解决两个问题，使学生明晰：掌握土的抗剪强度指标的测定方法，并熟悉工程上强度指标的选用原则；能够使用试验方法，确定工程土的抗剪强度指标，具有在不同工程条件下合理选择抗剪强度指标的能力。

课前设问：

问题一： 抗剪强度指标的影响因素是什么？

问题二： 剪切试验方法如何选用？

解答：

关于问题一， 影响抗剪强度的因素是多方面的，主要有下述几个方面。

1. 土本身固有的物理性质

(1) 土粒的形状、成分、级配。土的固体颗粒形状越不规则，表面越粗糙，级配越好，内摩擦角越大，内摩擦力越大，抗剪强度也越高。黏土矿物成分不同，其黏聚力也不同。

(2) 土的初始密度。土的初始密度越大，土粒间接触较紧，土粒表面摩擦力和咬合力也越大。黏性土的紧密程度越大，黏聚力 c 值也越大。

(3) 土中含水量。土中含水量的多少，对土抗剪强度的影响十分明显。无黏性土中含水量大时，会降低土粒表面上的摩擦力，使土的内摩擦角 φ 值减小；黏性土含水量增高时，会使结合水膜加厚，因而也就降低了黏聚力。

2. 土的应力状态和历史

(1) 黏性土的扰动。黏性土的天然结构如果被破坏，其抗剪强度就会明显下降，其原状土的抗剪强度高于同密度和同含水量的重塑土。

(2) 孔隙水压力的影响。孔隙水压力的影响不可忽视，孔隙水压力由于作用在土中自由

水上，不会产生土粒之间的内摩擦力，只有作用在土的颗粒骨架上的有效应力，才能产生土的内摩擦强度。

关于问题二， 在上述影响抗剪强度的各因素中，孔隙水压力会随着所加荷载和时间的变化而变化，作为一个变化的影响因素，在各剪切试验中必须予以考虑。事实上，试样内的有效应力（或孔隙水压力）将随试样剪切前的固结程度和剪切中的排水条件而异。也就是说，同一种土，如果试验条件不同，即使剪切面上的总应力相同，也会因土中孔隙水是否排出与排出的程度，亦即有效应力的数值不同，使试验结果的抗剪强度不同。因而，在土工工程设计中所需要的强度指标试验方法必须与现场的施工加荷实际相符合。

目前，为了近似地模拟土体在现场能受到的受剪条件，而把剪切试验按固结和排水条件的不同分为不固结不排水剪、固结不排水剪和固结排水剪三种基本试验类型。但是直接剪切仪的构造却无法做到任意控制土样是否排水。在试验中，便通过采用不同的加荷速率来达到排水控制的要求，即相应采用快剪、固结快剪和慢剪三种试验方法。

三种试验方法在工程实践中的正确选用非常复杂，应根据土层性质、排水情况、加荷速度、荷载大小综合确定。

(1) 不固结不排水剪（快剪）。在整个试验过程中不让孔隙水排出，使土样中始终存在孔隙水压力的试验方法。在直剪试验中，竖向压力施加后立即施加水平剪力进行剪切，使土样在 3～5min 内剪坏。由于剪切速度快，可认为土样在这样短暂时间内没有排水固结或者说模拟了“不固结不排水”剪切情况，得到的强度指标用 c_q、φ_q 表示。实际工程中，地基土为黏性土、透水性小、排水条件差、施工速度快的情况应用此试验方法。

(2) 固结不排水剪（固结快剪）。在整个试验过程中孔隙水压力全部消散固结后使土样剪破的试验方法。在直剪试验中，竖向压力施加后，给以充分时间使土样排水固结。固结终了后施加水平剪力，快速地（在 3～5min 内）把土样剪坏，即剪切时模拟不排水条件，得到的指标用 c_{cq}、φ_{cq}表示。实际工程中，地基土土层较薄、透水性较大、排水条件好、施工速度不快的情况应用此试验方法。一般认为击实填土地基、船闸、挡土墙等的地基，以及验算水库水位骤降时土坝边坡的稳定安全系数的情况，采用固结不排水剪。

(3) 固结排水剪（慢剪）。在整个试验过程中使孔隙水压力全部消散固结，之后的土样剪破的试验过程中仍充分排水的试验方法。在直剪试验中，竖向压力施加后，让土样充分排水固结，固结后以慢速施加水平剪力，使土样在受剪过程中一直有充分时间排水固结，直到土被剪破，得到的指标用 c_s、φ_s 表示。实际工程中，地基土土层透水性好、排水条件好、施工速度慢的情况用此试验方法。

由上述三种试验方法可知，即使在同一垂直压力作用下，由于试验时的排水条件不同，故作用在受剪面积上的有效应力也不同，所以测得的抗剪强度指标也不同。在一般情况下，$\varphi_s > \varphi_{cq} > \varphi_q$。

上述三种试验方法对黏性土是有意义的，但效果要视土的渗透性大小而定。对于无黏性土，由于土的渗透性很大，即使快剪也会产生排水固结。

任务四 地基承载力

任务描述： 围绕完成地基承载力确定这个任务，通过分析推理，解决五个问题，使学生明晰：地基强度破坏的形式和特征；地基承载力的基本概念和确定方法。采用土的极限平衡条件式判别工程土的状态；采用合适的方法确定地基土的承载力。

课前设问：

问题一： 地基变形的三个阶段是什么？

问题二： 地基变形破坏有哪些模式？

问题三： 理论公式法如何确定地基承载力？

问题四： 按原位测试成果如何确定地基承载力？

问题五： 按规范如何确定地基容许承载力？

关于问题一， 地基承载力是指地基在保证建筑物安全可靠，并符合正常使用的前提下，地基土在单位面积上所能承受荷载的能力，用荷载强度表示。

根据建筑物对地基的要求，在确定地基承载力时，必须考虑两方面要求：一是建筑物所能承受的变形能力，不致因沉降差异而使建筑物的变形超出容许值；二是保证地基有足够的稳定性，不致发生破坏。即同时满足地基的强度和变形要求，这样确定的地基承载力，称为地基容许承载力。地基容许承载力的大小决定于地基土的物理力学性质、地基土的分布、基础尺寸、基础埋置深度以及上部结构特征。正确确定该值，是地基基础设计的关键所在。

地基承载力的主要依据为土的强度理论。确定地基承载力主要有理论公式计算、现场原位试验和查规范、表格等方法。

对地基进行载荷试验时，可以得到荷载 p 与沉降 s 的关系曲线，如图 8-13 所示。地基在竖直荷载作用下，地基变形一般经历以下三个阶段：

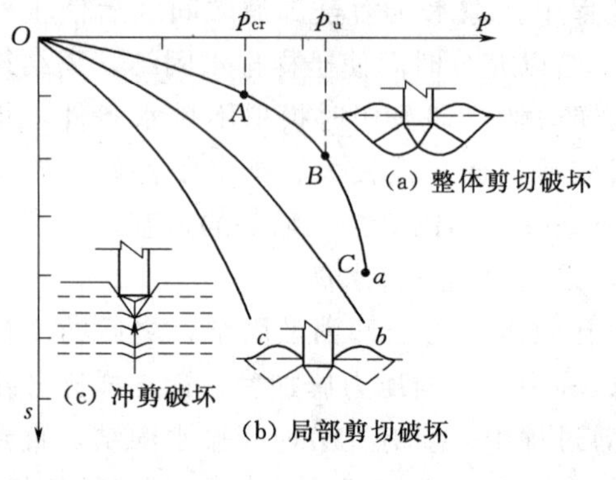

图 8-13　$p-s$ 关系曲线

(1) 线性变形阶段。当荷载较小时，基底压力 p 与沉降 s 接近直线，如图中的 OA 段。基础产生沉降的原因是地基土中孔隙体积减小，地基产生压缩变形。地基土中各点的剪应力小于土的抗剪强度，地基的变形主要是压密变形。

(2) 塑性变形阶段。当荷载继续增加到某一数值，$p-s$ 曲线不再呈直线关系，如图中 AB 段。地基中已有局部区域的剪应力达到了土的抗剪强度，从而出现了剪切变形，导致基础沉降有较大增加，这些区域称为塑性变形区，对应于 A 点的荷载称为临塑荷载，用 p_{cr} 表示。塑性变形区随荷载的继续增加逐渐向纵深发展，扩大成连续的滑动面，则地基濒临失稳破坏，故对应于 B 点的荷载称为极限荷载 p_u。

(3) 破坏阶段。随着荷载的继续增加，即达到 $p-s$ 曲线 B 点以后，剪切破坏区不断扩大形成一个连续的、通达地面的滑动面，基础急剧下沉向一侧倾斜，土从一侧或两侧挤出，基础四周地面隆起，地基发生整体剪切破坏，$p-s$ 曲线显著下降。

关于问题二， 地基受到外荷载作用时，首先在基础边缘产生应力集中，地基出现塑性变形，随着荷载加大，塑性变形区自基础边缘向基底中心及地基深处发展，最后造成地基失稳破坏。地基剪切破坏的主要模式有整体剪切破坏、局部剪切破坏、冲切剪切破坏（刺入剪切破坏）。

1. 整体剪切破坏

整体剪切破坏可明显地分为三个变形阶段，如图 8-13（a）所示。当荷载增加到某一数值时，在基础边缘的土体开始发生剪切破坏，随着荷载的不断增加，剪切破坏区不断扩大，从地基到地面有连续的整体滑动面，邻近基础的土体明显隆起，地基发生整体的滑动破坏，上部结构随基础发生突然倾斜，造成灾难性破坏。

对于压缩性较小的土，如密实砂土和坚硬的黏土，多发生整体剪切破坏；饱和软黏土地基，若加荷速率过快，土体内孔隙水压力增加过快，极易发生整体剪切破坏。

2. 局部剪切破坏

这是一种过渡性的破坏形式，介于整体剪切破坏和冲切剪切破坏之间，如图 8-13（b）所示。随着作用于基础上荷载的增加，破坏时地基中的塑性变形区仅局限于基础下方，紧靠基础土层会出现剪切滑动面，但滑动面不发展到地面，而是终止于地基中某一点。地面可能微有隆起。但基础不会明显倾斜或倒塌，曲线的转折点也不明显。

中等密实的砂土、软黏土常发生局部剪切破坏。

3. 冲切剪切破坏（刺入剪切破坏）

如图 8-13（c）所示。随着荷载的增加，基础下土层发生压缩变形，但地基中没有明显剪切破坏面，以垂直向下变形为主，邻近基础的土体无隆起现象；随着荷载的增加，基础沉降也加大，直到基础“切入”地基中，$p-s$ 曲线无明显拐点。

松散砂土、饱和软黏土地基所受的荷载小、加荷速率慢，地基多发生刺入剪切破坏。

关于问题三：

1. 地基的临塑荷载

临塑荷载是指地基刚开始出现剪切破坏（塑性变形）时基底单位面积上所承受的荷载。临塑荷载 p_{cr} 是地基第一、第二阶段分界点所对应的荷载，也就是地基即将产生塑性区所对应的基础底面的压强，临塑荷载可以作为地基允许承载力。

临塑荷载 p_{cr} 计算公式可根据土中应力计算的弹性理论和土体的极限平衡条件推导出来。设地表作用一均布条形荷载，如图 8-14（a）所示，在地表任意深度 M 点处产生的大、小主应力为

$$\left.\begin{matrix}\sigma_1\\\sigma_3\end{matrix}\right\}=\frac{p_0}{\pi}(\beta\pm\sin\beta) \tag{8-17}$$

式中　β——从 M 点到均布条形荷载两端点的夹角，rad。

实际上，由于建筑物基础有一定埋置深度 D，如图 8-14 所示，M 点上土的应力除了由附加压力 p_0（$p_0=p-\gamma D$）产生外，还有土的自重应力（$\gamma D+\gamma z$）。严格地说，M 点上土的自重应力在各向不等，因此上述两项在 M 点所产生的应力在数值上是不能叠加的。为了简化起见，假定土的自重应力在各向是相等的，故地基中任一点 M 处的 σ_1、σ_3 可写为

$$\left.\begin{matrix}\sigma_1\\\sigma_3\end{matrix}\right\}=\frac{p-\gamma_0 D}{\pi}(\beta\pm\sin\beta)+\gamma_0 D+\gamma z \tag{8-18}$$

根据 M 点达到极限平衡状态时，其最大、最小主应力必须满足极限平衡条件式，整理后得

$$z=\frac{p-\gamma_0 D}{\pi\gamma}\left(\frac{\sin\beta}{\sin\varphi}-\beta\right)-\frac{c}{\gamma\tan\varphi}-\frac{\gamma_0}{\gamma}D \tag{8-19}$$

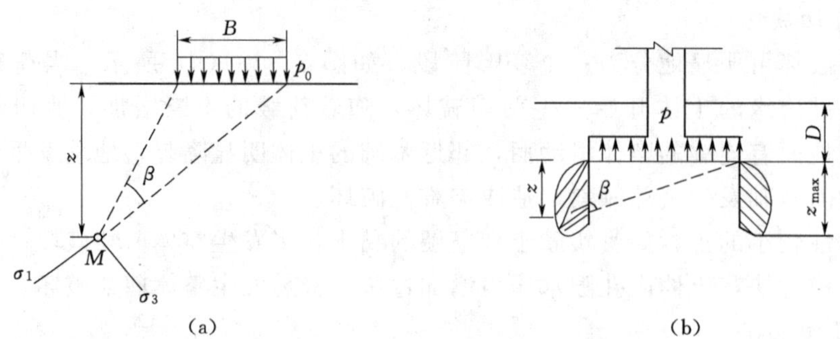

图 8-14　条形均布荷载作用下的地基主应力及塑性区

上式为塑性变形区的边界方程，它表示塑性区边界上任意一点的 z 与 β 之间的关系。如果基础的埋深 D、基底压力 p 以及土的 γ、c、φ 已知，则根据式（8-19）可绘出塑性区的边界线，如图 8-14（b）所示。采用弹性理论计算，基础两边点的主应力最大，因此塑性区首先从基础两点开始向深度发展。

塑性区发展的最大深度 z_{max} 可由 $\frac{dz}{d\beta}=0$ 的条件求得，即

$$z_{max}=\frac{p-\gamma D}{\pi\gamma}\left(\cot\varphi-\frac{\pi}{2}+\varphi\right)-\frac{c}{\gamma\tan\varphi}-\frac{\gamma_0}{\gamma}D \tag{8-20}$$

由式（8-20）可见，当基底压力 p 增大时，塑性区就发展，该区的最大深度也随之增大；地基中刚要出现塑性区时，可认为塑性区最大深度 $z_{max}=0$，相应的基底压力 p 即为临塑荷载 p_{cr}。将 $z_{max}=0$ 代入式（8-20），得临塑荷载公式

$$p_{cr}=\frac{\pi(c\cot\varphi+\gamma_0 D)}{\cot\varphi-\frac{\pi}{2}+\varphi}+\gamma_0 D \tag{8-21}$$

式中　D——基础埋置深度，m；

γ——地基土的容重，地下水位以下用浮容重，kN/m^3；

γ_0——基底以上土的加权平均容重，kN/m^3；

c——地基土的黏聚力，kPa；

φ——地基土的内摩擦角，在三角函数后用“°”表示，单独出现时以弧度表示，即乘以 $\frac{\pi}{180}$。

2. 地基临界荷载

工程实践证明，即使地基中存在塑性变形区，地基中塑性区有所发生，只要塑性区范围不超过某一限度，就不致影响建筑物的安全和正常使用。因此，如果用 p_{cr} 作为浅基础的地基承载力设计值，无疑是偏于保守且不经济的。地基中的塑性区究竟容许发展到多大范围，这与建筑物的重要性、荷载的性质和土的物理力学性质等因素有关。一般认为，在中心荷载作用下，塑性区的最大发展范围 z_{max} 可控制在基础底宽的 1/4，相应的荷载用 $p_{1/4}$ 表示；而对于偏心荷载作用下的基础，塑性区的最大发展范围 z_{max} 可控制在基础底宽的 1/3，相应的荷载用 $p_{1/3}$ 表示。取 $z_{max}=\frac{B}{4}$、$z_{max}=\frac{B}{3}$ 代入式（8-20）得

$$p_{1/4}=\frac{\pi\left(c\cot\varphi+\gamma_0 D+\frac{\gamma B}{4}\right)}{\cot\varphi-\frac{\pi}{2}+\varphi}+\gamma_0 D \tag{8-22}$$

$$p_{1/3}=\frac{\pi\left(c\cot\varphi+\gamma_0 D+\frac{\gamma B}{3}\right)}{\cot\varphi-\frac{\pi}{2}+\varphi}+\gamma_0 D \tag{8-23}$$

上述公式是在条形均布荷载作用下导出的，对于矩形和圆形基础，其结果偏于安全。此外，在公式的推导过程中采用了弹性力学的解答，对于已经出现塑性区的塑性变形阶段，其推导是不够严格的。但当塑性区不大时，由此引起的误差在工程上还是允许的。

【例 8-2】 某条形基础 $B=5$m，基底埋深 $D=1.2$m，地基为均质土，基土的容重 $\gamma=18$kN/m^3，$\varphi=22°$，$c=15$kPa。求地基承受中心荷载时的临塑荷载 p_{cr} 和临界荷载 $p_{1/4}$。

【解】 由式（8-21）可求得临塑荷载 p_{cr} 为

$$p_{cr}=\frac{\pi(c\cot\varphi+\gamma_0 D)}{\cot\varphi-\frac{\pi}{2}+\varphi}+\gamma_0 D=\frac{\pi(15\times\cot 22°+18\times 1.2)}{\cot 22°-\frac{\pi}{2}+22°\times\frac{\pi}{180°}}+18\times 1.2$$

$$=164.8(\text{kPa})$$

由式（8-22）可求得 $p_{1/4}$ 为

$$p_{1/4}=\frac{\pi\left(c\cot\varphi+\gamma_0 D+\frac{\gamma B}{4}\right)}{\cot\varphi-\frac{\pi}{2}+\varphi}+\gamma_0 D=\frac{\pi\left(15\times\cot 22°+18\times 1.2+18\times\frac{5}{4}\right)}{\cot 22°-\frac{\pi}{2}+22°\times\frac{\pi}{180°}}+18\times 1.2$$

$$=219.7(\text{kPa})$$

3. 极限荷载

地基的极限承载力 p_u 是地基濒临破坏时，作用在基底上的荷载，是地基变形第二阶段与第三阶段的分界点所对应的荷载，是地基达到完全剪切破坏时的最小压力。极限荷载除以安全系数，可作为地基的容许承载力。

地基的极限承载力 p_u 求解方法一般有两种：一是根据土的极限平衡条件理论和已知边界条件，计算出土中各点达到极限平衡时的应力及滑动方向，求得基底极限承载力；二是通过基础模型试验，研究地基的滑动面形状并进行简化，根据滑动土体的静力平衡条件求得极限承载力。由于推导时的假定条件不同，所得极限承载力的公式也就不同。太沙基极限荷载公式是属于假定滑动面，求极限荷载的方法，主要适用于均质地基上基底粗糙的条形基础。下面主要介绍汉森公式。汉森公式是个半经验公式，提出了在中心倾斜荷载作用下，不同形状及不同埋置深度的极限荷载计算公式，由于适用范围广，对水利工程有实用意义，已被广泛应用。

对于均质地基基础底面完全光滑，在中心倾斜荷载作用下，汉森建议按下式计算竖向地基极限承载力：

$$p_u=\frac{1}{2}\gamma B N_r S_r d_r i_r g_r b_r+\gamma D N_q S_q d_q i_q g_q b_q+c N_c S_c d_c i_c g_c b_c \tag{8-24}$$

式中 S_r、S_q、S_c——基础的形状系数；

$$\begin{cases} S_r=1-0.4\dfrac{B}{L}i_r\geqslant 0.6 \\ S_q=1+\dfrac{B}{L}i_q\sin\varphi \\ S_c=1+0.2\dfrac{B}{L}i_c \end{cases} \quad 或 \begin{cases} S_r=1+\dfrac{N_qB}{N_cL} \\ S_q=1+\dfrac{B}{L}\tan\varphi \\ S_r=1-0.4\dfrac{B}{L} \end{cases}$$

对于条形基础，$S_r=S_q=S_c=1$；

i_r、i_q、i_c——荷载倾斜系数；

$$i_r=\left(1-\frac{0.7p_h}{p+cA\cot\varphi}\right)^5>0$$

$$i_q=\left(1-\frac{0.5p_h}{p+cA\cot\varphi}\right)^5>0$$

$$i_c=i_q-\frac{1-i_q}{N_q-1}$$

当基础中心受压时，$i_c=i_q=i_r=1$；

d_r、d_q、d_c——基础深度修正系数；

$$d_r=1$$

$$d_q=\begin{cases} 1+2\tan\varphi\ (1-\sin\varphi)^2\dfrac{D}{B}\ (D\leqslant B) \\ 1+2\tan\varphi\ (1-\sin\varphi)^2\arctan\dfrac{D}{B}\ (D>B) \end{cases}$$

$$d_c=\begin{cases} 1+0.35\dfrac{D}{B}\ (D\leqslant B) \\ 1+0.4\arctan\dfrac{D}{B}\ (D>B) \end{cases}$$

g_r、g_q、g_c——地面倾斜系数，β地面与水平面的倾角；

$$g_r=g_q=\ (1-0.5\tan\beta)^5$$

$$g_c=1-\frac{\beta}{147°}$$

b_r、b_q、b_c——基底倾斜系数，η为基底与水平面的倾角，为正值，且$\eta+\beta\leqslant 90°$，则可按下式计算：

$$b_r=\exp(-2.7\eta\tan\varphi)$$

$$b_q=\exp(-2\eta\tan\varphi)$$

$$b_c=1-\frac{\eta}{147°}$$

N_r、N_q、N_c——地基承载力系数，可按下式计算，或根据地基内摩擦角查表8-1确定：

$$N_q=\tan^2\left(45°+\frac{\varphi}{2}\right)2^{\pi\tan\varphi}$$

$$N_c=(N_q-1)c\tan\varphi$$

$$N_r=1.8(N_q-1)\tan\varphi$$

表 8－1　　承载力 N_r、N_c、N_q

φ/(°)	N_r	N_c	N_q	φ/(°)	N_r	N_c	N_q
0	0	5.14	1.00	24	6.90	19.33	9.61
2	0.01	5.69	1.20	26	9.53	22.25	11.83
4	0.05	6.17	1.43	28	13.13	25.80	14.71
6	0.14	6.82	1.72	30	18.09	30.15	18.40
8	0.27	7.52	2.06	32	24.95	35.50	23.18
10	0.47	8.35	2.47	34	34.54	42.18	29.45
12	0.76	9.29	2.97	36	48.08	50.61	37.77
14	1.16	10.37	3.58	38	67.43	61.36	48.92
16	1.72	11.62	4.33	40	95.51	75.36	64.23
18	2.49	13.09	5.25	42	136.72	93.69	85.36
20	3.54	14.83	6.40	44	198.77	118.41	115.35
22	4.96	16.89	7.82	45	240.95	133.86	134.86

当基底受到偏心荷载作用时，先将其换成有效的基底面积，然后按中心荷载情况下的极限承载力公式进行计算。

若是条形基础，其荷载的偏心距为 e，则用有效宽度 $B'=B-2e$ 来代替原来的宽度 B。

若是矩形基础，并且在两个方面均有偏心，则用有效面积 $A'=B'\times L'$ 来代替原来的面积 A。其中 $B'=B-2e_B$，$L'=L-2e_L$。

对于成层土所组成的地基，当各土层的强度相差不大时，汉森建议按下式近似确定持力层的深度：

$$z_{max}=\lambda B \tag{8-25}$$

式中　λ——系数，根据土层平均内摩擦角和荷载的倾角 β 查表 8－2；

B——基础的原宽度。

表 8－2　　λ 系 数 表

$\tan\beta$ \ φ/(°)	≤20	21～35	36～45
≤0.20	0.60	1.20	2.00
0.21～0.30	0.40	0.90	1.60
0.31～0.40	0.20	0.60	1.20

关于问题四，常规的勘探方法是由钻探取样，在试验室测定土的物理力学指标。这样，土样在钻取、包装、运送、拆封及试验过程中很难保持原有的天然结构。为了使勘探工作提供更确切的数据，原位测试方法显得很重要。

原位试验可直接或间接在现场测定土的性质指标。对于饱和的粉土、砂类土等取样困难的土层及高灵敏度的软黏土，在取样到试验过程中，不可避免地使其结构受到扰动，室内土工试验结果常不能令人满意，而原位试验却能弥补此不足。

目前常用估算地基承载力的原位试验方法主要有载荷试验、标准贯入试验和静力触探试验。

1. 载荷试验

载荷试验是在通过一定面积的载荷板（亦称承压板）上向地基土逐级施加荷载，测读相应的沉降量，最后绘出荷载 p 与稳定沉降量 s 的关系曲线，常称 $p-s$ 曲线，如图 8-13 所示。它能反映载荷板下 1～2 倍载荷板宽度或直径范围内地基土的强度、变形的综合性状。

按载荷试验 $p-s$ 曲线确定地基土承载力基本值 f_0 的方法如下：

(1) 分析 $p-s$ 曲线，该曲线常有三段线段，即直线段、过渡的曲线段和直线段，曲线上有明显特征点 A、B 和它们所对应的荷载 p_{cr}、p_u，取 A 点所对应的荷载值 p_{cr}。

(2) 当极限荷载 p_u 能确定，且 $p_u<1.5p_{cr}$时，取 p_u 的一半。

(3) 若 $p-s$ 曲线拐点不明显，对低压缩性土和砂土，可取 $s=(0.01\sim0.015)B$ 所对应的荷载值；对于中、高压缩性的土和砂土，可取 $s=0.02B$ 所对应的荷载值（B 为承压板边长或直径，s 为承压板沉降量）。

确定地基承载力标准值的方法：每层土的试验数不少于 3 个，且基本值的极差不超过平均值的 30%，取此平均值作为地基承载力的标准值 f_k。

地基承载力设计值的确定：地基承载力的标准值经过基础的宽度和深度的修正后就得到地基承载力的设计值，与 $1.1f_k$ 比较，取大值作为地基承载力的设计值。

应该指出：载荷板的面积总是小于基础面积，试验的历时又远比地基对基础的作用历时短，而且试验影响的深度有限，用载荷试验成果确定地基承载力的方法有一定的偏差。所以，对于地基土层较复杂、基础尺寸大的水工建筑物，不宜用小尺寸的荷载试验确定地基承载力。

2. 标准贯入试验

标准贯入试验简称标贯试验，标准贯入试验设备是工程钻机的附属设备，应和钻机相配合。标准贯入设备由标准贯入器、落锤、三脚架和钻杆等辅助设备组成。圆锥动力触探根据锤击能量的大小可分轻型、重型、超重型三类。

重型动力触探试验时，当钻至试验土层时，将标准贯入器放置于地面以下预定的深度处，然后将 63.5kg 的重锤从 76cm 高度自由落下锤击贯入器，根据打入的难易程度，得到每贯入土中 10cm 时所需的锤击数，来判定土的工程性质，其值常用 $N_{63.5}$ 表示。

根据试验测得的标准贯入击数 $N_{63.5}$，用下列方法评价地基的承载力。

(1) 梅耶霍夫公式。

$$f=\frac{N_{63.5}}{12}\left(1+\frac{D}{B}\right) \tag{8-26}$$

(2) 太沙基和皮克（R. Peek）公式。太沙基和皮克在控制建筑物总沉降不超过 25mm 的前提下，建议根据标准贯入击数，用下列公式求地基的容许承载力。

$$\left.\begin{aligned} B\leqslant1.3\text{m 时}, \quad & f=\frac{N_{63.5}}{8} \\ B>1.3\text{m 时}, \quad & f=\frac{N_{63.5}}{12}\left(1+\frac{0.3}{B}\right) \end{aligned}\right\} \tag{8-27}$$

式中　B——基础宽度。

显然，因为对沉降量控制很严格，用上式计算出来的结果过于安全。

3. 静力触探试验

静力触探试验是利用机械或液压装置，将装有金属触探头的触杆按一定的速率压入土中，触探头内装有电阻应变片，在探头压土的过程中，电阻应变片发生变形，通过电测装置，可以间接测出土层对探头的贯入阻力，了解土层原始状态的物理力学性质。显然，土越密实，贯入阻力越大，利用贯入阻力大小可建立与地基承载力之间的相关关系，借此估计地基承载力和变形模量。

静力触探试验时，测得探头贯入土中时所受的阻力 p_s，用下列公式确定地基承载力的设计值。

(1) 梅耶霍夫公式。

$$f=\frac{Bp_s}{36}\left(1+\frac{D}{B}\right) \tag{8-28}$$

式中　p_s——静力触探试验的贯入阻力，kPa；

B——基础宽度，m；

D——基础埋深，m。

(2) 国内建议公式。

$$f_k=58\sqrt{p_s}-46 \tag{8-29}$$

标准值 f_k 修正后，即得到承载力的设计值。

静力触探试验一般适用于软黏土、一般黏性土、砂土和黄土等，但不适用于含碎石、砾石的土层和致密的砂土层，最大贯入深度为 30m。

还应指出：静力触探试验成果有较强的地区性，用以评价地基容许承载力时，应考虑当地经验取用。

关于问题五，根据地基土的物理力学指标或原位测试试验的结果，按 GB 50007—2011《建筑地基基础设计规范》确定地基承载力。该规范是在大量的现场载荷实验和某些土工实验资料的基础上，结合工程实践经验，进行统计、分析、对比，对各类土分别制定了一套便于查用的表格。应用这些表格，确定地基承载力比较简便，一般工程的设计中广泛采用。经过查表及修正后的承载力标准值 f_{ak} 是指基础宽度 $B\leqslant3$m，埋置深度 $D\leqslant0.5$m 时的承载力。当基础宽度大于 3m 或者埋置深度大于 0.5m 时，从荷载试验或其他原位测试、经验值等方法确定的地基承载力特征值，应按下式修正：

$$f_a=f_{ak}+\eta_B\gamma(B-3)+\eta_D\gamma_m(D-0.5) \tag{8-30}$$

式中　f_a——地基承载力设计值，修正后的地基承载力特征值，kPa；

f_{ak}——地基承载力特征值，由理论公式计算，原位测试，并结合工程实践经验等方法综合确定，kPa；

γ——基底以下土的天然容重，地下水位以下用浮容重，kN/m^3；

γ_m——基底以上埋深范围内土的加权平均容重，地下水位以下取浮容重，kN/m^3；

B——基础宽度，当 $B<3$m 时，取 $D=3$m；当 $B>6$m 时，取 $D=6$m；

D——基础埋置深度，$D<1.5$m 时，按 1.5m 计算，m；

η_B、η_D——相应于基础宽度和埋置深度的承载力修正系数，按表 8-3 查用。

表 8-3　　承载力修正系数

土的类别		η_B	η_D
淤泥和淤泥质土		0	1.0
人工填土、e 或 $I_L \geqslant 0.85$ 的黏性土		0	1.0
红黏土	含水比 $a_w > 0.8$	0	1.2
	含水比 $a_w \leqslant 0.8$	0.15	1.4
大面积压实填土	压实系数大于 0.95、黏粒含量 $\rho_c \geqslant 10\%$ 的粉土	0	1.5
	最大干密度大于 2.1t/m^3 的级配砂石	0	2.0
粉土	黏粒含量 $\rho_c \geqslant 10\%$ 的粉土	0.3	1.5
	黏粒含量 $\rho_c < 10\%$ 的粉土	0.5	2.0
e 及 I_L 均小于 0.85 的黏性土		0.3	1.6
粉砂、细砂（不包括很湿与饱和时的稍密状态）		2.0	3.0
中砂、粗砂、砾砂和碎石土		3.0	4.4

注　强风化和全风化的岩石，可参照所风化形成的相应土类取值，其他状态下的岩石不修正。

可以认为，承载力的设计值就是地基容许承载力的初值。按 f 设计基础，经过地基变形验算后若满足要求，它就是地基的容许承载力。

【例 8-3】　某基础宽度 $B=6$m，埋深 $D=3$m，基础底面以上为亚黏土，平均容重为 $\gamma=18$kN/m^3，$f_{ak}=80$kPa；基础底面下为淤泥质土，天然含水量 $\omega=45\%$，$\gamma_0=10$kN/m^3，试按规范确定地基设计承载力 f。

【解】　由于基础宽度 $B=6$m>3m，基础埋深 $D=3$m>1.5m，故应对承载力标准值进行修正，查表 8-3 得 $\eta_B=0$，$\eta_D=1$，则

$$f=f_{ak}+\eta_B\gamma(B-3)+\eta_D\gamma_m(D-0.5)=80+0+1\times18\times(3-0.5)=125(\text{kPa})$$

思　考　题

1. 莫尔-库仑强度理论的内容是什么？
2. 土的抗剪强度指标是什么？请分析影响土的抗剪强度的因素。
3. 三轴剪切试验的优点是什么？该法如何求得抗剪强度指标？
4. 简述直接剪切试验的工作原理，并分析其优缺点。
5. 请简析常见工程中如何确定土的抗剪强度指标。
6. 在竖直荷载作用下，地基变形一般经过哪三个阶段？各阶段有何特点？
7. 地基破坏模式有哪几种？各有何特点？
8. 什么是地基承载力？临塑荷载、临界荷载和极限荷载分别是什么？

9. 确定地基承载力的方法有哪些？

10. 按规范确定地基容许承载力时，在什么情况下需要进行修正？

习　　题

1. 已知土中某点最大主应力和最小主应力分别为300kPa和100kPa，内摩擦角φ为30°，黏聚力为10kPa，要求：(1) 最大剪应力值；(2) 作用在与最大主应力面成30°的面上正应力、剪应力、抗剪强度，并判断该处是否发生剪切破坏。

2. 已知某砂做直剪试验，法向压力为200kPa，测得破坏的抗剪强度为150kPa，问该砂的内摩擦角是多少？

3. 已知某黏土做直剪试验，法向压力与测得破坏的抗剪强度见表8-4，问该土的内摩擦角与黏聚力分别是多少？

表8-4　　　　习题3测试结果

序号	法向压力/kPa	抗剪强度/kPa
1	200	150
2	150	115

4. 同上题已知条件，地基土内摩擦角改为20°。要求无地下水情况，用极限荷载确定其地基承载力。

5. 某条形基础宽度B=1.5m，基底埋深D=2m，地基土的容重γ=19kN/m^3，饱和容重γ_{sat}=21 kN/m^3，φ=20°，c=20kPa，地下水埋深为1.5m。求地基承受中心荷载时的临塑荷载p_{cr}和临界荷载$p_{1/4}$。

6. 地基为均匀中砂，容重γ=16.7kN/m^3，条形基础宽度B=2m，埋深D=1.2m，基底下滑裂面范围内土的平均标准贯入击数$N_{63.5}$=20，静力触探试验的贯入阻力P_s=3500kPa，试估算地基土的容许承载力。

7. 土中某点最大主应力为450kPa，最小主应力为140kPa，土的内摩擦角为26°，黏聚力为20kPa，试判断该点处于(　　)。

A. 稳定状态　　B. 极限平衡状态　　C. 破坏状态

8. 饱和软黏土的不排水抗剪强度等于其无侧限抗压强度的(　　)倍。

A. 2　　B. 1　　C. 0.5

9. 十字板剪切试验常用于测定(　　)的原位不排水抗剪强度。

A. 砂土　　B. 粉土　　C. 饱和软黏土

10. 当施工周期较长、地基土的透水性较好，土的抗剪强度宜选择三轴剪切试验的(　　)。

A. 不固结不排水剪　　B. 固结排水剪　　C. 固结不排水剪

11. 当施工周期长、建筑物使用时加荷较快时，土的抗剪强度宜选择直接剪切试验的(　　)。

A. 直接快剪　　B. 固结快剪　　C. 不固结不排水剪

12. 当分析透水性较好、施工速度较慢的建筑地基稳定性时，抗剪强度指标可选择直剪试验中的（　　）。

A. 快剪　　B. 固结快剪　　C. 慢剪

13. 当分析正常固结土层在使用期间大量快速增载建筑物地基的稳定问题时，为获得其抗剪强度指标，可选择三轴剪切试验中的（　　）。

A. 快剪　　B. 固结排水剪　　C. 固结不排水剪

项目九　土压力与土坡稳定

项目描述：本项目通过完成五个学习任务：挡土墙与土压力、朗肯土压力、库仑土压力、挡土墙设计、土坡稳定分析，讲述土压力与土坡稳定。

项目目标：理解土压力计算方法，掌握朗肯土压力理论计算土压力的方法；理解库仑土压力理论计算土压力的方法；了解挡土墙类型，掌握重力式挡土墙的稳定验算；掌握无黏性土坡的稳定分析，了解黏性土坡的稳定分析方法。

项目学习的重点：土压力基本概念，土压力理论，土坡的稳定分析。

项目学习的难点：土压力。

任务一　挡土墙与土压力

任务描述：围绕完成挡土墙与土压力这个任务，通过推理，解决五个问题，使学生明晰土压力的基本概念和分类及静止土压力的计算。

课前设问：

问题一：什么是挡土结构物？

问题二：土压力有哪些类型？

问题三：影响土压力的因素有哪些？

问题四：静止土压力如何计算？

问题五：静止土压力系数如何确定？

解答：

关于问题一，在水利水电、铁路和公路桥梁及工民建等工程建设中，常采用挡土墙来支撑土坡或挡土以免滑塌。例如，支挡建筑物周围填土的挡土墙，房屋地下室的侧墙，桥台，水闸边墙等，如图 9-1 所示。这些结构物都会受到土压力的作用，土体作用在挡土墙上的压力称为土压力。作用于挡土墙背上的土压力是设计挡土墙要考虑的主要荷载。

挡土墙按结构形式可分为重力式、悬壁式、扶壁式、锚杆式和加筋土式等，可用块石、条石、砖、混凝土与钢筋混凝土等材料建筑。

关于问题二，试验表明，土压力的大小主要与挡土墙的位移、挡土墙的形状、墙后填土的性质以及填土的刚度等因素有关，但起决定因素的是墙的位移。根据墙身位移的情况，作用在墙背上的土压力可分为静止土压力、主动土压力和被动土压力三种。

1. 静止土压力

当挡土墙静止不动（不能移动也不转动）时，土体作用在挡土墙的压力称为静止土压力，以 E_0 表示，如图 9-2（a）所示。例如，地下室外墙在楼面和内隔墙的支撑作用下几乎无位移发生，作用在外墙面上的土压力即为静止土压力。

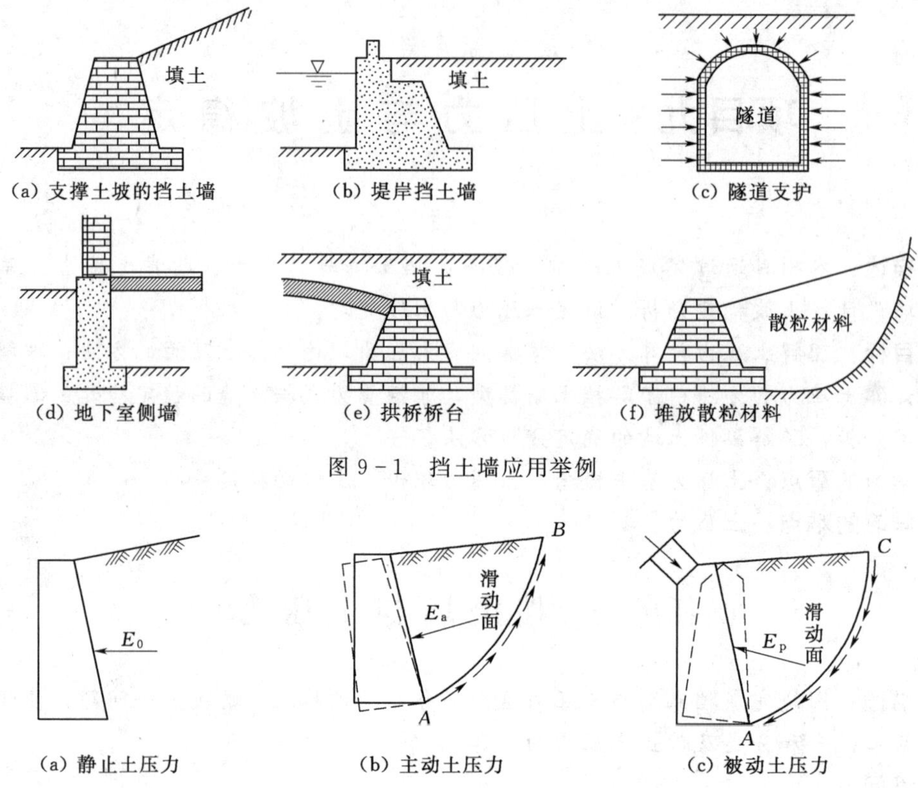

(a) 支撑土坡的挡土墙 (b) 堤岸挡土墙 (c) 隧道支护
(d) 地下室侧墙 (e) 拱桥桥台 (f) 堆放散粒材料

图 9-1 挡土墙应用举例

(a) 静止土压力 (b) 主动土压力 (c) 被动土压力

图 9-2 挡土墙上的三种土压力

2. 主动土压力

挡土墙向着背离填土的方向发生移动或转动，随着墙的位移量的逐渐增大，土体作用于墙上的土压力逐渐减小，当墙后土体达到极限平衡状态并出现滑动面时，这时作用于墙上的土压力减至最小，称为主动土压力，以 E_a表示，如图 9-2（b）所示。

3. 被动土压力

挡土墙在外力作用下移向填土，随着墙位移量的逐渐增大，土体作用于墙上的土压力逐渐增大，当墙后土体达到被动极限平衡状态并出现滑动面时，这时作用于墙上的土力增至最大，称为被动土压力，以 E_p表示，如图 9-2（c）所示。

关于问题三，试验研究表明，影响土压力大小的因素主要有以下几个方面。

1. 挡土墙的位移

挡土墙的位移（或转动）方向和位移量的大小是影响土压力性质和土压力大小的最主要因素。当其他条件完全相同，仅仅挡土墙的移动方向相反，土压力的数值相差可达 20 倍左右。

2. 挡土墙的形状

挡土墙的剖面形状、墙背的坡度以及墙背的光滑程度等，都关系到采用何种土压力计算公式以及土压力计算的结果。

3. 填土性质

填土的松密程度（重度）、干湿程度（含水量）、土的强度指标（内摩擦角和黏聚力），

以及填土的表面形状（坡度）等，都影响土压力的大小。

4. 挡土墙的材料

若挡土墙的材料采用素混凝土或钢筋混凝土，可以认为墙体表面光滑，不计摩擦力。若采用砌石挡土墙，就必须计算摩擦力，因而土压力的大小和方向都不相同。

关于问题四，断面很大的挡土墙，如果修筑在坚硬的地基上，墙体不产生转动和位移，地基也不产生沉降，挡土墙背面的土体处于弹性平衡状态，此时作用在墙背上的土压力为静止土压力 E_0。

由于墙体静止不动，土体无侧向位移，因此可以按照水平向自重应力的计算公式来确定土压力大小。若墙后填土为均质，则单位面积上的静止土压力为

$$e_0=K_0\gamma z \tag{9-1}$$

式中 e_0——静止土压力，kPa；

K_0——静止土压力系数；

γ——填土的重度，kN/m³；

z——土压力计算点的深度，m。

由上式可知，静止土压力的大小沿深度呈线性变化趋势，其分布规律如图 9-3（a）所示，作用在单位长度挡土墙上的土压力合力大小为

$$E_0=\frac{1}{2}K_0\gamma H^2 \tag{9-2}$$

式中 H——挡土墙的高度，m；

其余符号意义同前。

合力的作用点位于离墙角 $H/3$ 处，如图 9-3（b）所示。

若墙后填土中有地下水，则计算静止土压力时，水下土的重度应取浮重度（有效重度）。相应静止土压力合力的大小即等于压力分布图形的面积，其表达式为

$$E_0=\frac{1}{2}K_0\gamma H_1^2+K_0\gamma H_1 H_2+\frac{1}{2}K_0\gamma' H_2^2 \tag{9-3}$$

其中，合力作用点位于图形的形心处。

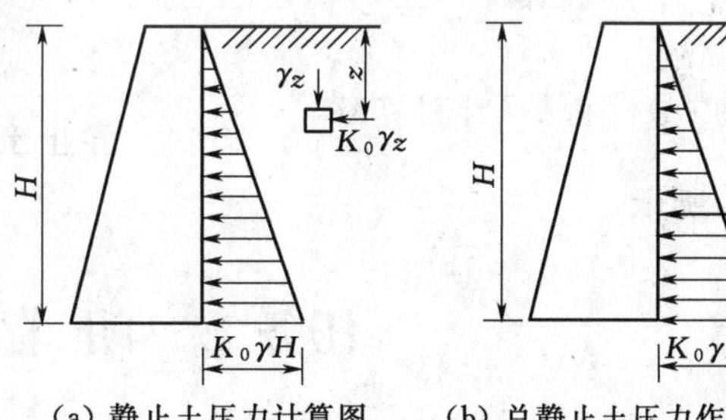

（a）静止土压力计算图　（b）总静止土压力作用点位置

图 9-3 静止土压力计算

此外，还应考虑水压力的作用，作用在墙背上的总水压力为

$$P_w=\frac{1}{2}\gamma_w H_w^2 \tag{9-4}$$

其中，水压力作用点位于距离墙底 $H/3$ 处。

关于问题五，静止侧压力系数 K_0 可以通过室内的或原位的静止侧压力试验测定。其物理意义：在不允许有侧向变形的情况下，土样受到轴向压力增量 $\Delta\sigma_1$ 将会引起侧向压力的相应增量 $\Delta\sigma_3$，则比值 $\Delta\sigma_3/\Delta\sigma_1$ 称为土的侧压力系数或静止土压力系数 K_0。其确定方法如下。

1. 按照经典弹性力学理论计算

计算公式为

$$K_0=\frac{\Delta\sigma_3}{\Delta\sigma_1}=\frac{\nu}{1-\nu} \tag{9-5}$$

式中　ν——墙后填土的泊松比。

2. 半经验公式

对于无黏性土及正常固结黏土，可近似按下列公式计算：

$$K_0=1-\sin\varphi' \tag{9-6}$$

式中　φ'——填土的有效摩擦角。

经验取值，砂土：$K_0=0.34\sim0.45$；黏性土：$K_0=0.5\sim0.7$。

【例 9-1】 已知某建于基岩上的挡土墙，墙高 $H=6$m，墙后填土为中砂，重度 $\gamma=17\text{kN/m}^3$，内摩擦角 $\varphi=30°$。计算作用在此挡土墙上的静止土压力，并画出静止土压力沿墙背的分布及其合力的作用点位置。

【解】 因挡土墙建于基岩上，故按静止土压力公式计算。

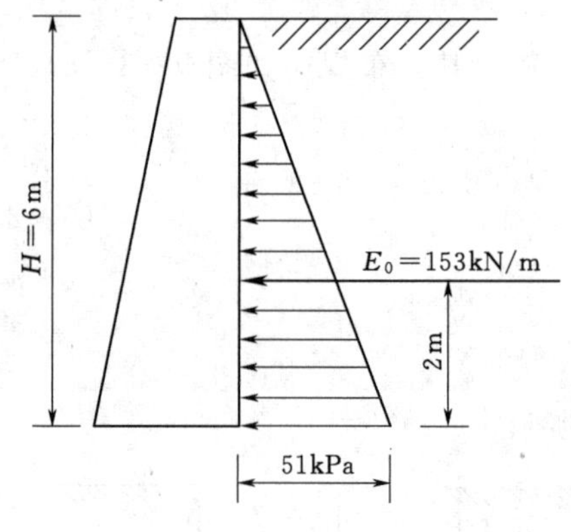

图 9-4 ［例 9-1］计算图

（1）静止土压力系数为

$$K_0=1-\sin\varphi=1-\sin30°=0.5$$

（2）墙底静止土压力分布值为

$$e_0=K_0\gamma H=0.5\times17\times6=51(\text{kPa})$$

（3）静止土压力合力为

$$E_0=\frac{1}{2}\gamma H^2K_0=\frac{1}{2}\times17\times6^2\times0.5=153(\text{kN/m})$$

（4）静止土压力合力作用点

$$h=\frac{H}{3}=\frac{6}{3}=2(\text{m})$$

静止土压力沿墙背的分布及其合力的作用点位置如图 9-4 所示。

任务二　朗 肯 土 压 力

任务描述： 围绕完成朗肯土压力这个任务，通过推理，解决四个问题，使学生明晰朗肯土压力理论及计算土压力的方法。

课前设问：

问题一： 土压力计算的基本原理是什么？

问题二： 朗肯主动土压力如何计算？

问题三： 朗肯被动土压力如何计算？

问题四： 常见情况的土压力如何计算？

解答：

关于问题一， 1857 年，朗肯研究了半无限土体在自重应力作用下，土体内各点从弹性平衡状态发展为极限平衡状态的应力条件，推导出挡土墙土压力的计算公式，即著名的朗肯

土压力理论。

朗肯土压力理论的假设条件如下：

(1) 挡土墙的墙背垂直、光滑。

(2) 挡土墙墙后填土表面水平。

(3) 土体在水平与垂直方向上为均质半无限体，处于极限平衡状态。

关于问题二：

1. 理论研究

在表面水平的半无限空间弹性土体内，每一个竖直面都是对称面，因此竖直和水平截面上的剪应力都等于零，则相应截面上的法向应力都是主应力。如图 9-5 (a) 所示，当挡土墙背离土体向左逐渐平移时，墙后土体中任意深度 z 处单元体的应力状态将随之变化。此时，单元体的竖直法向应力是大主应力，且保持不变，即有 $\sigma_1=\sigma_z=\gamma z$；而水平法向应力是小主应力，即 $\sigma_3=\sigma_x$，且逐渐减小。

当水平法向应力减小到使墙后土体达到极限平衡状态（莫尔应力圆与强度包线相切）时，小主应力即为朗肯土压力理论的主动土压力，即有 $e_a=\sigma_3=\sigma_x$，如图 9-5 (b) 所示。

根据土力学的强度理论，剪切破坏面与大主应力作用面的夹角是$45°+\varphi/2$。因此墙后土体达到极限平衡状态时，剪切破坏面与水平面夹角为$45°+\varphi/2$，如图 9-5 (c) 所示。

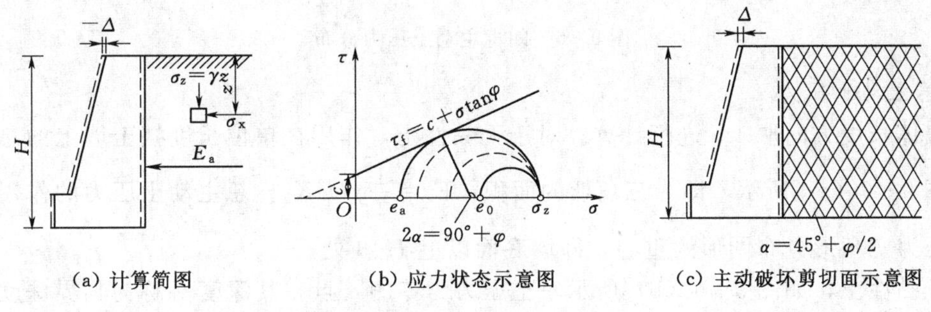

(a) 计算简图　(b) 应力状态示意图　(c) 主动破坏剪切面示意图

图 9-5　朗肯主动土压力计算

2. 计算公式

黏性土的主动土压力强度计算公式为

$$e_a=\gamma z K_a-2c\sqrt{K_a} \tag{9-7}$$

对于无黏性土，因为土的黏聚力 $c=0$，则有

$$e_a=\gamma z K_a \tag{9-8}$$

式中　e_a——主动土压力强度，kPa；

K_a——主动土压力系数，$K_a=\tan^2(45°-\varphi/2)$；

γ——墙后填土的重度，地下水位以下用有效重度，kN/m^3；

c——墙后填土的黏聚力，kPa；

φ——填土内摩擦角，(°)；

z——计算点深度，m。

3. 主动土压力分布

对于无黏性土，墙顶部主动土压力等于 0，墙底部 $z=H$ 处，$e_a=\gamma H K_a$。主动土压力沿墙高呈三角形分布，如图 9-6（a）所示。

对于黏性土，主动土压力由两部分组成。第一部分由土的自重产生，大小与深度 z 成正比，沿墙高呈三角形分布，计算与无黏性土相同。第二部分由黏性土的黏聚力 c 产生，与深度 z 无关，是一个常数 $-2c\sqrt{K_a}$。这两部分土压力叠加后，如图 9-6（b）所示，墙顶部土压力三角形 aed 对墙顶部的作用力为负值，即拉力。但墙与土并非整体，实际结果是墙与土分离，墙顶部 ae 段土压力作用为零。因此，黏性土的主动土压力分布只有三角形 abc 部分，墙底 $z=H$ 处，$e_a=\gamma HK_a-2c\sqrt{K_a}$。

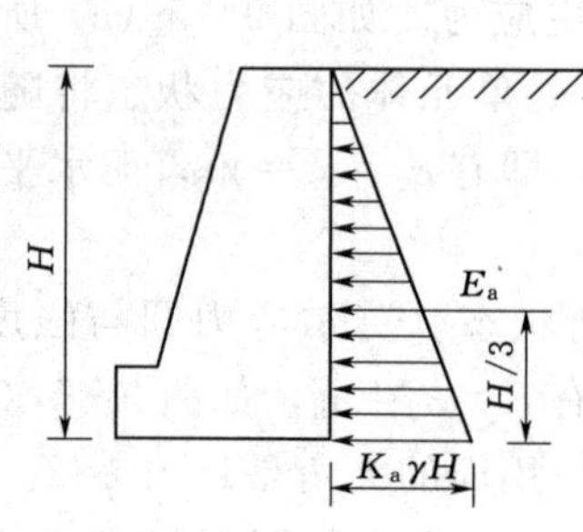

(a) 无黏性土朗肯主动土压力

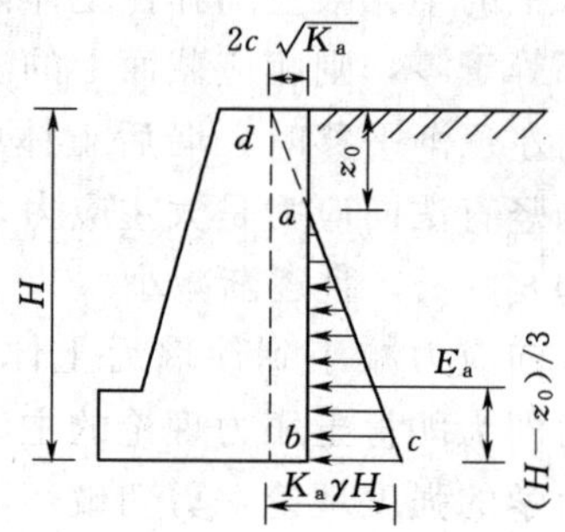

(b) 黏性土朗肯主动土压力

图 9-6 朗肯主动土压力分布

4. 总主动土压力

沿墙体长度方向取 1m 进行计算。对于无黏性土，作用在单位长度挡土墙上的总主动土压力如图 9-6（a）所示，即为三角形的面积：$E_a=\frac{1}{2}\gamma H^2K_a$。总主动土压力的作用点位于主动土压力三角形分布图形的重心，即墙底面以上 $H/3$ 处。

对于黏性土，如图 9-6（b）所示，土压力为零的 a 点，其深度 z_0 称为临界深度，此处 $e_a=0$，则有

$$z_0=\frac{2c}{\gamma\sqrt{K_a}} \tag{9-9}$$

作用在单位长度挡土墙上的总主动土压力就等于分布图上三角形 abc 的面积，即

$$E_a=\frac{1}{2}(\gamma HK_a-2c\sqrt{K_a})(H-z_0)=\frac{1}{2}\gamma H^2K_a-2cH\sqrt{K_a}+\frac{2c^2}{\gamma} \tag{9-10}$$

总主动土压力的作用点位于主动土压力三角形分布图形的重心，即墙底面以上 $(H-z_0)/3$ 处，如图 9-6（b）所示。

关于问题三：

1. 理论研究

当挡土墙在推力的作用下从水平方向均匀地压缩墙后土体，则土体中深度 z 处的应力状态将随之产生变化。如图 9-7（a）所示，竖直法向应力 $\sigma_z=\gamma z$ 保持不变，而水平法向应力 $\sigma_x=K_0\gamma z$ 将不断增大并最终超过 σ_z。当水平法向应力增大到使墙后土体达到极限平衡状态（莫尔应力圆与强度包线相切）时，水平法向应力即为朗肯土压力理论的被动土压力，即有 $e_p=\sigma_1=\sigma_x$，如图 9-7（b）所示。

根据土力学的强度理论，剪切破坏面与大主应力作用面的夹角是$45°+\varphi/2$。墙后土体达到极限平衡状态时，大主应力为水平应力 σ_x，其作用面是竖直面，故剪切破坏面与竖直面的夹角为$45°+\varphi/2$（与水平面的夹角$45°-\varphi/2$），如图 9-7（c）所示。

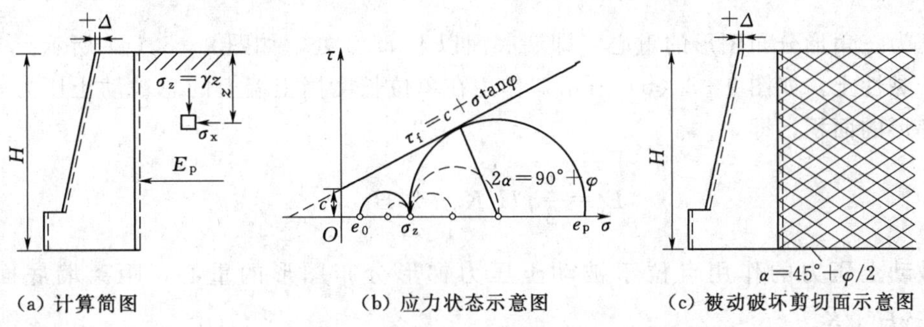

(a) 计算简图　　(b) 应力状态示意图　　(c) 被动破坏剪切面示意图

图 9-7　朗肯被动土压力计算

2. 计算公式

黏性土的被动土压力强度计算公式为

$$e_p=\gamma zK_p+2c\sqrt{K_p} \tag{9-11}$$

对于无黏性土，因为土的黏聚力 $c=0$，则有

$$e_p=\gamma zK_p \tag{9-12}$$

式中　e_p——主动土压力强度，kPa；

K_p——主动土压力系数，$K_p=\tan^2(45°+\varphi/2)$。

3. 被动土压力分布

对于无黏性土，墙顶部被动土压力等于0，墙底部 $z=H$ 处，$e_p=\gamma HK_p$。被动土压力沿墙高呈三角形分布，如图 9-8（a）所示。

对于黏性土，被动土压力由两部分组成。第一部分由土的自重产生，大小与深度 z 成正比，沿墙高呈三角形分布，计算与无黏性土相同。第二部分由黏性土的黏聚力 c 产生，与深度 z 无关，是一个常数 $2c\sqrt{K_p}$。这两部分土压力叠加后，呈梯形分布，如图 9-8（b）所示。墙顶部 $z=0$ 处，$e_p=2c\sqrt{K_p}$；墙底部 $z=H$ 处，$e_p=\gamma HK_p+2c\sqrt{K_p}$。

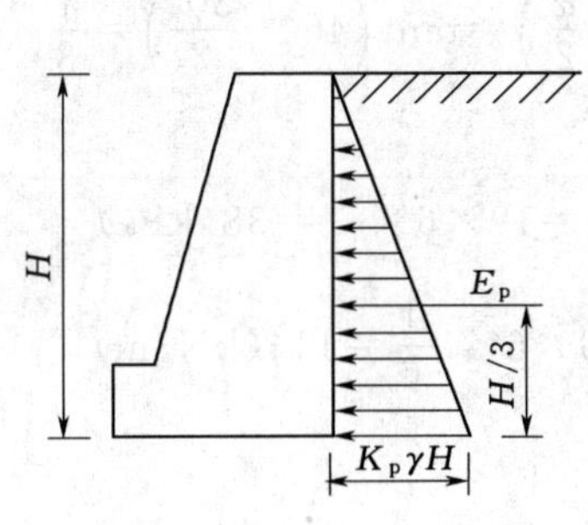

(a) 无黏性土朗肯被动土压力

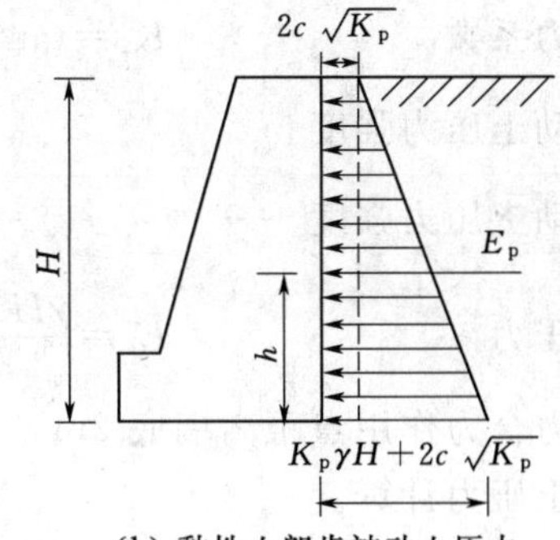

(b) 黏性土朗肯被动土压力

图 9-8　朗肯被动土压力分布

4. 总被动土压力

沿墙体长度方向取1m进行计算。对于无黏性土，作用在单位长度挡土墙上的总主动土压力如图9-8（a）所示，即为三角形的面积：$E_p=\frac{1}{2}\gamma H^2K_p$。总被动土压力的作用点位于被动土压力三角形分布图形的重心，即墙底面以上 $H/3$ 处，如图9-8（a）所示。

对于黏性土，如图9-8（b）所示，作用在单位长度挡土墙上的总被动土压力就等于分布图上梯形的面积，即

$$E_p=\frac{1}{2}\gamma H^2K_p+2cH\sqrt{K_p} \tag{9-13}$$

总被动土压力的作用点位于被动土压力梯形分布图形的重心，距离墙底面的距离 $h=\frac{6c+\gamma H\sqrt{K_p}}{12c+3\gamma H\sqrt{K_p}}H$，如图9-8（b）所示。

【例9-2】 有一混凝土挡土墙如图9-9所示，墙高6m，墙背竖直光滑，墙后填土面水平。填土为中砂，重度 $\gamma=19\text{kN/m}^3$，内摩擦角 $\varphi=30°$。试计算作用在此挡土墙上的主动土压力和被动土压力，并画出土压力分布图。

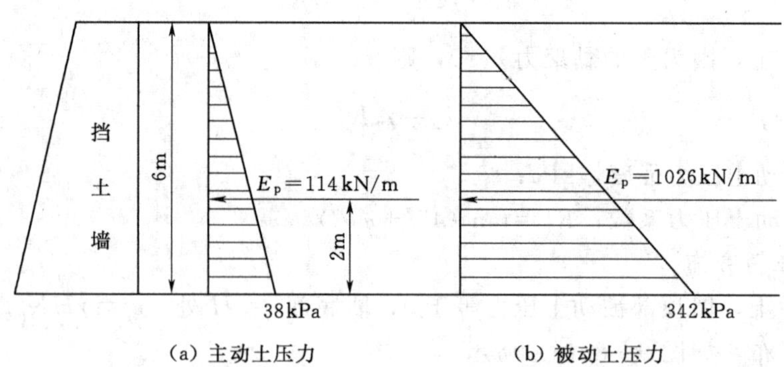

图9-9　[例9-2] 挡土墙土压力分布及其合力作用点

【解】 由题意可知墙背光滑垂直，填土表面水平，符合朗肯土压力理论的假定。

（1）主动土压力计算。

主动土压力系数　　$K_a=\tan^2\left(45°-\frac{\varphi}{2}\right)=\tan^2\left(45°-\frac{30°}{2}\right)=\frac{1}{3}$

墙顶处主动土压力强度　　$e_a^{上}=0$

墙底处主动土压力强度　　$e_a^{下}=\gamma HK_a=19\times6\times\frac{1}{3}=38(\text{kPa})$

总主动土压力　　$E_a=\frac{\gamma H^2K_a}{2}=19\times6^2\times\frac{1}{6}=114(\text{kN/m})$

主动土压力合力作用点距离墙底2m。

（2）被动土压力计算。

被动土压力系数　　$K_p=\tan^2\left(45°+\frac{\varphi}{2}\right)=\tan^2\left(45°+\frac{30°}{2}\right)=3$

墙顶处被动土压力强度　　$e_p^{上}=0$

墙底处被动土压力强度 $e_p^下=\gamma HK_p=19\times6\times3=342(\text{kPa})$

总被动土压力 $E_p=\dfrac{\gamma H^2K_p}{2}=19\times6^2\times\dfrac{3}{2}=1026(\text{kN/m})$

被动土压力合力作用点距离墙底 2m。

(3) 挡土墙上的主动、被动土压力分布如图 9-9 所示。

关于问题四，以上介绍的公式均假定墙后填土为均质的情况，实际工程中常常会遇到填土上有超载情况，土是多层的非均质土，可能存在地下水等情况，计算方法具体如下。

1. 填土表面有均布荷载

如图 9-10 (a) 所示，当墙后填土表面上作用有均布荷载 q 时，可把均布荷载看作虚拟的填土层，虚拟土层的性质与填土相同，虚拟土层厚度 $h=q/\gamma$。

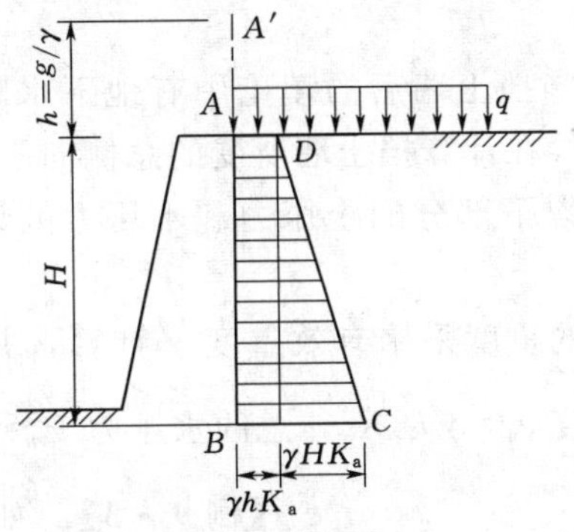

(a) 填土表面有均布荷载

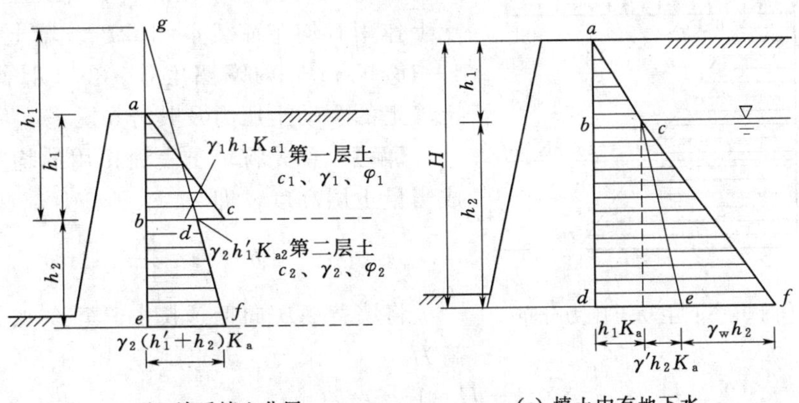

(b) 墙后填土分层 (c) 填土中有地下水

图 9-10 几种常见情况的土压力

以无黏性土为例，作用在挡土墙墙背上的主动土压力由两部分组成：一部分是由均布荷载 q 产生的，在墙顶部的压力强度为 $e_a^1=\gamma hK_a=\gamma\dfrac{q}{\gamma}K_a=qK_a$，大小为一个常数，总土压力为$qHK_a$；另一部分是由实际填土 H 产生的土压力，分布呈随深度的增加而增加的三角形，墙底处的压力强度为 $e_a^2=\gamma HK_a$，总土压力为$\dfrac{1}{2}\gamma H^2K_a$。

土压力呈梯形分布，合力 $E_a=qHK_a+\dfrac{1}{2}\gamma H^2K_a$，作用点通过梯形重心。

被动土压力与主动土压力计算原理相同，分布相似，$E_p=qHK_p+\dfrac{1}{2}\gamma H^2K_p$。

2. 墙后填土分层

如图 9-10（b）所示，当挡土墙的墙后填土由几层不同性质的水平土层构成时，土压力计算分第一层土、第二层土等依次叠加。

对于第一层土，厚度 h_1，填土指标 c_1、γ_1、φ_1，土压力计算与前面单层土计算方法相同。计算第二层土的土压力时，将第一层土按重度换算成与第二层土相同容重的土层，当量土层厚度 $h_1'=h_1\dfrac{\gamma_1}{\gamma_2}$，然后按照高度为$h_1'+h_2$ 来计算第二层的土压力，如图中三角形 gef 所示，第二层范围内的梯形 $bdef$ 部分土压力即为所求。

以下各层土压力计算原理相同。另外，由于上下土层的性质与指标不同，对应的土压力系数也不相同，因此交界面上下土压力的数值不一定相同，会出现突变。

3. 填土中有地下水

如图 9-10（c）所示，当挡土墙后的填土中有地下水时，这时作用在挡土墙上的压力除了土压力外，还有水压力。在计算挡土墙所受的总侧向压力时，对地下水位以上部分的土压力计算同前，对地下水位以下部分的土压力和水压力的计算，通常将两部分分别计算后相加。

在地下水位以下，土体的重度采用有效重度 γ' 计算，并计算水压力。例如水深 h_2，水下土层对墙底处的土压力强度 $e_a=\gamma' h_2 K_a$，总的水压力 $P_w=\dfrac{1}{2}\gamma_w h_2^2$。

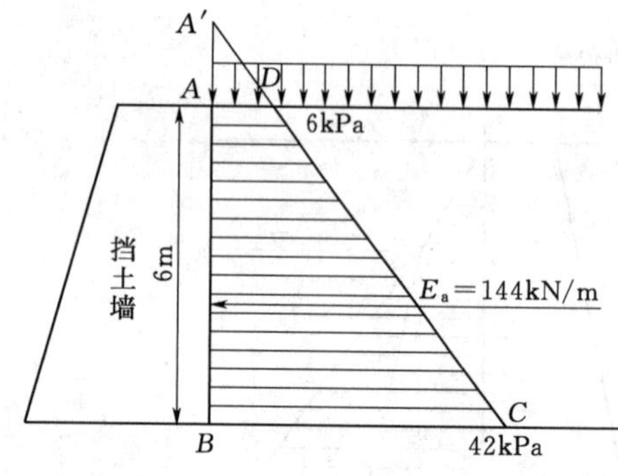

图 9-11 ［例 9-3］主动土压力分布

【例 9-3】 如图 9-11 所示，某挡土墙高度 $H=6$m，墙背竖直、光滑，墙后填土表面水平。填土上作用有均布荷载 $q=18$kPa。填土为粗砂，重度 $\gamma=18$kN/m^3，内摩擦角 $\varphi=30°$。计算作用在此挡土墙上的主动土压力及其分布。

【解】 首先将填土表面作用的均布荷载 q 折算成当量土层高度，即

$$h=\frac{q}{\gamma}=\frac{18}{18}=1(\text{m})$$

将墙背 AB 向上延长 1m 至 A'点。此时计算墙高为

$$h+H=1+6=7(\text{m})$$

主动土压力系数 $K_a=\tan^2\left(45°-\dfrac{\varphi}{2}\right)=\tan^2\left(45°-\dfrac{30°}{2}\right)=\dfrac{1}{3}$

原挡土墙顶 A 处的主动土压力强度 $e_a^1=\gamma h K_a=qK_a=18\times\dfrac{1}{3}=6(\text{kPa})$

挡土墙底 B 处的主动土压力值 $e_a^2=\gamma(h+H)K_a=18\times7\times\dfrac{1}{3}=42(\text{kPa})$

总主动土压力 $E_a=\dfrac{1}{2}(e_a^1+e_a^2)H=\dfrac{1}{2}\times(6+42)\times6=144(\text{kN/m})$

总主动土压力分布呈梯形 $ABCD$，总主动土压力作用点位于梯形的重心。

此挡土墙上的主动土压力计算结果及其分布如图 9-11 所示。

【例 9-4】 某混凝土挡土墙高度 $H=6$m，墙背竖直、光滑，墙后填土分两层，各 3m

厚。上层黏土重度 $\gamma_1=19\text{kN/m}^3$，内摩擦角 $\varphi_1=16°$，黏聚力 $c_1=10\text{kPa}$；下层重度 $\gamma_2=17\text{kN/m}^3$，内摩擦角 $\varphi_2=30°$。试计算作用在此挡土墙上的总主动土压力及其分布。

【解】 已知条件符合朗肯土压力理论，上层填土为黏性土，墙顶部土压力为零。

第一层土的压力系数

$$K_{a1}=\tan^2\left(45°-\frac{\varphi_1}{2}\right)\tan^2(45°-8°)\approx0.568$$

计算临界深度

$$z_0=\frac{2c_1}{\gamma_1\sqrt{K_{a1}}}=\frac{2\times10}{19\times0.754}\approx1.4(\text{m})$$

两层分界面处第一层土底部的土压力强度

$$e_{a1}=\gamma_1h_1K_{a1}-2c_1\sqrt{K_{a1}}=19\times3\times0.568-2\times10\times0.754=32.376-15.080=17.3(\text{kPa})$$

计算第二层填土的土压力强度，需要先将第一层土折算成当量土层，其厚度

$$h_1'=h_1\frac{\gamma_1}{\gamma_2}=3\times\frac{19}{17}\approx3.35(\text{m})$$

第二层土的压力系数

$$K_{a2}=\tan^2\left(45°-\frac{\varphi_2}{2}\right)=\tan^2(45°-15°)=\frac{1}{3}$$

第二层顶面土压力强度

$$e_{a2}=\gamma_2h_1'K_{a2}=17\times3.35\times\frac{1}{3}=18.98(\text{kPa})$$

第二层底面土压力强度

$$\begin{aligned}e_{a3}&=\gamma_2(h_1'+h_2)K_{a2}\\&=17\times(3.35+3)\times\frac{1}{3}\\&=35.98(\text{kPa})\end{aligned}$$

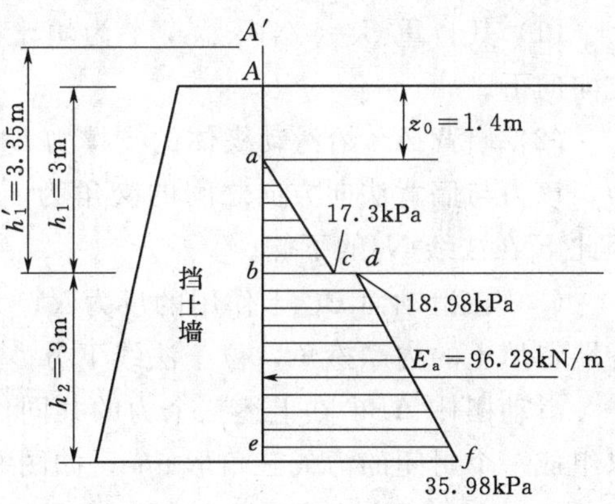

图 9-12　[例 9-4] 主动土压力分布

主动土压力分布如图 9-12 所示，上层为三角形 abc，下层为梯形 $bdfe$，总主动土压力

$$\begin{aligned}E_a&=\frac{e_{a1}(h_1-z_0)}{2}+\frac{(e_{a2}+e_{a3})h_2}{2}=\frac{17.3\times(3-1.4)}{2}+(18.98+35.98)\times\frac{3}{2}\\&=13.84+82.44=96.28(\text{kN/m})\end{aligned}$$

任务三　库 仑 土 压 力

任务描述： 围绕完成库仑土压力这个任务，通过推理，解决四个问题，使学生明晰库仑土压力理论及计算土压力的方法。

课前设问：

问题一： 土压力计算的基本原理是什么？

问题二： 库仑主动土压力如何计算？

问题三： 库仑被动土压力如何计算？

问题四： 朗肯土压力理论与库仑土压力理论有何区别？

解答：

关于问题一， 库仑于1776年提出了库仑土压力理论，它是根据墙后土体处于极限平衡状态时形成一个滑动楔体的静力平衡条件得出的土压力计算理论。

库仑土压力理论的假设条件为：

(1) 墙背俯斜、粗糙，墙后填土为均质的无黏性土，填土表面倾斜。

(2) 墙后土体处于极限平衡状态时形成一个滑动楔体，滑动面为一经过墙踵的平面。

(3) 不考虑滑动楔体本身的压缩变形。

关于问题二， 如图9-13 (a) 所示，挡土墙的墙高为 H，倾角为 ε，墙与土之间的摩擦角为 δ，填土表面倾斜与水平面成 β，墙后填土的内摩擦角为 φ，墙后的填土沿某一破裂面 BC 破坏，破裂面 BC 与水平面之间的倾角为 α，整个土体沿着墙背 AB 及破裂面 BC 同时下滑，形成一个滑动的楔体 $\triangle ABC$。取滑动楔体为隔离体，受到的作用力有：

(1) 其自重 $G=\gamma\triangle V_{\triangle ABC}$，$\gamma$ 为填土的重度，破裂面 BC 的位置确定后即可求出自重，方向向下。

(2) 墙背 AB 给滑动楔体的支撑力 E，与其大小相等、方向相反的力就是要计算的土压力，该力与墙背法向方向之间的交角为 δ。因为土体下滑时，墙给予土体的阻力方向向上，因此 E 在法线 N_2 的下侧。

(3) 在滑动面 BC 上作用的反力 R，大小未知，它的方向与 BC 面的法线 N_1 之间的交角为墙背填土的内摩擦角，位于法线下方。

滑动楔体 ABC 在上述三个力的共同作用下处于静力平衡状态，因此这一组平衡力系可以组成一个封闭的力矢三角形 abc，如图9-13 (b) 所示。取不同的滑动面（改变坡角 α），则 W、E 与 R 的数值以及方向将随之变化，找出最大的 E 值（此时该滑动面为最危险滑动面），即为所求的主动土压力 E_a。由力三角形不难证明三角形各角的数值，整理后得到无黏性土的库仑主动土压力计算公式为

$$E_a=\frac{1}{2}\gamma H^2 K_a \tag{9-14}$$

$$K_a=\frac{\cos^2(\varphi-\varepsilon)}{\cos^2\varepsilon\cos(\delta+\varepsilon)\left[1+\sqrt{\dfrac{\sin(\delta+\varphi)\sin(\varphi-\beta)}{\cos(\delta+\varepsilon)\cos(\varepsilon-\beta)}}\right]^2} \tag{9-15}$$

式中　K_a——主动土压力系数，可由表9-1查得；

δ——墙背与填土之间的摩擦角，可由试验确定或参考表9-2确定；

H——挡土墙高度，m；

γ——墙后填土重度，kN/m^3；

φ——填土内摩擦角，(°)；

ε——墙背倾角，(°)，俯斜时取正号，仰斜时取负号；

β——墙后填土面的倾角。

此式与朗肯土压力计算公式的形式相同，但土压力系数计算公式不同。当 $\varepsilon=0$，$\delta=0$，$\beta=0$ 时，有 $K_a=\tan^2(45°-\varphi/2)$，与朗肯主动土压力系数一致，这说明朗肯土压力理论是库仑土压力理论的一个特例。

主动土压力沿墙高呈三角形分布，如图9-13 (c) 所示。但这种分布形式只表示土压力的

大小，并不代表实际作用于墙背上的土压力方向，其实际方向与墙背法线成 δ 角。总主动土压力的作用点位于三角形分布图形的重心，即墙底面以上 $H/3$ 处，如图 9-13（c）所示。

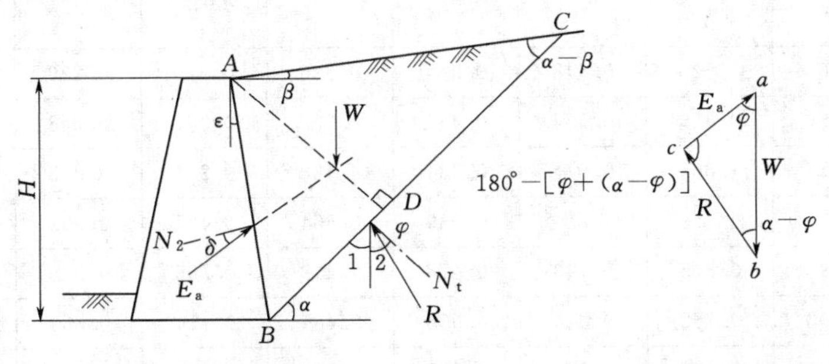

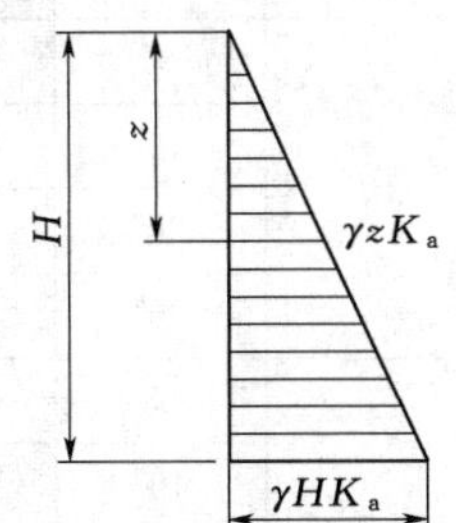

（a）土体受力情况　　（b）力矢三角形　　（c）主动土压力强度分布图

图 9-13　库仑主动土压力计算图

表 9-1　　库仑主动土压力系数 K_a 值

δ	ε	β \ φ	15°	20°	25°	30°	35°	40°	45°	50°
0°	0°	0°	0.589	0.490	0.406	0.333	0.271	0.217	0.172	0.132
		10°	0.704	0.569	0.462	0.374	0.300	0.238	0.186	0.142
		20°		0.883	0.572	0.441	0.344	0.267	0.204	0.154
		30°				0.750	0.436	0.318	0.235	0.172
	10°	0°	0.652	0.559	0.478	0.407	0.343	0.287	0.238	0.194
		10°	0.784	0.654	0.550	0.461	0.384	0.318	0.261	0.211
		20°		1.015	0.684	0.548	0.444	0.360	0.291	0.232
		30°				0.925	0.566	0.433	0.337	0.262
	20°	0°	0.735	0.648	0.569	0.498	0.434	0.375	0.322	0.274
		10°	0.895	0.767	0.662	0.572	0.492	0.421	0.358	0.302
		20°		1.205	0.833	0.687	0.576	0.483	0.405	0.337
		30°				1.169	0.740	0.586	0.474	0.385
	−10°	0°	0.539	0.433	0.344	0.270	0.209	0.158	0.117	0.083
		10°	0.643	0.500	0.389	0.301	0.229	0.171	0.125	0.088
		20°		0.785	0.482	0.353	0.261	0.190	0.136	0.094
		30°				0.614	0.331	0.226	0.155	0.104
	−20°	0°	0.497	0.380	0.287	0.212	0.153	0.106	0.070	0.043
		10°	0.594	0.438	0.323	0.234	0.166	0.114	0.074	0.045
		20°		0.707	0.401	0.274	0.188	0.125	0.080	0.047
		30°				0.498	0.239	0.147	0.090	0.051
10°	0°	0°	0.533	0.447	0.373	0.308	0.253	0.204	0.163	0.127
		10°	0.664	0.531	0.431	0.350	0.282	0.225	0.177	0.136
		20°		0.897	0.549	0.420	0.326	0.254	0.195	0.148
		30°				0.762	0.423	0.306	0.226	0.166

续表

δ	ε	β \ φ	15°	20°	25°	30°	35°	40°	45°	50°
10°	10°	0°	0.603	0.520	0.448	0.384	0.326	0.275	0.229	0.189
		10°	0.759	0.626	0.524	0.440	0.368	0.307	0.253	0.206
		20°		1.064	0.674	0.534	0.432	0.351	0.283	0.227
		30°				0.969	0.564	0.427	0.332	0.258
	20°	0°	0.695	0.615	0.543	0.478	0.419	0.365	0.316	0.271
		10°	0.890	0.752	0.646	0.558	0.481	0.414	0.354	0.300
		20°		1.308	0.844	0.687	0.573	0.481	0.403	0.337
		30°				1.268	0.758	0.593	0.478	0.388
	−10°	0°	0.476	0.385	0.309	0.245	0.191	0.146	0.109	0.078
		10°	0.590	0.455	0.354	0.275	0.211	0.159	0.116	0.082
		20°		0.773	0.450	0.328	0.242	0.177	0.127	0.088
		30°				0.605	0.313	0.212	0.146	0.098
	−20°	0°	0.427	0.330	0.252	0.188	0.137	0.096	0.064	0.039
		10°	0.529	0.388	0.286	0.209	0.149	0.103	0.068	0.041
		20°		0.675	0.364	0.248	0.170	0.114	0.073	0.044
		30°				0.475	0.220	0.135	0.082	0.047
15°	0°	0°	0.518	0.434	0.363	0.301	0.248	0.201	0.160	0.125
		10°	0.655	0.522	0.423	0.343	0.277	0.221	0.174	0.135
		20°		0.914	0.546	0.415	0.323	0.251	0.194	0.147
		30°				0.776	0.422	0.305	0.225	0.165
	10°	0°	0.592	0.511	0.441	0.378	0.323	0.273	0.228	0.188
		10°	0.759	0.622	0.520	0.437	0.366	0.305	0.252	0.206
		20°		1.103	0.679	0.535	0.432	0.350	0.284	0.228
		30°				1.005	0.570	0.430	0.333	0.260
	20°	0°	0.690	0.611	0.540	0.476	0.419	0.366	0.317	0.273
		10°	0.903	0.757	0.649	0.560	0.483	0.416	0.357	0.303
		20°		1.382	0.862	0.697	0.579	0.486	0.408	0.341
		30°				1.341	0.778	0.605	0.487	0.395
	−10°	0°	0.457	0.371	0.298	0.237	0.186	0.142	0.106	0.076
		10°	0.575	0.441	0.344	0.267	0.205	0.155	0.114	0.081
		20°		0.776	0.441	0.320	0.236	0.174	0.125	0.087
		30°				0.607	0.308	0.209	0.143	0.097
	−20°	0°	0.405	0.314	0.240	0.180	0.132	0.093	0.062	0.038
		10°	0.509	0.372	0.274	0.201	0.144	0.100	0.066	0.040
		20°		0.667	0.352	0.239	0.164	0.110	0.071	0.042
		30°				0.470	0.214	0.131	0.080	0.046

续表

δ	ε	β \ φ	15°	20°	25°	30°	35°	40°	45°	50°
20°	0°	0°			0.357	0.297	0.245	0.199	0.160	0.125
		10°			0.419	0.340	0.275	0.220	0.174	0.135
		20°			0.547	0.414	0.322	0.250	0.193	0.147
		30°				0.798	0.425	0.305	0.225	0.166
	10°	0°			0.438	0.377	0.322	0.273	0.229	0.190
		10°			0.521	0.438	0.367	0.306	0.254	0.207
		20°			0.690	0.540	0.435	0.354	0.286	0.230
		30°				1.051	0.582	0.437	0.338	0.263
	20°	0°			0.543	0.479	0.422	0.370	0.321	0.277
		10°			0.659	0.568	0.490	0.423	0.363	0.309
		20°			0.890	0.714	0.592	0.496	0.417	0.349
		30°				1.434	0.807	0.624	0.501	0.406
	−10°	0°			0.291	0.232	0.182	0.140	0.105	0.076
		10°			0.337	0.262	0.202	0.153	0.113	0.080
		20°			0.436	0.316	0.233	0.171	0.123	0.086
		30°				0.614	0.306	0.207	0.142	0.096
	−20°	0°			0.232	0.174	0.128	0.090	0.061	0.038
		10°			0.266	0.195	0.140	0.097	0.064	0.039
		20°			0.344	0.233	0.160	0.108	0.069	0.042
		30°				0.468	0.210	0.129	0.079	0.045

表 9-2　　墙背与填土之间的摩擦角 δ

挡土墙墙背粗糙度及填土排水情况	δ
墙背平滑，排水不良	$\frac{\varphi}{3}$
墙背粗糙，排水良好	$\frac{\varphi}{3} \sim \frac{\varphi}{2}$
墙背很粗糙，排水良好	$\frac{\varphi}{2} \sim \frac{2\varphi}{3}$

【例 9-5】 某挡土墙高 $H=4.8$m，墙背倾角 $\varepsilon=10°$，墙后的填土倾角 $\beta=10°$，墙背与填土间的摩擦角 $\delta=20°$。墙后填土为中砂，$\gamma=17.5\text{kN/m}^3$，内摩擦角 $\varphi=30°$。计算作用在此挡土墙上的主动土压力 E_a，并画出土压力沿墙背的分布以及合力的方向。

【解】 因为挡土墙不光滑，墙背与填土间的摩擦角 $\delta=20°$，采用库仑土压力理论进行主动土压力的计算。

由 $\delta=20°$，$\varphi=30°$，$\varepsilon=\beta=10°$，由公式或查表得 $K_a=0.438$，故

$$E_a=\frac{1}{2}\gamma H^2 K_a=\frac{1}{2}\times 17.5\times 4.8^2\times 0.438=88.3(\text{kN/m})$$

主动土压力呈三角形分布，合力作用点离墙踵高 $h=\frac{H}{3}=\frac{4.8}{3}=1.6(\text{m})$。

主动土压力 E_a 的作用方向与墙背的法向线"$N-N$"成 $\delta=20°$，位于该法线的上侧，如图 9-14 所示。

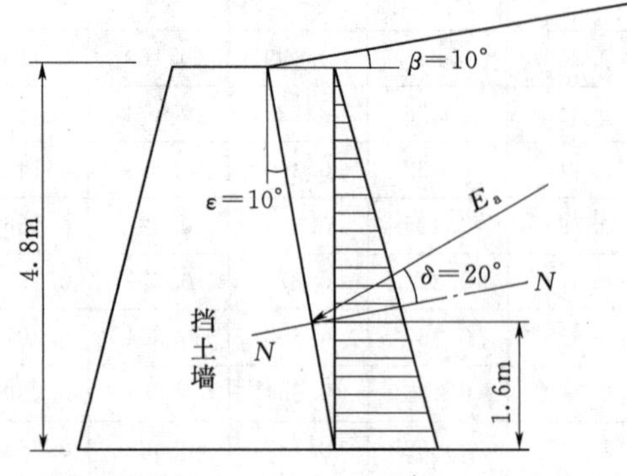

图 9-14 ［例 9-5］库仑主动土压力

关于问题三，挡土墙在外力作用下向后移动，推向填土，使滑动楔体△ABC 达到极限平衡状态，墙后填土沿墙背面 AB 和填土内某一滑动面 BC 同时向上滑动。取滑动楔体△ABC 为隔离体进行受力分析，如图 9-15 所示。

（1）取挡土墙 1 延米宽，楔体自重 W。

（2）墙背面 AB 对滑动楔体的推力为 E_p，该支撑力与被动土压力大小相等、方向相反。因为土楔体向上滑动，墙背给土体的推力朝斜下方向，故推力 E_p 的方向位于墙背法线上方，与之成 δ 角，如图 9-15（a）所示。

（3）墙后填土中的滑动面 BC 上，作用着下方土体对滑动楔体的反力 R。R 的方向与滑动面 BC 的法线成 φ 角。因为土楔体向上滑动，故支撑力 R 在法线的上方。

如图 9-15（b）所示，由静力平衡△abc 可知：W 与 R 之间的夹角为 $\alpha+\varphi$，令 W 与 E_p 之间夹角为 $\psi(\psi=90°-\varepsilon+\delta)$，则 E_p 与 R 之间的夹角为 $180°-(\psi+\alpha+\varphi)$。

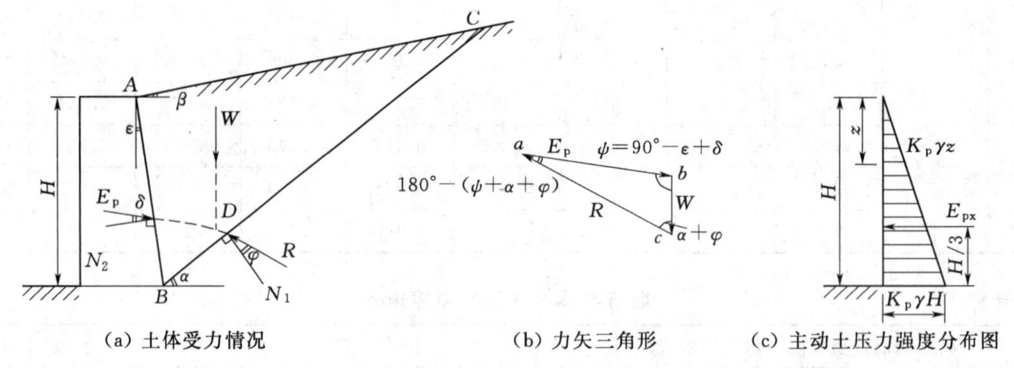

图 9-15 库仑被动土压力计算图

与主动土压力计算原理相同，可得无黏性土库仑被动土压力 E_p 为

$$E_p=\frac{1}{2}\gamma H^2 K_p \tag{9-16}$$

$$K_p=\frac{\cos^2(\varphi+\varepsilon)}{\cos^2\varepsilon\cos(\varepsilon-\delta)\left[1-\sqrt{\dfrac{\sin(\delta+\varphi)\sin(\varphi+\beta)}{\cos(\varepsilon-\delta)\cos(\varepsilon-\beta)}}\right]^2} \tag{9-17}$$

式中 K_p——被动土压力系数；

其他符号意义同式（9-15）。

式（9-16）与朗肯被动土压力理论公式形式完全相同，但被动土压力系数公式不同。当 $\varepsilon=0°$，$\delta=0°$，$\beta=0°$时，代入式（9-17）得 $K_p=\tan^2(45°+\varphi/2)$，与朗肯被动土压力系数一致，证实了朗肯土压力理论是库仑土压力理论的特例。

与无黏性土朗肯被动土压力的分布类似，库仑被动土压力沿墙高呈三角形分布，墙顶部 $z=0$ 时，$e_p=0$；墙底部 $z=H$ 时，$e_p=\gamma HK_p$，如图 9-15（c）所示。但这种分布形式只表示土压力大小，并不代表实际作用于墙背上的土压力方向。总被动土压力的作用点位于被动土压力三角形分布图形的重心，即墙底面以上 $H/3$ 处，如图 9-15（c）所示。

关于问题四， 朗肯土压力理论与库仑土压力理论是在各自的假设条件下，应用不同的分析方法得到的土压力假设公式。只有在最简单的情况下（墙背垂直光滑、填土表面水平），用这两种理论计算的结果才相等，否则便得出不同的结果。因此，应根据实际情况合理选择使用。

朗肯土压力理论从半无限土体中一点的极限平衡应力状态出发，直接求得墙背上各点的土压力强度分布，其公式简单，便于记忆，对于黏性土和无黏性土均适用，因此在工程上得到广泛利用。但由于假设条件的原因，在使用上受到限制，并且该理论忽略了墙背与填土之间摩擦力的影响，使计算的主动土压力偏大，而被动土压力偏小。

库仑土压力理论根据墙后土楔体的静力平衡条件得出土压力计算公式，考虑了墙背与土之间的摩擦力，并可应用在墙背倾斜、填土面倾斜的情况，但由于该理论假设填土是无黏性土，因此不能直接利用公式计算黏性土的土压力。库仑土压力理论把土体中的滑动面假定为平面，与实际情况不符，因此计算的主动土压力系数稍偏小，被动土压力系数偏高。

任务四　挡 土 墙 设 计

任务描述： 围绕完成挡土墙设计这个任务，通过推理、实例，解决四个问题，使学生明晰：挡土墙类型，重力式挡土墙的稳定验算；一般工程情况下的土压力影响因素的分析与计算；分析挡土墙的稳定性，减小挡土墙后土压力的措施。

课前设问：

问题一： 挡土墙有哪些类型？

问题二： 如何进行挡土墙的计算？

问题三： 重力式挡土墙的构造措施有哪些？

问题四： 怎样设计挡土墙？

解答：

关于问题一， 常用的挡土墙型式有重力式、悬臂式、扶壁式、锚杆及锚定板式和加筋土挡土墙等。一般应根据工程需要、土质情况、材料供应、施工技术以及造价等因素合理选择。

1. 重力式挡土墙

一般由块石或混凝土材料砌筑，墙身截面较大。根据墙背的倾斜方向可分为仰斜、直立和俯斜三种，如图 9-16 所示。墙高一般小于 8m，当高度在 8～12m 时，宜采用衡重式[图 9-16（d）]。重力式挡土墙依靠墙身自重抵抗土压力引起的倾覆弯矩，其结构简单，施工方便，能就地取材，在建筑工程中应用最广。

2. 悬臂式挡土墙

一般由钢筋混凝土材料建造，墙的稳定主要依靠墙踵悬臂以上的土重维持。墙体内设置钢筋承受拉应力，故墙身截面较小，如图 9-17 所示。适用于墙高大于 11m、地基土质较差以及工程比较重要时，例如市政工程及储料仓库等。

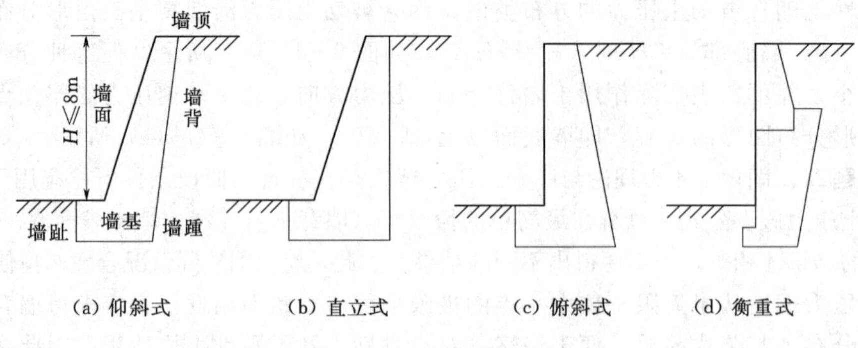

图 9-16　重力式挡土墙

3. 扶壁式挡土墙

当墙高大于 10m 时，挡土墙立壁挠度较大，为了增加立壁的抗弯性能，常沿墙的纵向每隔一定的距离设置一道扶壁，称为扶壁式挡土墙，如图 9-18 所示。扶壁间填土可增加抗滑和抗倾覆能力，一般用于重要的土建工程。

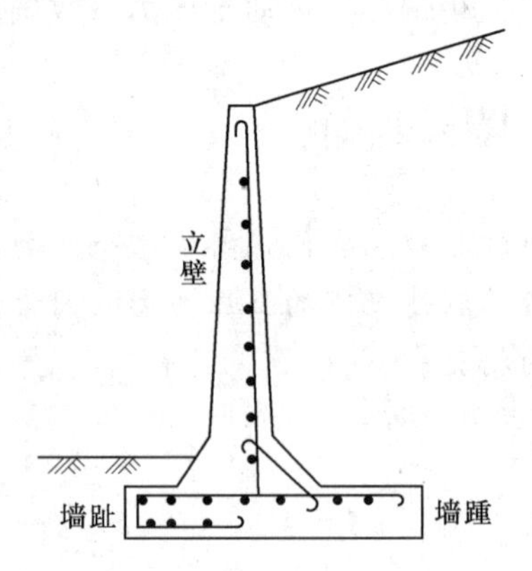

图 9-17　悬臂式挡土墙

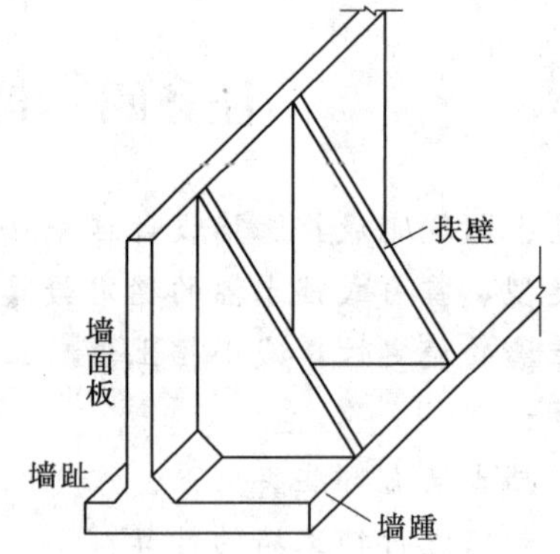

图 9-18　扶壁式挡土墙

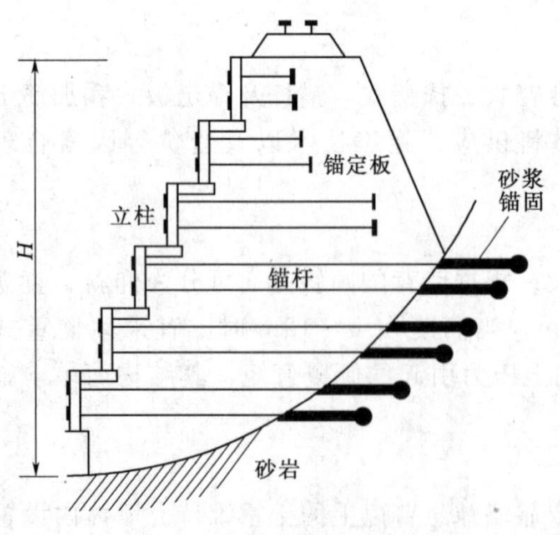

图 9-19　锚杆式挡土墙

4. 锚杆及锚定板式挡土墙

锚定板式挡土墙由预制的钢筋混凝土立柱、墙面、钢拉杆和埋置在填土中的锚定板在现场拼装而成，依靠填土与结构的相互作用力维持其自身稳定。与重力式挡土墙相比，其结构柔性大、工程量少、造价低、施工方便，特别适用于地基承载力不大的地区。锚杆式挡土墙是利用嵌入坚实岩层的灌浆锚杆作为拉杆的一种挡土结构，如图 9-19 所示。

5. 其他形式的挡土结构

此外，还有混合式挡土墙、构架式挡土墙、板桩墙、加筋土挡土墙以及近年来发展的土工合成材料挡土墙等。

关于问题二， 主要介绍重力式挡土墙的计算，对悬臂式和扶壁式挡土墙，其计算内容、计算原则和安全系数可以借用，但荷载计算有所不同，此处从略。

挡土墙截面尺寸一般按照试算法确定，即先根据挡土墙的工程地质、填土性质、荷载情况以及墙体材料和施工条件凭经验初步拟定截面尺寸，然后进行验算，如不满足要求，则修改截面尺寸或采取其他措施。

1. 挡土墙计算的内容

挡土墙计算的内容包括：

（1）稳定性验算，包括抗倾覆稳定性验算和抗滑移稳定性验算。

（2）地基承载力验算。

（3）墙身材料强度验算。符合 GB 50010—2010《混凝土结构设计规范》和 GB 50003—2011《砌体结构设计规范》等规定要求。

2. 作用在挡土墙上的荷载

作用在挡土墙上的荷载有墙身自重、土压力和基底反力。土压力是作用在挡土墙上的主要荷载，此外，若挡土墙排水不良，填土积水需计入水压力，对地震区还应考虑地震效应等。验算稳定性时，土压力及自重的荷载分项系数可取 1.0；当土压力作为外荷载时，应取 1.2 的荷载分项系数。

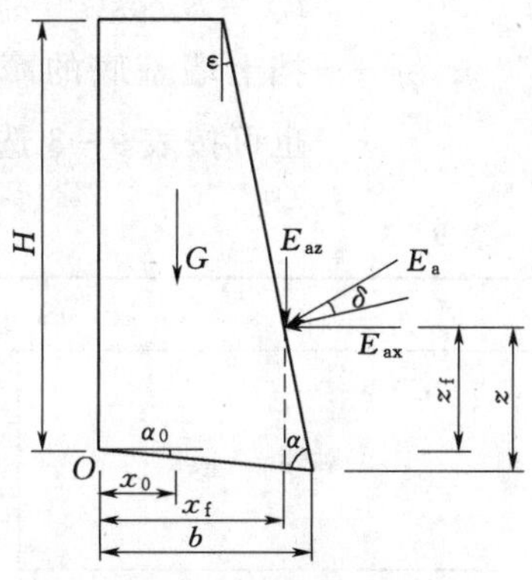

图 9-20 抗倾覆稳定性验算

3. 挡土墙稳定性验算

（1）抗倾覆稳定性验算。挡土墙的破坏大部分是倾覆破坏。如图 9-20 所示，要保证挡土墙在土压力的作用下不发生绕墙趾 O 点的倾覆，必须要求抗倾覆稳定性安全系数 K_t（O 点的抗倾覆力矩与倾覆力矩之比）大于规范允许值，一般取 1.6，即

$$K_t=\frac{Gx_0+E_{az}x_f}{E_{ax}z_f}\geqslant 1.6 \tag{9-18}$$

式中 E_{ax}——E_a 的水平分力，kN/m，$E_{ax}=E_a\cos(\alpha-\delta)$；

E_{az}——E_a 的竖直分力，kN/m，$E_{az}=E_a\sin(\alpha-\delta)$；

G——挡土墙每延米自重，kN/m；

x_f——土压力作用点离 O 点的水平距离，m，$x_f=b-z\tan\varepsilon$；

z_f——土压力作用点离 O 点的竖直距离，m，$z_f=z-b\tan\alpha_0$；

x_0——挡土墙重心离墙趾的水平距离，m；

z——土压力作用点离墙踵的高度，m。

若抗倾覆验算不满足要求时，可采取以下措施进行处理：

1）增大挡土墙断面尺寸，使 G 增大，但工程量相应增大。

2）伸长墙趾，加大 x_0，但墙趾过长，若厚度不够，则需配置钢筋。

3）墙背做成仰斜，减小土压力。

（2）抗滑移稳定性验算。在土压力作用下，挡土墙也可能沿基础底面发生滑动，如图 9-21 所示。因此要求基底的抗滑安全系数 K_s（抗滑力与滑动力之比）大于规范允许值，一般取 1.3，即

$$K_s=\frac{(G_n+E_{an})\mu}{E_{a\tau}-G_\tau}\geqslant 1.3 \qquad (9-19)$$

式中 G_n——挡土墙自重垂直于基底平面方向的分力，kN/m，$G_n=G\cos\alpha_0$；

G_τ——挡土墙自重平行于基底平面方向的分力，kN/m，$G_\tau=G\sin\alpha_0$；

E_{an}——E_a 垂直于基底平面方向分力，kN/m，$E_{an}=E_a\sin(\varepsilon+\alpha_0+\delta)$；

$E_{a\tau}$——E_a 平行于基底平面方向分力，kN/m，$E_{a\tau}=E_a\cos(\varepsilon+\alpha_0+\delta)$；

μ——挡土墙基底的摩擦系数，宜按试验确定，也可按表 9-3 选用。

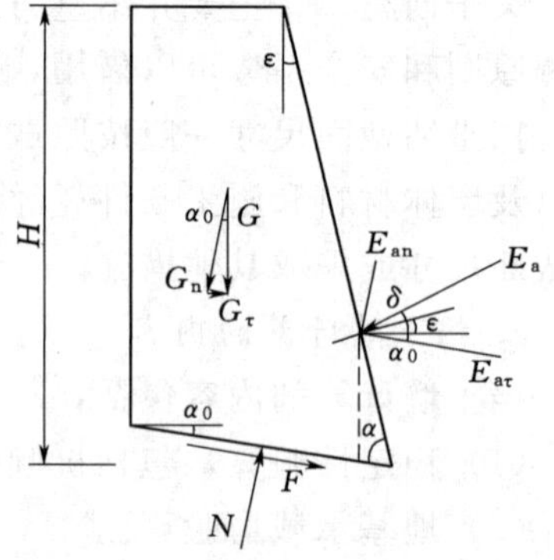

图 9-21　抗滑移稳定性验算

表 9-3　　**挡土墙基底摩擦系数 μ**

土的类别		摩擦系数 μ
黏性土	可塑	0.25～0.30
	硬塑	0.30～0.35
	坚硬	0.35～0.40
粉土	$S_r\leqslant 0.5$	0.30～0.40
中砂、粗砂、砾砂		0.40～0.50
碎石土		0.40～0.60
软质岩土		0.40～0.60
表面粗糙的硬质岩石		0.65～0.75

注　1. 对易风化的软质石和 $I_P>22$ 的黏性土，μ 应通过试验测定。
2. 对碎石土，可根据其密实度、填充物状况、风化程度等确定。

如果抗滑移验算不满足要求，可以采取以下措施进行处理：

1）增大挡土墙断面尺寸，使 G 增大，增大抗滑力。

2）墙基底面做成砂、石垫层，以提高 μ，增大抗滑力。

3）墙底做成逆坡，利用滑动面上部分反力来抗滑，如图 9-22（a）所示。

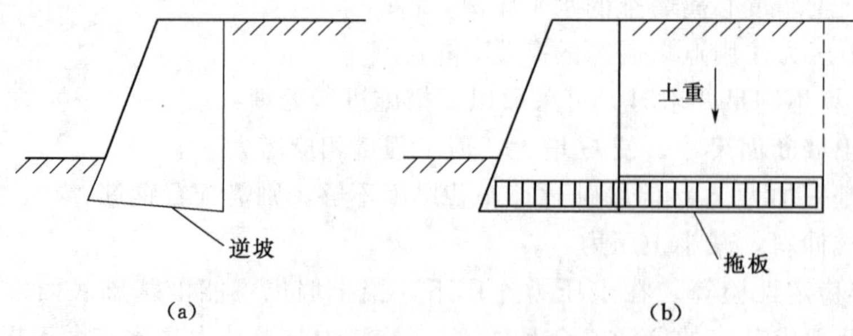

图 9-22　增加抗滑稳定的措施

4）在软土地基上，其他方法无效或不经济时，可在墙踵后加拖板，利用拖板上的土重来抗滑，拖板与挡土墙之间应该用钢筋连接，如图 9－22（b）所示。

关于问题三：

1. 墙型的选择

重力式挡土墙按墙背倾斜方式分为仰斜、直立和俯斜三种形式，如用相同的计算方法和计算指标计算主动土压力，一般仰斜最小，直立居中，俯斜最大。仰斜墙背墙身截面经济，墙背可以和开挖的临时边坡紧密贴合，但墙后填土较为困难，因此多用于支挡挖方工程的边坡。俯斜墙背墙后填土施工较为方便，易于保证回填土质量而多用于填土工程。直立墙背多用于墙前地形较陡的情况，如山坡上建墙。

2. 基础埋置深度

重力式挡土墙的基础埋置深度（如基底倾斜，基础埋置深度从最浅处的墙趾处计算）应该根据持力层土的承载力、水流冲刷、岩石裂隙发育及风化程度等因素进行确定。在特强冻胀、强冻胀地区应考虑冻胀的影响。在土质地基中，基础埋置深度不宜小于 0.11m；在软质岩石中，基础埋置深度不宜小于 0.3m。

3. 断面尺寸拟定

当墙前地面较陡时，墙面坡可取 1∶0.05～1∶0.2，当墙高较小时，亦可采用直立的截面。在墙前地面较为平坦时，对于中、高挡土墙，墙面坡度可较缓，但不宜缓于 1∶0.4，以免增高墙身或增加开挖深度。仰斜墙背坡度越缓，主动土压力越小，但为了避免施工困难，仰斜墙背一般不宜缓于 1∶0.25，墙面坡应尽量与墙背坡平行。俯斜墙背的坡度不大于 1∶0.36。为了增加挡土墙的抗滑稳定性，可将基底做成逆坡。但是，基底逆坡过大，可能使墙身连同基底下的一块三角形土体一起滑动。因此，土质地基的基底逆坡坡度不宜大于 0.1∶1，岩石地基基底逆坡不宜大于 0.2∶1。

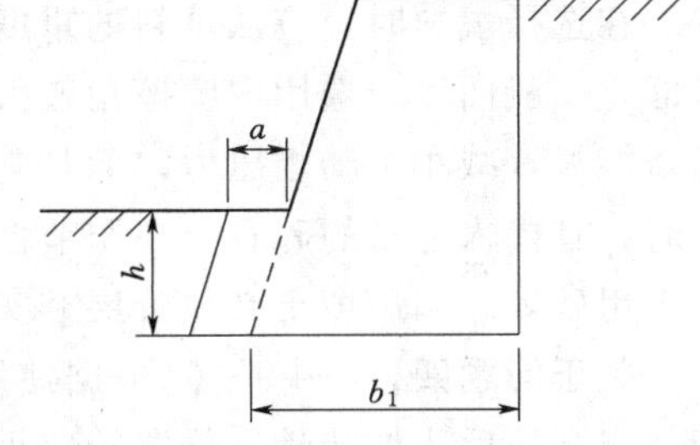

图 9－23　墙趾台阶尺寸示意图

当墙高较大时，为了使基底压力不超过地基承载力特征值，可加墙趾台阶，如图 9－23 所示，以便扩大基底宽度，这对墙的抗倾覆稳定也是有利的。墙趾台阶的高宽比可取 $h:a=2:1$，a 不得小于 20cm。此外，基底法向反力的偏心矩应满足 $e\leqslant b_1/4$（b_1 为无台阶时的基底宽度）。

挡土墙的顶部，对于块石挡土墙的墙顶宽度不宜小于 400mm；混凝土挡土墙的墙顶宽度不宜小于 200mm。重力式挡土墙基础底面宽为墙高的 1/3～1/2。重力式挡土墙应该每隔 10～20m 设置一道伸缩缝。当地基有变化时宜加设沉降缝。在挡土结构的拐角处，应采取加强的构造措施。

4. 墙后排水措施

在挡土墙建成使用期间，如遇雨水渗入墙后填土中，会使填土的重度增加，内摩擦角减小，土的强度降低，从而使填土对墙的土压力增大；同时墙后积水增加水压力，对墙的稳定性不利。积水自墙面渗出，还要产生渗流压力。水位较高时，静、动水压力对挡土墙的稳定威胁更大，因此挡土墙设计中必须设置排水。对于可以向坡内排水的支挡结构，应在支挡结构上设置排水孔，如图 9-24 所示。

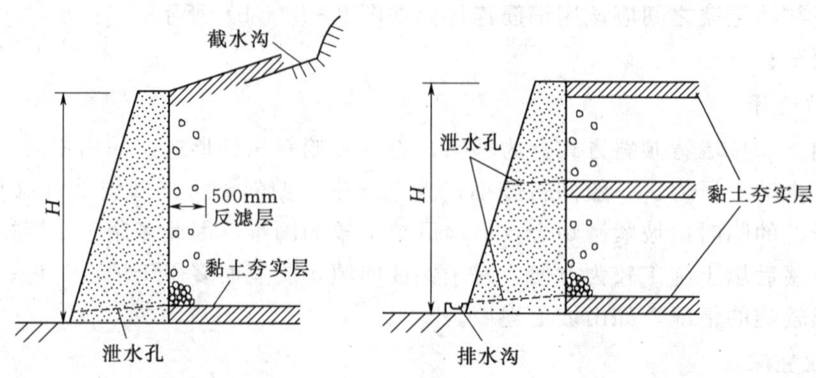

图 9-24 挡土墙排水措施

排水孔应沿着横竖两个方向设置，其间距宜按 2～3m，排水孔外斜坡度宜为 5%，孔眼尺寸不宜小于 100mm。为了防止泄水孔堵塞，应在其入口处以粗颗粒材料做反滤层和必要的排水暗沟。为防止地面水渗入填土和渗入填土中的水渗到墙下地基，应在地面和排水孔下部铺设黏土层并夯实，以利隔水。当墙后有山坡时，应在坡脚处设置截水沟。对于不能向坡外排水的边坡，应在墙背填土中设置足够的排水暗沟。

5. 填土质量要求

为保证挡土墙的安全正常工作及经济合理，填料的恰当选取极为重要。由土压力理论可知，填土重度越大，则主动土压力越大，而填土的内摩擦角越大，则主动土压力越小。所以，在选择填料时，应从填料的重度和内摩擦角哪一个因素对减小土压力更为有效这一点来考虑。一般而言，选用内摩擦角较大、透水性较强的粗粒填料，如粗砂、砾石、碎石、块石等，能显著减小主动土压力，而且它们的内摩擦角受浸水的影响也很小；当采用黏性土做填料时，宜掺入适量的碎石。在季节性冻土地区，墙后填土应选用非冻胀性填料，如炉渣、碎石、粗砂等。墙后填土必须分层夯实，保证质量。

关于问题四，[例 9-6]根据使用要求，需要在某水库大坝坝肩处设计一个回车场。由于坝肩开挖后边坡陡峭，位置较狭小，因此需要修建一段重力式挡土墙，工程等级为三级。

1. 工程条件及构造措施

挡土墙最大高度 $H=6\text{m}$，墙背倾斜角 $\varepsilon=10°$，填土面倾斜角 $\beta=20°$。墙后填料为砂土，内摩擦角 $\varphi=30°$，重度 18.5kN/m^3，墙背与填土摩擦角 $\delta=20°$。地基修正后的容许承载力 180kPa，墙底摩擦系数 $\mu=0.5$。

由于地基位于强风化层，岩石整体性较差，优先选用钢筋混凝土重力式挡土墙，墙身重度 24kN/m^3。另外，为了使墙后雨水尽快渗出，需要在墙身设置专门的排水措施，以及相应的粗粒料反滤层。

2. 设计参数及稳定验算

(1) 用库仑理论计算作用在墙上的主动土压力。根据已知条件查表 9-1，得到 $K_a=0.54$。

主动土压力 $$E_a=\frac{1}{2}\gamma H^2 K_a=\frac{1}{2}\times 18.5\times 6^2\times 0.54=179.82(\text{kN/m})$$

土压力的垂直分力 $E_{ay}=E_a\sin(\delta+\varepsilon)=E_a\sin 30°=179.82\times\frac{1}{2}=89.91(\text{kN/m})$

土压力的水平分力 $E_{ax}=E_a\cos 30°=179.82\times 0.866=155.73(\text{kN/m})$

（2）挡土墙断面尺寸的选择。根据经验初步确定挡土墙的断面尺寸时，重力式挡土墙的顶宽约为高度的$\frac{1}{12}$，底宽为高度的$\frac{1}{3}\sim\frac{1}{2}$。设顶宽 $b=0.5\text{m}$，底宽 $B=3\text{m}$。

墙体自重 $G=\frac{1}{2}(b+B)H\gamma=\frac{1}{2}\times(0.5+3)\times 6\times 24=252(\text{kN/m})$

（3）抗滑动稳定性验算。

$$K_s=\frac{(G+E_{ay})\mu}{E_{ax}}=\frac{(252+89.91)\times 0.5}{155.73}=1.098<1.3$$

结果不满足抗滑稳定要求，需要修改断面尺寸。取顶宽 $b=1\text{m}$，底宽 $B=4\text{m}$，再进行上述验算，此时墙体自重为

$$G=\frac{1}{2}(b+B)H\gamma=\frac{1}{2}\times(1+4)\times 6\times 24=360(\text{kN/m})$$

$$K_s=\frac{(G+E_{ay})\mu}{E_{ax}}=\frac{(360+89.91)\times 0.5}{155.73}=1.44>1.3$$

满足抗滑稳定要求。

（4）抗倾覆稳定性验算。设计墙体尺寸如图 9-25所示，依据图中尺寸求出自重 G 的重心距离墙趾的距离为 $x_0=2.18\text{m}$，土压力水平分力的力臂 $h_f=\frac{H}{3}=2\text{m}$，土压力垂直分力的力臂 $x_f=3.65\text{m}$，求得抗倾覆安全系数为

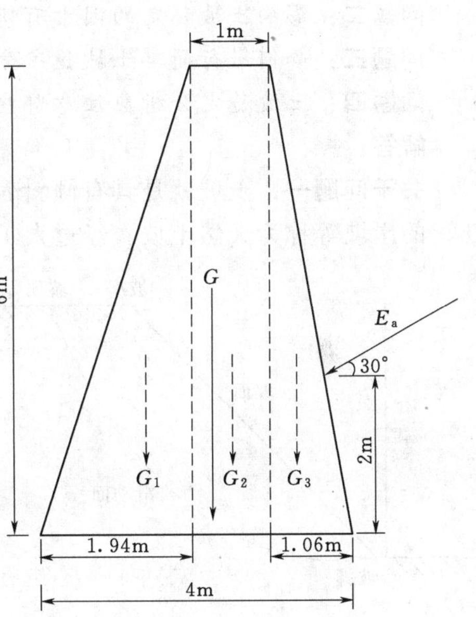

图 9-25 设计挡土墙尺寸

$$K_t=\frac{Gx_0+E_{ay}x_f}{E_{ax}h_f}=\frac{360\times 2.18+89.91\times 3.65}{155.73\times 2}=\frac{784.80+328.17}{311.46}=3.57>1.6$$

抗倾覆验算满足要求。

（5）地基承载力验算。作用在基础底面上的总力为

$$N=G+E_{ay}=360+89.91=449.91(\text{kN/m})$$

合力作用点距离墙趾的距离为

$$c=\frac{Gx_0+E_{ay}x_f-E_{ax}h_f}{N}=\frac{784.80+328.17-311.46}{449.91}=1.78(\text{m})$$

偏心距 $e=\frac{B}{2}-c=2-1.78=0.22<\frac{B}{6}$

基地应力 $P_{\min}^{\max}=\frac{N}{B}\left(1\pm\frac{6e}{B}\right)=\frac{449.91}{4}\times\left(1\pm\frac{6\times 0.22}{4}\right)=\begin{matrix}149.60\ (\text{kPa})\\75.36\ (\text{kPa})\end{matrix}<180\text{kPa}$

地基承载力验算满足要求。

钢筋混凝土墙体，不再进行强度验算。

任务五　土坡稳定分析

任务描述：围绕完成土坡稳定分析这个任务，通过推理，解决四个问题，使学生明晰：无黏性土坡的稳定分析，黏性土坡的稳定分析方法；分析一般土坡的稳定性。

课前设问：

问题一：土坡稳定有何作用？

问题二：影响土坡稳定的因素有哪些？

问题三：如何进行简单土坡稳定分析？

问题四：土坡稳定分析应注意哪些问题？

解答：

关于问题一，土坡就是具有倾斜表面的土体。由于地质作用自然形成的土坡，如山坡、江河的岸坡等称为天然土坡。经过人工开挖，填土工程建造物如基坑、渠道、土坡、路堤等的边坡，通常称为人工土坡。土坡的外形和各部分名称如图 9-26 所示。

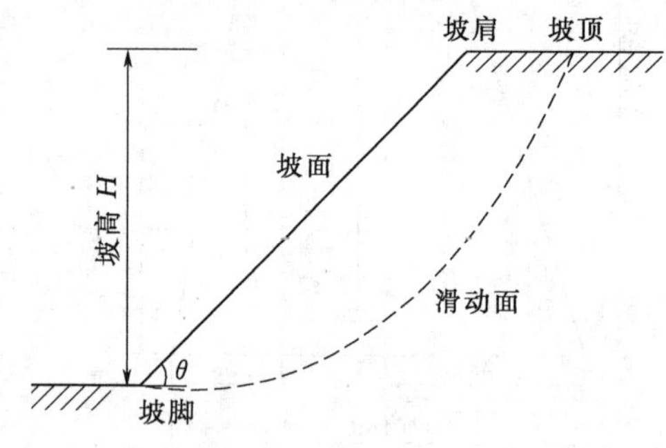

图 9-26　土坡的外形各部分名称

在土体自重和外力作用下，坡体内将产生切应力，当切应力大于土的抗剪强度时，即产生剪切破坏，如靠坡面处剪切破坏面积很大，则将产生一部分土体相对另一部分土体滑动的现象，称为滑坡或塌方。土坡在发生滑动之前，一般在坡顶首先开始明显的下沉并出现裂缝，坡脚附近的地面则有较大的侧向位移并微微隆起。随着坡顶裂缝的开展和坡脚侧向位移的增加，部分土体突然沿着某一个滑动面急剧下滑，造成滑坡。

土木建筑工程中经常遇到各类土坡，包括天然土坡和人工土坡。如果处理不当，一旦土坡失稳产生滑坡，不仅影响工程进度，甚至危及生命安全和工程存亡，应该引起重视。

1. 基坑开挖

一般黏性土浅基础施工，基础埋深 1 ～ 2m，可垂直开挖节省土方量，也可用速度快的机械化施工。但当深度大于 5m 时，两层以上的箱基或深基，垂直开挖会产生滑坡。如边坡缓，则工程量太大，在密集建筑区进行基坑开挖，可能影响邻近建筑物的安全。

2. 坡顶荷载过大

土坡坡顶修建建筑物或堆放材料，可能使原来稳定的土坡产生滑动。如建筑物离边坡远，则对土坡无影响，应确定安全距离。

3. 确定合适的坡度

人工填筑的土堤、土坝、路基，应采用合适边坡坡度。由于这些工程长度很大，边坡稍微改陡一点，节省的工程量往往很可观。

由此可见，土坡稳定在工程上具有很重要的意义，特别要注意外界不利因素对土坡稳定的影响。

关于问题二，影响土坡稳定有多种因素，包括土坡的边界条件、土质条件和外界条件。

具体因素分述如下：

1. 土坡坡度

土坡坡度有两种表示方法：一种以高度和水平尺度之比来表示，例如 1∶2 表示高度 1m，水平长度为 2m 的缓坡；另一种以坡角 θ 的大小来表示。坡角 θ 越小则土坡越稳定，但不经济；坡角 θ 越大则土坡越经济，但不安全。

2. 土坡高度

土坡高度 H 是指坡脚到坡顶之间的铅直距离。试验研究表明，对于黏性土坡，其他条件相同时，坡高越小，土坡越稳定。

3. 土的性质

土的抗剪强度指标越大，土坡越稳定。例如，土的抗剪强度指标 c、φ 值大的土坡比 c、φ 值小的土坡稳定。有时由于地震等原因，使 φ 降低或产生孔隙水压力，可能使原来稳定的边坡失稳滑动，地下水位上升，对土坡不利。

4. 气象条件

若天气晴朗，土坡处于干燥状态，土的强度高，土坡的稳定性就好。若在雨季，尤其是连续大暴雨，大量的雨水入渗，使土的强度降低，可能导致土坡滑动。

5. 地下水的渗透

当土坡中存在与滑动方向一致的渗透力时，对土坡稳定不利。例如，水库土坝下游土坡可能发生这种情况。

6. 震动荷载

震动荷载，如地震、工程爆破、车辆震动等，会产生附加的震动荷载，降低土坡的稳定性。震动荷载还可能使土体中的孔隙水压力升高，降低土体的抗剪强度。震动能量越大则越危险。

7. 人类活动和生态环境

人类活动和生态环境会对土坡的稳定性产生影响。例如，经过漫长时间形成的天然土坡原本是稳定的，如在土坡上建造房屋，增加了坡上荷载，有可能引起土坡的滑动；如在坡脚建房，为增加平地面积，往往将坡脚的缓坡削平，则土坡更容易失稳发生滑动。

关于问题三，土坡稳定分析的目的在于确定土坡是否稳定，或根据土坡已知高度和土的性质等条件，设计出合理的土坡断面。土质均匀、坡度不变，无地下水的简单土坡，其稳定计算可简化。

1. 无黏性土坡的稳定分析

由于无黏性土颗粒间没有黏聚力，即 $c=0$，只有摩擦力，因此，只要坡面上颗粒能保持自身稳定，土坡就能保持稳定。

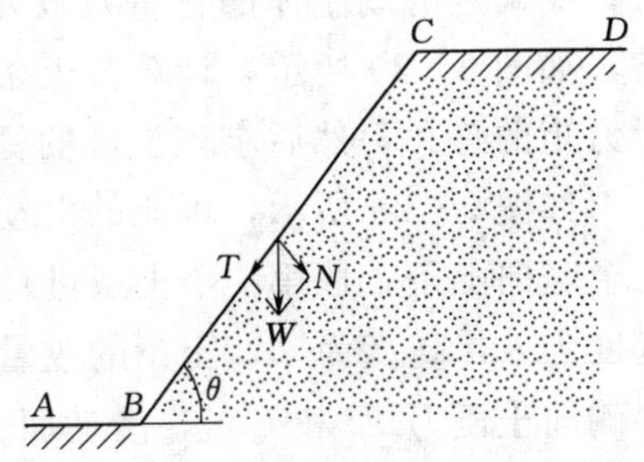

图 9-27　无黏性土简单土坡

如图 9-27 所示，均质无黏性土坡的坡角 θ，土的内摩擦角 φ。从坡面上任取一个侧面竖直、底面与坡面平行的土体单元，假定不考虑该单元土两侧应力对稳定性的影响。设单元体的自重 W，则其下滑剪切力就只有 W 在顺坡方向的分力 T。

$$T=W\sin\alpha \tag{9-20}$$

阻止土体下滑的力是此单元体与下面土体之间的剪应力，其最大值为

$$T_f = N\tan\varphi = W\cos\theta\tan\varphi \tag{9-21}$$

式中 N——单元体自重在坡面法线方向上的分力；

φ——土的内摩擦角。

无黏性土土坡的稳定安全系数定义为抗剪力与剪切力之比，即

$$K_s = \frac{T_f}{T} = \frac{W\cos\theta\tan\varphi}{W\sin\theta} = \frac{\tan\varphi}{\tan\theta} \tag{9-22}$$

由此可见，对于均质无黏性土土坡，理论上只要坡角小于土的内摩擦角，土体就是稳定的。$K_s=1.0$ 时，土体处于极限平衡状态，此时的坡角就等于无黏性土的内摩擦角 φ。根据经验，对基坑开挖边坡一般可取 $K_s=1.1\sim1.2$。

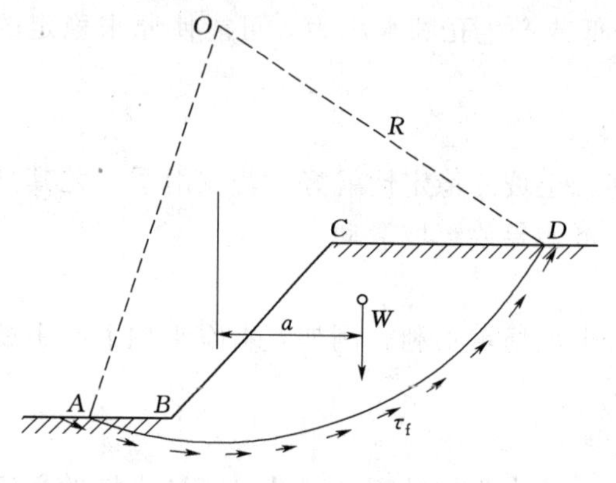

图 9-28 黏性土土坡圆弧滑动面

2. 黏性土坡的稳定分析

黏性土坡稳定分析比无黏性土坡复杂，因为它的稳定坡角 θ 是黏性土的多个性质指标的函数，性质指标包括重度 γ、黏聚力 c、内摩擦角 φ 与坡高 H。黏性土坡失去稳定时滑动面呈曲面，接近圆弧，故采用圆弧计算，该法称为圆弧法。圆弧法最早由瑞典的彼德森提出，所以又称为瑞典圆弧法，后来由费伦纽斯修改为条分法，并在世界各国广泛应用。

(1) 基本原理。如图 9-28 所示，假设土坡沿 AD 圆弧面滑动，可看作土体绕圆心 O 转动，由滑动土体的自重在滑动方向上分力产生滑动力矩 M_T，由滑动面上的摩擦力和黏聚力产生抗滑力矩 M_R，则有抗滑稳定安全系数 K，即

$$K = \frac{M_R}{M_T} = 1.1\sim1.5 \tag{9-23}$$

最初的圆弧法将滑动体看作一个整体，但由于滑动体外形复杂，当土坡由多层土构成时，要确定滑动土体的自重及其重心位置比较困难。条分法则将滑动土体分成若干垂直土条，如图 9-29 所示，计算各土条对滑弧中心的滑动力矩和抗滑力矩，分别求滑动力矩和抗滑力矩的总和，然后求该土坡的稳定安全系数。

如图 9-29 所示，可能的滑动面是一圆弧 AD，圆心为 O，半径为 R。现将该滑块分成几个竖向土条，取第 i 个土条进行分析，该土条底面中点的法线与竖直线的夹角为 α_i，土条宽度为 b_i，高度为 z_i，土条的重量为 W_i，土条底的抗剪强度参数为 c_i 和 φ_i；土条两侧作用有侧向土压力 E_i 和 E_{i+1}，滑动面上的反力有法向反力 N_i、切向反力 T_i，且作用在此土条滑动面的中点。

假定土条两侧的作用力相互抵消，则第 i 个土条上的作用力只有 W_i、N_i 和 T_i，按平衡条件应有：$N_i=W_i\cos\alpha_i$；$T_i=W_i\sin\alpha_i$。

该土条对 O 点的滑动力矩为

$$M_{Ti} = T_iR = W_iR\sin\alpha_i \tag{9-24}$$

该土条对 O 点的抗滑稳定力矩为

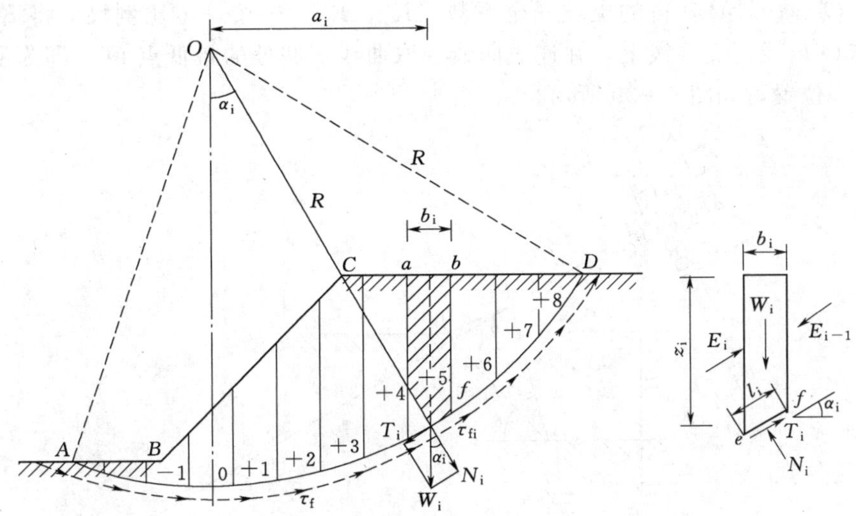

图 9-29　条分法土坡稳定分析

$$M_{Ri}=R(c_i l_i+W_i\cos\alpha_i\tan\varphi_i) \tag{9-25}$$

整个滑体对 O 点的抗滑稳定系数为

$$K=\frac{M_R}{M_T}=\frac{R\sum_{i=1}^{n}(c_i l_i+W_i\cos\alpha_i\tan\varphi_i)}{R\sum_{i=1}^{n}W_i\sin\alpha_i} \tag{9-26}$$

式中，α_i 存在正负问题。当土条自重沿滑动面产生下滑力时，α_i 为正；当产生抗滑力时，α_i 为负。

上面是对于某一个假定滑动面求得的稳定安全系数，实际上它并不一定是真正的滑动面位置，而真正的滑动面对应于最小安全系数的滑动面，即为最危险的滑动面。因此欲求解其真正滑动面位置，必须按照上述方法反复试算求取。

(2) 最危险滑动面的确定。由于土坡稳定计算工作量大，以上分析方法都是在假定一个滑动面的情况下进行的，不一定是最危险的滑动面。一般需进行试算，即假定许多滑动面及其圆心并求出相应的安全系数，找到安全系数最小的就是最危险滑动面。大型水库土坝稳定计算时，上、下游坝坡每一种水位需计算 50～80 个滑动圆弧，才能找到最小的安全系数。

对于坡面单一、土质均匀的均质土坡，可以参考费伦纽斯经验方法近似快速确定。

1) 根据土坡坡度或坡角 θ，由表 9-4 查得相应的 a、b 角度值。

2) 由坡脚 A 点作 AE 线，使 $\angle EAB=\angle a$；由坡顶 B 点作 BE 线，与水平线夹角为 $\angle b$。

3) AE 与 BE 交于 E 点，即为 $\varphi=0$ 时土坡最危险滑动面的圆心。

4) 由坡脚 A 点竖直向下取 H 值，然后向土坡方向水平线上取 $4.5H$ 处记为 D 点。作 DE 线的向外延长线，该线附近即为 $\varphi>0$ 时土坡最危险滑动面的圆心位置。

5) 在 DE 延长线上选 3～5 个点作为圆心 O_1，O_2，…计算各自的土坡安全系数 K_1，K_2，…按一定比例尺，将 K 的数值画在圆心与 DE 线正交的线上，并连成曲线。取曲线下凹处的最低点 O' 即为危险滑动面圆心。

6) 为计算更精确，还可以过 O' 作直线 $O'F$ 与 DE 正交，在 $O'F$ 线上，选 3～5 个点作

为圆心 O_1'，O_2'，…计算各自的土坡安全系数，K_1'，K_2'，…按一定比例尺，将 K' 的数值画在圆心 O' 与 $O'F$ 线正交的线上，并连成曲线。取曲线下凹处的最低点 O''，即为所求最危险滑动面的圆心位置，如图 9-30 所示。

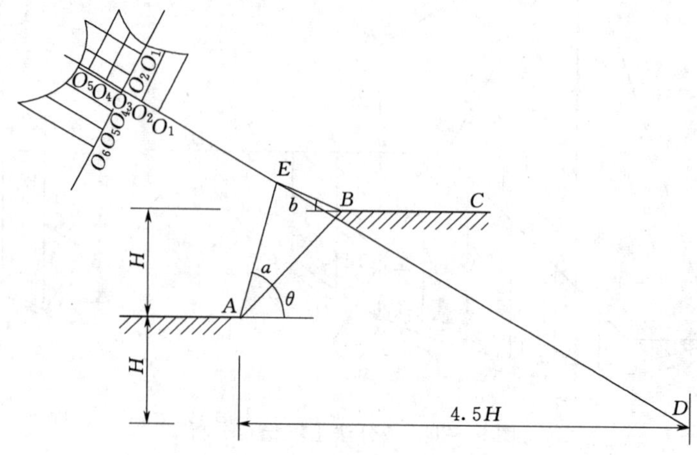

图 9-30 费伦纽斯法确定最危险滑动面的圆心

表 9-4 **a、b 角的数值**

土坡坡度	坡角 θ	a	b	土坡坡度	坡角 θ	a	b
1∶0.58	60°	29°	40°	1∶2.00	26°34′	25°	35°
1∶1.00	45°	28°	37°	1∶3.00	18°26′	25°	35°
1∶1.50	33°41′	26°	35°	1∶4.00	14°03′	25°	36°

【例 9-6】 如图 9-31 所示一均质黏性土坡，高 20m，边坡坡度为 1∶3，土的内摩擦角 φ 为 20°，黏聚力 $c=10\text{kPa}$，重度 $\gamma=18.5\text{kN/m}^3$，试用条分法计算土坡的稳定安全系数。

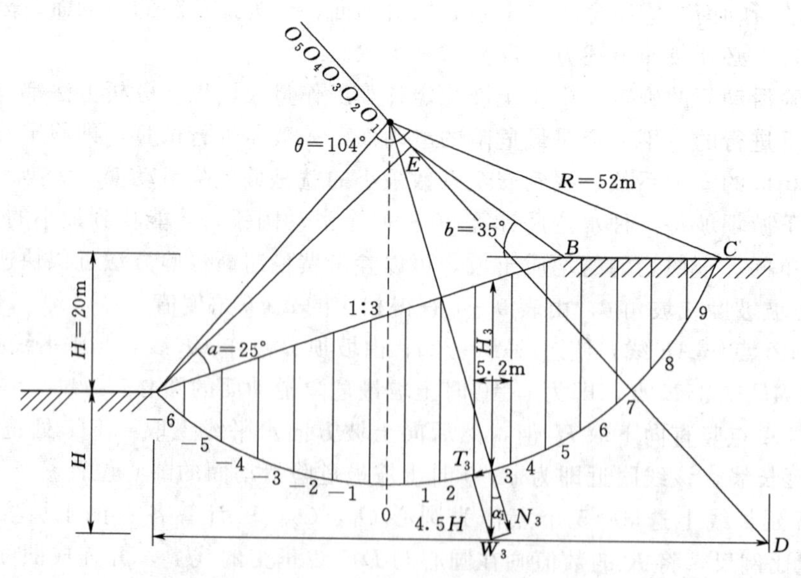

图 9-31 ［例 9-6］条分法计算土坡稳定安全系数

【解】（1）假定滑弧圆心及相应滑弧的位置。因为是均质土坡，其边坡为 1∶3，查表 9-4可得 $a=25°$，$b=35°$，作 DE 的延长线，在其上任取一点 O_1，作为第一次试算的滑弧中心，通过坡脚作相应的滑弧 AC，其半径$R=52$m。

（2）将滑动土体 ABC 分成若干土条，并对土体进行编号。为计算方便，土条宽度可取滑弧半径的 1/10，即取 $b=5.2$m。土条编号取滑弧圆心的铅垂线下作为第 0 条，向左依次为－1、－2、－3 等，方向为＋1、＋2、＋3 等。

（3）量出各土条的中心高度 h_i，并列出计算 $\sin\alpha_i$、$\cos\alpha_i$ 以及 $W_i\sin\alpha_i$、$W_i\cos\alpha_i$ 等值（表 9-5）。其中 $\sin\alpha_i=nb/R=0.1n$（n 为土条号数）。

表 9-5　　切向力和摩擦力计算

编号	土条重量 $W_i=\gamma b_i h_i$	$\sin\alpha_i$	切向力 $T_i=W_i\sin\alpha_i$	$\cos\alpha_i$	法向力 $N_i=W_i\cos\alpha_i$	$\tan\varphi$	摩阻力 $N_i\tan\varphi$	总黏聚力 $c\hat{L}$
－6	3.00×4.68×18.5＝259.74	－0.600	－154.55	0.800	208.76	0.364	75.98	10.0×94.3×1.0＝943
－5	6.40×5.20×18.5＝615.68	－0.500	－307.84	0.866	533.19		194.07	
－4	10.00×5.20×18.5＝962.00	－0.400	－384.80	0.917	881.69		320.91	
－3	14.00×5.20×18.5＝1346.80	－0.300	－404.04	0.954	1284.77		467.62	
－2	17.40×5.20×18.5＝1673.88	－0.200	－334.78	0.980	1640.06		596.93	
－1	20.00×5.20×18.5＝1924.00	－0.100	－192.40	0.995	1914.36		696.77	
0	22.00×5.20×18.5＝2116.40	0.000	0.00	1.000	2116.40		770.31	
1	23.60×5.20×18.5＝2270.32	0.100	227.03	0.995	2258.94		822.19	
2	24.40×5.20×18.5＝2347.28	0.200	469.46	0.980	2299.86		837.08	
3	25.00×5.20×18.5＝2405.00	0.300	721.50	0.954	2294.22		835.03	
4	25.00×5.20×18.5＝2405.00	0.400	962.00	0.917	2204.22		802.27	
5	24.00×5.20×18.5＝2308.80	0.500	1154.40	0.866	1999.48		727.75	
6	20.80×5.20×18.5＝2000.96	0.600	1200.58	0.800	1600.77		582.63	
7	16.00×5.20×18.5＝1539.20	0.700	1077.44	0.714	1099.21		400.08	
8	10.80×5.20×18.5＝1038.96	0.800	831.17	0.600	623.38		226.89	
9	2.80×5.20×18.5＝269.36	0.900	242.42	0.436	117.41		42.73	
			5107.59				8399.23	

应当注意，当取 $b=0.1R$ 时，滑动体两端的土条的宽度往往不会恰好等于 b，此时，需对 $\sin\alpha_i$ 作相应调整。

现以－6 土条为例，该土条的实际宽度（图上量得）为 4.68m，则有

$$\sin\alpha_{-6}=-\frac{5.5b+0.5b_{-6}}{R}=-\frac{5.5\times5.2+0.5\times4.68}{52}=-0.595$$

（4）求出滑弧中心角 $\theta=104°$，计算滑弧长度 L。

$$L=\frac{\pi\theta R}{180}=\frac{\pi\times104\times52}{180}=94.3(\text{m})$$

(5) 计算安全系数 K_s。将以上结果代入式 (9-26)，得到第一次试算安全系数

$$K_s=\frac{cL+\tan\varphi\sum_{i=1}^{n}W_i\cos\alpha_i}{\sum_{i=1}^{n}W_i\sin\alpha_i}=\frac{8399.23+943}{5107.59}=1.83$$

(6) 在 DE 的延长线重新假定滑弧中心 O_2、O_3 等，重复以上计算，求出安全系数最小值，即为所求边坡的稳定安全系数。

关于问题四：

1. 关于挖方边坡和天然边坡

人工挖方和天然存在的土坡是在天然地层中形成的，但与人工填筑土坡相比有独特之处。对均质挖方土坡和天然土坡进行稳定性分析，与人工填筑土坡相比，求得的安全系数比较符合实测结果，但对于超固结裂隙黏土，算得的安全系数虽远大于1，表面上看来已稳定，实际上都已破坏，这是由超固结黏土的特性决定的。随着剪切变形的增加，抗剪强度增大到峰值强度，随后降至残余值，特别是黏聚力下降较大，甚至接近于零，这些特性对土坡稳定性有很大影响。

2. 关于圆弧滑动法

圆弧滑动法把滑动面简单地当作圆弧，并认为滑动土体是刚性的，没有考虑分条之间的推力，或只考虑分条间水平推力（毕肖普公式），故计算结果不能完全符合实际，但由于计算概念明确，且能分析复杂条件下土坡稳定性，所以在各国实践中普遍使用。由均质黏土组成的土坡，该方法可使用；但由非均质黏土组成的土坡，如坝基下存在软弱夹层或土石坝等，其滑动面形状发生很大变化，应根据具体情况，采用非圆弧法进行计算比较。不论用哪一种方法，都必须考虑渗流的作用。

3. 土的抗剪强度指标选用问题

选用的土抗剪强度指标是否合理，对土坡稳定性分析结果有密切关系。应结合边坡实际加荷情况、填料性质和排水条件等，合理选用土的抗剪强度指标。

4. 安全系数选用问题

理论上讲，处于极限平衡状态的土坡，其安全系数 $K=1$，所以若设计土坡时的 $K>1$，就应满足稳定要求。但实际工程中，有些土坡安全系数 $K>1$，还是发生了滑动；而有些土坡安全系数 $K<1$，却是稳定的。这是因为影响安全系数的因素很多，如抗剪强度指标的选用、计算方法的选择、计算条件的选择等。目前对土坡稳定容许安全系数的数值，各部门尚无统一标准，选用时要注意计算方法、强度指标和容许安全系数必须相互配合，并要根据工程不同情况，结合当地已有经验加以确定。

5. 成层土土坡或地表面有堆载等复杂情况下土坡稳定性分析

当土坡滑动体由两层或更多土层组成时，滑动面往往贯穿多个土层。土坡稳定性分析时，土体自重应该根据滑动体的具体组成，采用相应的重度计算；抗剪强度也应该依据实际情况分段采用相应的抗剪强度指标计算。当地表面有堆载时，按划分后的土条，将堆载分摊到相应的土条顶面。土坡稳定性分析时，将堆载作为竖直向的力，计入相应的平衡方程。

6. 土坡稳定的允许高度

GB 50007—2011《建筑地基基础设计规范》规定：边坡的坡度允许值，应根据当地经验，参照同类土层稳定坡度确定，当土质良好且均匀，可按表 9-6 确定。

表 9-6　　土质边坡的坡度允许值

土的类别	密实度或状态	坡度允许值（高宽比）	
		坡高在 5m 以内	坡高为 5～10m
碎石土	密实	1∶0.35～1∶0.50	1∶0.50～1∶0.75
	中密	1∶0.50～1∶0.75	1∶0.75～1∶1.00
	稍密	1∶0.75～1∶1.00	1∶1.00～1∶1.25
黏性土	坚硬	1∶0.75～1∶1.00	1∶1.00～1∶1.25
	硬塑	1∶1.10～1∶1.25	1∶1.25～1∶1.50

注　1. 表中碎石土的充填物为坚硬或硬塑状态的黏性土。
　　2. 对于砂土或充填物为砂土的碎石土，其边坡坡度允许值按自然休止角确定。

7. 不稳定边坡应采取的措施

对不稳定的边坡经常采用减小滑动或者增大抗滑力的措施来进行防治。

从减小滑动方面考虑，首先可用卸载减压法，也就是在坡顶或坡面进行卸载，如开挖、降低坡高等，但必须保证卸载区上方及两侧岩土体的稳定条件。其次可以采用排水减压法，根据滑坡体地质条件，可以在滑坡体内设置排水设施，如排水沟、排水孔等，减小地下水渗透压力作用。

从增大抗滑力方面考虑，可以采用边坡加固法，主要有修建支挡建筑物、护面、锚固及灌浆处理等，常见的支挡建筑物有重力式抗滑挡土墙、阻滑桩及其他抗滑结构，常用的护面有喷素混凝土或喷锚支护，灌浆处理则通过固结或化学灌浆，改变土的性质，使其强度增加。也可以采用拦截地表水的方法，采取填塞裂缝，消除地表积水洼地，或在滑坡体上设置排水沟，种植蒸腾量大的树木等，防止地面水浸入滑坡体而导致强度降低。

思　考　题

1. 土压力有哪几种？影响土压力大小的因素有哪些？
2. 什么是主动土压力？产生主动土压力的条件是什么？适用于什么范围？
3. 什么是被动土压力？
4. 库仑土压力的基本假设是什么？适用于什么范围？如何计算主动土压力系数？
5. 挡土墙有哪些类型？分别有什么特点？适用于什么情况？
6. 如何确定重力式挡土墙的尺寸？
7. 采取什么措施可以提高挡土墙稳定安全系数？
8. 挡土墙排水设施如何设置？
9. 影响土坡稳定的因素有哪些？无黏性土坡的稳定性与哪些因素有关？
10. 条分法的原理是什么？如何确定最危险圆弧滑动面？
11. 对挡土墙的墙后填土有什么要求？

习　题

1. 某挡土墙高11m，墙背垂直、光滑，填土表面水平，$\gamma=19\text{kN/m}^3$，$\varphi=30°$，$c=0$，试确定：(1) 挡土墙的静止土压力分布、合力大小及其作用点位置；(2) 该挡土墙的主动土压力分布、合力大小及其作用点位置。

2. 已知某挡土墙高度 $H=4\text{m}$，墙背竖直、光滑，墙后填土表面水平。填土为干砂，重度 $\gamma=18\text{kN/m}^3$，内摩擦角 $\varphi=36°$。计算作用在此挡土墙上的静止土压力 E_0（可取 $K_0=0.4$）；若墙能向前移动，大约需移动多少距离才能产生主动土压力 E_a？计算 E_a 的数值。

3. 某挡土墙高度 $H=4\text{m}$，墙背竖直、光滑，墙后填土表面水平。填土为砂土，天然重度 $\gamma=18\text{kN/m}^3$，饱和重度 $\gamma_{sat}=21\text{kN/m}^3$，内摩擦角 $\varphi=36°$。地下水位埋深 2m。计算作用在此挡土墙上的静止土压力 E_0（可取 $K_0=0.4$）、主动土压力 E_a和水压力 E_w 的数值。

4. 已知某挡土墙高度 $H=4\text{m}$，墙背竖直，挡土墙与墙后填土之间的摩擦角 δ 为 24°，墙后填土表面水平。填土为干砂，天然重度 $\gamma=18\text{kN/m}^3$，内摩擦角 $\varphi=36°$。计算作用在此挡土墙上的主动土压力 E_a 的数值。

5. 某挡土墙高度 $H=5\text{m}$，墙顶宽度 $b=1.5\text{m}$，墙底宽度 $B=2.5\text{m}$。墙面竖直，墙背倾斜，墙背与填土间的摩擦角 $\delta=20°$，填土表面倾斜 $\beta=12°$。墙后填土为中砂，重度 $\gamma=17\text{kN/m}^3$，内摩擦角 $\varphi=30°$。计算作用在此挡土墙上的主动土压力 E_a 和 E_a 的水平分力与竖直分力。

6. 某挡土墙高度 $H=5\text{m}$，墙顶宽度 $b=1.5\text{m}$，墙底宽度 $B=2.5\text{m}$。墙面竖直，墙背倾斜，墙背与填土间的摩擦角 $\delta=20°$，填土表面倾斜 $\beta=12°$。墙后填土为中砂，重度 $\gamma=17\text{kN/m}^3$，内摩擦角 $\varphi=30°$。挡土墙地基为砂土，墙底摩擦系数 $\mu=0.4$，墙体材料重度 $\gamma=22\text{kN/m}^3$。试验算此挡土墙的抗滑和抗倾覆稳定性是否满足要求。

7. 某挡土墙高度 $H=10\text{m}$，墙背竖直、光滑，墙后填土表面水平。填土上有均布荷载 $q=20\text{kPa}$。墙后填土分两层：上层为中砂，重度 $\gamma_1=18.5\text{kN/m}^3$，内摩擦角 $\varphi_1=30°$，层厚 $h_1=3\text{m}$；下层为粗砂，重度 $\gamma_2=19\text{kN/m}^3$，内摩擦角 $\varphi_2=35°$。地下水位在离墙顶 6.0m 位置。水下粗砂的饱和重度 $\gamma_{sat2}=20\text{kN/m}^3$。计算作用在此挡土墙上的总主动土压力和水压力。

8. 已知一均质土坡，坡角 $\theta=30°$，土的重度 $\gamma=16\text{kN/m}^3$，内摩擦角 $\varphi=20°$，黏聚力 $c=5\text{kPa}$。计算此黏性土坡的安全高度 H。

9. 已知某路堤填筑高度 $H=10\text{m}$，填土的重度 $\gamma=18\text{kN/m}^3$，内摩擦角 $\varphi=20°$，黏聚力 $c=7\text{kPa}$。求此路基的稳定坡角 θ。

10. 某基坑深度 $H=6\text{m}$，土坡坡度 1∶1。地基土分为两层：第一层为粉质黏土，天然重度 $\gamma_1=18\text{kN/m}^3$，内摩擦角 $\varphi_1=20°$，黏聚力 $c_1=5.4\text{kPa}$，层厚 $h_1=3\text{m}$；第二层为黏土，重度 $\gamma_2=19\text{kN/m}^3$，内摩擦角 $\varphi_2=16°$，黏聚力 $c_2=10\text{kPa}$，层厚 $h_2=10\text{m}$。试用圆弧条分法计算此土坡稳定性。

11. 一般基岩上的土墙和拱座、地下室的外墙等，可按（　　）计算。

A. 静止土压力　　　　B. 主动土压力　　　　C. 被动土压力

12. 墙后填土中有地下水时，墙背上作用的（　　）。

A. 主动土压力减小，总压力减小

B. 主动土压力增大，总压力增大

C. 主动土压力减小，总压力增大

13. 区分三种土压力是根据（　　）。

A. 挡土墙的刚度　　B. 挡土墙的高度　　C. 挡土墙的位移

14. 当墙后填土中的地下水位上升时，作用在墙背上的总压力（　　）。

A. 减小　　B. 增大　　C. 不变

项目十　地　基　处　理

项目描述：本项目通过完成两个学习任务：软弱土地基处理技术、其他软弱土地基处理方法，讲述地基处理方法。

项目目标：了解软弱土的种类和性质；掌握地基处理的目的及适用情况；掌握碾压夯实法、换土垫层法、预压固结法、挤密法的原理、类型及工作特点；掌握换土垫层法的设计和施工技术要点。能够根据条件选用适当的地基处理方法；会对换土垫层进行设计施工。了解其他几种地基处理的方法、目的及适用情况；能够根据条件选用适当的地基处理方法。

项目学习的重点：地基处理的方法、目的及适用范围。

项目学习的难点：地基处理的方法。

任务一　软弱土地基处理技术

任务描述：围绕完成软弱土地基处理技术这个任务，通过推理介绍，解决五个问题，使学生明晰：软弱土的种类和性质；地基处理的目的及适用情况；碾压夯实法、换土垫层法、预压固结法、挤密法的原理、类型及工作特点；换土垫层法的设计和施工技术要点。根据条件选用适当的地基处理方法；换土垫层设计施工。

课前设问：

问题一：软弱土有何特性？

问题二：地基处理方法如何分类？

问题三：如何选择地基处理方法？

问题四：何为碾压夯实法？

问题五：何为换土垫层法？

解答：

关于问题一，在现代土木工程建设中，常会遇到各种各样的软弱土地基或不良地基，这些地基通常情况下不能满足建（构）筑物对地基的要求，需要进行加固处理。地基处理的目的主要是改善地基土的性质，达到满足建筑物对地基稳定和变形的要求，包括改善地基土的变形特性和渗透性，提高其抗剪强度和抗液化能力。当前地基处理方法众多，各有其适用性和局限性，针对每一具体工程都要进行细致分析，应从地基条件、处理要求等方面进行综合分析比较，以确定合适的地基处理办法。

软弱土包括淤泥、淤泥质土、冲填土、杂填土或其他高压缩性土，由软弱土组成的地基称为软弱土地基。这种地基往往达不到设计的要求，必须进行人工处理后才能建造房屋和构筑物。

淤泥和淤泥质土一般是第四纪后期在滨海、湖泊、河滩、三角洲、冰渍等地质沉积环境下形成的。这类土大部分是饱和的，含有机质，天然含水量大于液限，孔隙比大于1。当天然孔隙比大于1.5时，称为淤泥；天然孔隙比大于1而小于1.5时，则称为淤泥质土。这类

土工程性质软弱，抗剪强度很低，压缩性高，渗透性小，并具有结构性，广泛分布于我国东南沿海地区和内陆江河湖泊的周围，是软弱土的主要土类，统称为软土。软土和一般的黏性土不同，一般具有下列工程特性：

（1）天然含水量高、孔隙比大。软土的颜色多呈灰色或黑灰色，油滑光润且有腐烂植物的气味，多呈软塑或半流塑状态。其天然含水量一般都大于30%，山区软土有时可达70%。天然重度一般在15～19kN/m^3，孔隙比都大于1。由此，软土地基具有变形特别大、强度低的特点。

（2）透水性低。软土的透水性很低，垂直方向的渗透系数小，其值在10^{-9}～10^{-7}cm/s，水平方向渗透系数为10^{-5}～10^{-4}cm/s，因此软土的固结需要相当长的时间。

（3）高压缩性。软土孔隙比大，具有高压缩性的特点。土层在自重和外荷作用下，长期得不到固结。软土的压缩系数a_{1-2}一般在0.5～2.0MPa^{-1}，最大可达4.5MPa^{-1}。

（4）抗剪强度低。软土的抗剪强度很低，在不排水剪切时，软土的内摩擦角接近于零，抗剪强度主要由黏聚力决定。

（5）触变性。软土是结构性沉积物，具有触变性。一旦扰动，土的结构强度便被破坏。

（6）流动性。软土具有流动性，其中包括蠕变特性、流动特性、应力松弛特性和长期强度特性。蠕变特性是指在荷载不变的情况下变形随时间发展的特性；流动特性是土的变形速率随应力变化的特性；应力松弛特性是在恒定的变形条件下应力随时间减小的特性；长期强度特性是指土体在长期荷载作用下土的强度随时间变化的特性。考虑到软土的流变特性，用一般剪切试验方法求得的软土的抗剪强度值，不宜全部用足。

综上所述，软土的强度低，压缩性高，透水性小，而且具有高灵敏度和流变性。如不认真对待，常会出现建筑物因沉降过大（或不均匀）而开裂破坏，甚至发生地基整体滑动房屋倒塌。当采取一般基础形式时，必须对软土进行地基处理，才可能满足对地基的强度、变形和稳定性的要求。软土的饱和度大于90%，液限在35%～60%，液性指数大多大于1.0。

关于问题二，地基处理方法较多，按其原理及作用，大致可分为表10-1所列五大类。

表10-1　　地基处理方法分类

分类	方　法	原理及作用	适用范围
碾压夯实	机械碾压法、振动压实法、重锤密实法、强夯法	碾压或夯实地基表层。强夯法是利用强大的冲击波，迫使深层土液化和动力固结而密实。提高地基土的强度，减少沉降，消除或部分消除土的液化可能和湿陷性	砂土及含水量不高的黏性土地基，应注意强夯震动对附近建筑物的影响
换土垫层	素土垫层、砂垫层、碎石垫层	清除浅层土，换以较好的土料，提高持力层承载力，减少地基沉降，消除或部分消除土的胀缩、湿陷、冻胀	浅层软弱土、湿陷性黄土、膨胀土、季节性冻土等地基
深层挤密	砂桩挤密法、振冲法、土桩挤密法、灰土桩挤密法、生石灰桩挤密法	在振动挤密过程中，回填砂、碎石等形成砂桩或碎石桩，使深层土挤密，同时桩与桩间土形成复合地基，提高地基的承载力，减少沉降量	松砂、杂填土、粉土地基，对饱和黏性土地基慎用

续表

分类	方 法	原理及作用	适用范围
排水固结	堆载预压法、砂井堆载预压法、井点降水预压法、真空预压法	通过改善地基排水条件和施加预压荷载，加速地基固结，提高地基强度，提前完成大部分沉降	厚度较大的饱和软黏土地基
化学加固	硅化法、旋喷法、深层搅拌法、水泥灌浆法、碱液加固法	注（喷）入化学浆液，通过化学作用或机械搅拌，改善土的性质，提高地基承载力，减少沉降	砂土、黏性土、湿陷性黄土等地基

关于问题三，以上地基处理方法，应根据地基土层具体情况，慎重选用，最好作经济技术方案比较选择最佳方法。

1. 选择地基处理方案前的准备工作

在选择地基处理方案前，应完成下列工作：

（1）搜集详细的岩土工程资料，上部结构及基础设计资料。

（2）根据工程的要求和采用天然地基存在的主要问题，确定地基处理的目的、处理范围和处理后要求达到的各项技术经济指标等。

（3）结合工程情况，了解当地地基处理经验和施工条件，对于有特殊要求的工程，尚应了解其他地区相似场地上同类工程的地基处理经验和使用情况等。

（4）调查邻近建筑、地下工程和有关管线等情况。

（5）了解建筑场地的环境情况。

2. 确定地基处理方法的步骤

（1）根据结构类型、荷载大小及使用要求，结合地形地貌、地层结构、土质条件、地下水特征、环境情况和对邻近建筑的影响等因素进行综合分析，提出几种可供考虑的地基处理方案，包括选择两种或多种地基处理措施组成的处理方案。

（2）对初步选出的各种地基处理方案，分别从加固原理、使用范围、预期处理效果、耗用材料、施工机械、工期要求和对环境的影响等方面进行经济分析对比，选择最佳的地基处理方法。

（3）对已选定的地基处理方法，宜按建筑物地基基础设计等级和场地情况，在有代表性的场地上进行相应的现场试验或试验性施工，以检验设计参数或处理效果。如达不到设计要求时，应查明原因，修改设计参数或调整地基处理方法。

在选择地基处理方案时，应同时考虑上部结构、基础和地基的共同作用，选用加强上部结构和处理地基相结合的方案，这样既可降低地基的处理费，又可收到满意的效果。

关于问题四，经过碾压或夯实，可以将一定含水量范围内的土压密，从而提高土的强度，降低压缩性。碾压夯实法一般用来夯实填土，也用于处理杂填土及地基表层的松散土。

1. 机械碾压法

机械碾压法是利用压路机、推土机、羊足碾或其他压实机械，分层碾压密实松散土体的方法，常处理含水量较低的素填土或杂填土，特别是大面积回填时宜采用。

机械碾压的效果取决于压实机械的压实能量和土的含水量。机械越重，压实深度也越

大。土中含水量过大，其结合水膜厚，机械重力不足以挤薄结合水膜，甚至机械重力完全被孔隙水抵消，形成“橡皮土”，达不到压密效果。而含水量太低时，土中粒间阻力较大，同样达不到压密的结果。因此，只有在最佳含水量条件下，压实效果最好。最佳含水量指在一定压（夯）实能量下，土体达到最大干密实度时的含水量。填料的最佳含水量和最大干密度一般用击实试验确定。大面积填土最好是现场碾压试验来确定。每层填土厚度一般为200～300mm，为加强填土的强度，可掺入一定数量的碎石。

2. 振动密实法

振动密实法是利用大功率的平板振动器，对地基表层施加振动力，迫使松散土密实的方法。该法较适用于处理粉土、砂土、碎石、炉渣等只含少量黏性土的填料地基。

振动密实效果，除振动力大小外，还与振动频率及振动时间有关。一般采用变速振动机做动力，通过调频试验以适应各种填料对振频的要求。一般而言，振动时间越长，其效果越好，但超过一定时间后，其效果便趋于稳定而不会增加。所以在施工前应试振，以确定稳定下沉量与振动时间的关系。一般杂填土地基，经振实后承载力可达100～200kPa。当振动机自重为2t，振动力100kN时，有效深度为1.2～1.5m。

3. 重锤夯实法

重锤夯实法是利用起重机械将质量大于1.5t的重锤提升到一定高度让其自由下落，重复夯打以击实地基。它使地基表层密实形成硬壳层，从而提高地基持力层强度，扩散地基附加应力，减少沉降变形。

重锤夯实法的效果与土的含水量密切相关，只有在最佳含水量的条件下，才能取得最佳的夯实效果。此外，夯实效果还与锤重、锤底直径、落距、夯击遍数等有关。只有合理选定这些参数，才能达到预期效果。

重锤夯实法适用于处理稍湿的粉土、砂土、湿陷性黄土及杂填土地基。一般锤重1.5～3.2t，落距2.5～4.5m，夯打6～8遍，有效夯深可达1.2m。经重锤夯实后的杂填土，地基承载力可达100～150kPa。

4. 强夯法

强夯法是在重锤夯实法基础上发展起来的一种地基处理新技术，又称为动力固结法。其加固机理与重锤夯实法截然不同。施工方法是将特大重锤（一般10～40t）提起，让其从几十米（一般为10～40m）高处自由下落，对土进行强力冲击。强夯的实质是利用巨大的冲击能（一般为1000～10000kN·m），冲击地表后在土中产生巨大的冲击波及应力，迫使土中孔隙压缩，土体局部液化，夯击点周围产生裂缝，形成良好排水通道，加速土体固结和触变的恢复。

强夯法可广泛用于对杂填土、碎石土、砂土、黏性土、湿陷性黄土等地基的加固处理。经强夯法处理后的地基，其承载力可提高2～5倍，压缩性降低，处理深度达10m以上，效果十分明显。强夯法的特点是效果好、速度快、材料省，而且不受土类及含水量的限制。但施工时噪声和振动太大，不宜在城市建筑密集区采用。

关于问题五，换土垫层法就是当地基表层存在不厚的软弱土层且不能满足使用需要时，将其挖除，另外填筑易于压实的材料。或者如果软弱土层较厚而全部挖不合理时，可将其部分挖除，铺设密实的垫层材料，但必须进行换土层以下土层的承载力及变形验算。

目前，常用的垫层有砂垫层、砂卵石垫层、碎石垫层、灰土或素土垫层、煤渣垫层、矿渣垫层以及用其他性能稳定、无侵蚀性的材料做的垫层等。

1. 换土垫层法的作用

换土垫层法按其原理可体现以下五个方面的作用：

(1) 提高浅层地基承载力。因地基中的剪切破坏从基础底面开始，随应力的增大而向纵深发展。故以抗剪强度较高的砂或其他填筑材料置换基础下较弱的土层，可避免地基的破坏。

(2) 减少沉降量。一般浅层地基的沉降量占总沉降量比例较大。如以密实砂或其他填筑材料代替上层软弱土层，就可以减少这部分的沉降量。由于砂层或其他垫层对应力的扩散作用，使作用在下卧层土上的压力较小，这样也会相应减少下卧层土的沉降量。

(3) 加速软弱土层的排水固结。砂垫层和砂石垫层等垫层材料透水性强，可以增加软弱土层的排水面，使基础下面的孔隙水压力迅速消散，加速垫层下软弱土层的固结和提高其强度，避免地基发生塑性破坏。

(4) 防止冻胀。因为粗颗粒的垫层材料孔隙大，不易产生毛细管现象，因此可以防止寒冷地区土中结冰所造成的冻胀。

(5) 消除膨胀土的胀缩作用。

上述作用中以前三种为主要作用，并且在各类工程中，垫层所起的主要作用有时也是不同的，如房屋建筑物基础下的砂垫层主要起换土的作用。而在路堤及土坝等工程中，往往以排水固结为主要作用。

垫层剖面如图 10-1 所示，设计应满足地基变形和稳定要求。重点是确定合理的垫层宽度和厚度，防止产生局部破坏。

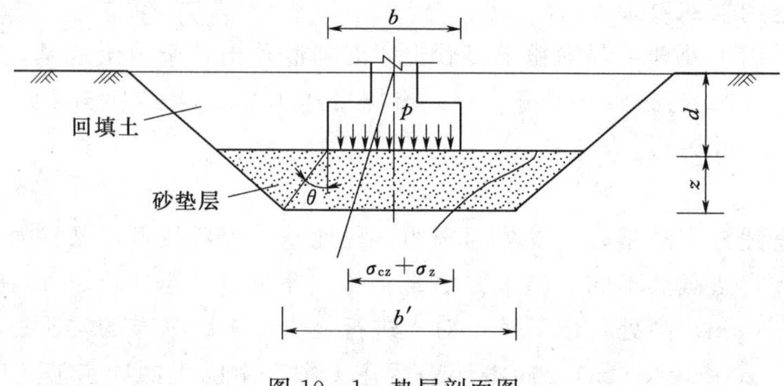

图 10-1 垫层剖面图

2. 垫层的设计

(1) 垫层厚度计算。垫层厚度一般不宜大于 3m。太厚施工较困难，太薄（<0.5m）则换土垫层的作用不显著，根据下卧层的承载力可先假定一个厚度，按下式进行验算：

$$\sigma_{cz}+\sigma_z \leqslant f_a \tag{10-1}$$

式中 f_a——垫层底面处软弱土层的承载力设计值，kPa；

σ_{cz}——垫层底面处土的自重应力，kPa；

σ_z——垫层底面处土的附加应力，kPa。

垫层底面处的附加应力，可按应力扩散法简化计算，即

条形基础时

$$\sigma_z=\frac{(p-\sigma_c)b}{b+2z\tan\theta} \tag{10-2}$$

矩形基础时

$$\sigma_z=\frac{(p-\sigma_c)lb}{(l+2z\tan\theta)(b+2z\tan\theta)} \tag{10-3}$$

式中　p——基础底面平均压力设计值，kPa；

σ_c——基础底面标高处的自重应力，kPa；

l——矩形基础底面的长度，m；

b——基础底面的宽度，m；

z——垫层的厚度，m；

θ——垫层的应力扩散角，按表10－2选取。

表10－2　垫层应力扩散角 θ

z/b \ 换填材料	中砂、粗砂、砾砂、碎石类土、石屑	黏性土和粉土（$8<I_P<14$）	灰土
0.25	20°	6°	30°
≥0.50	30°	23°	

注　1. 表中当 $z/b<0.5$ 时，除灰土仍取 $\theta=30°$ 外，其余材料均取 $\theta=0°$。
2. 当 $0.25<z/b<0.50$ 时，θ 值可用内插求得。

计算时，一般先初步拟定一个垫层厚度，再用式（10－1）验算。如不符合要求，则改变厚度，重新验算，直至满足为止。

（2）垫层底面宽度 b' 的确定。垫层的宽度除要满足应力扩散的要求外，还应防止垫层向两边挤动。如果垫层宽度不足，四周侧面土质又较软弱时，垫层就有可能部分挤入侧面软弱土中，使基础沉降增大。宽度计算通常可按扩散角法，如条形基础，垫层宽度 b' 应为

$$b'\geqslant b+2z\tan\theta \tag{10-4}$$

扩散角 θ 仍按表10－2选取。底宽确定后，再根据开挖基坑所要求的坡度延伸至地面，即得垫层的设计断面。

3. 换土垫层法施工

（1）垫层材料选择。

1）砂石：宜选用中、粗、砾砂，也可用石屑（粒径小于2mm的部分不超过总量的45%），应级配良好，不含植物残体、垃圾等杂质，泥的质量含量不宜超过3%。当使用粉细砂或石粉（粒径小于0.075mm的部分的质量含量不过总量的9%）时，应掺入质量含量不低于30%的碎石或卵石。最大粒径不宜大于50mm。对湿陷性黄土地基，不得选用砂石等透水材料。

2）粉质黏土：土料中有机质含量不得超过5%，亦不得含有冻土或膨胀土。当含有碎石时，其粒径不宜大于50mm。用于湿陷性黄土或膨胀土，土料中不得夹有砖、瓦和石块等。

3）灰土：体积配合比宜为2∶8或3∶7。土料宜用黏性土及塑性指数大于4的粉土，不得含有松软杂质，并应过筛，其颗粒不得大于15mm。灰土宜用新鲜的消石灰，其颗粒不得大于5mm。

4）粉煤灰：可分为湿排灰和调湿灰，可用于道路、堆场和中、小型建筑、构筑物换填垫层。粉煤灰垫层上宜覆土0.3～0.5m。

5）矿渣：垫层使用的矿渣是指高炉重矿渣，可分为分级矿渣、混合矿渣及原状矿渣。矿渣垫层主要用于堆场、道路和地坪，也可用于中、小型建筑、构筑物地基。

6）其他工业废渣：在有可靠试验结果或成功工程经验时，质地坚硬、性能稳定的工业废渣均可用于填筑换填垫层。

7）土工合成材料：由分层铺设土工合成材料及地基土构成加筋垫层。用于垫层的土工合成材料包括机织土工织物、土工格栅、土工垫、土工格室等。其选型应根据工程特性、土质条件与土工合成材料的原材料类型、物理力学性质、耐久性及抗腐蚀性等确定。

对于工程量较大的换土垫层，应根据选用的施工机械、换填材料及场地的天然土质条件进行现场试验，以确定压实效果。垫层材料的选择必须满足无污染、无侵蚀性及放射性等公害。

（2）施工及注意事项。

1）垫层施工应根据不同的换填材料进行施工。素填土、灰土宜采用平碾、振动碾或羊足碾，中小型工程也可采用蛙式夯、柴油夯；砂石等宜用振动碾和振动压实机；粉煤灰宜采用平碾、振动碾、平板振动器、蛙式夯；矿渣宜采用平板振动器或平碾，也可采用振动碾。

2）垫层的施工方法、分层铺填厚度、每层压实遍数等宜通过试验确定。除接触下卧软土层的垫层底层应根据施工机械设备及下卧层土质条件的要求具有足够的厚度外，一般情况下，垫层的分层铺填厚度可取200～300mm。为保证分层压实质量，应控制机械碾压速度。

3）素土和灰土垫层土料的施工含水量宜控制在最优含水量$\omega_{op}\pm 2\%$范围内，粉煤灰垫层的施工含水量宜控制在最优含水量$\omega_{op}\pm 4\%$范围内。最优含水量可通过击实试验确定，也可按当地经验选取。

4）基坑开挖时应避免坑底土层受扰动，可保留约200mm厚的土层暂不挖去，待铺填垫层前再挖至设计标高。严禁扰动垫层下卧层的淤泥或淤泥质土层，防止其被践踏、受冻或受浸泡。在碎石或卵石垫层底部宜设置150～300mm厚的砂垫层，以防止淤泥或淤泥质土层表面的局部破坏，同时必须防止基坑边坡坍土混入垫层。

5）换填垫层施工应注意基坑排水，必要时应采用降低地下水位的措施，严禁水下换填。

6）垫层底面宜设在同一标高上，如深度不同，基坑底面应挖成阶梯或斜坡搭接，并按先深后浅的顺序进行垫层施工，搭接处应碾压密实。

7）当碾压或夯击振动对邻近既有或正在施工中的建筑产生有害影响时，必须采取有效的预防措施。

任务二 其他软弱土地基处理方法

任务描述：围绕完成其他软弱土地基处理方法这个任务，通过推理介绍，解决三个问题，使学生明晰：其他几种地基处理的方法、目的及适用情况；根据条件选用适当的地基处理方法。

课前设问：

问题一：何为深层挤密法？

问题二：何为排水固结法？

问题三：何为化学加固法？

解答：

关于问题一，深层挤密法是近代地基加固处理的重要方法之一。先用桩管或振冲器在软弱土中成孔，然后填以土、灰土、生石灰、砂、碎（卵）石等材料，分别形成土桩、灰土桩、石灰桩、砂桩和碎石桩等。挤密法成孔过程对软弱土横向挤密，从而使土的抗剪强度提高，压缩性减小。同时承载力和变形模量较大的桩体与桩间土体形成复合地基，共同承受建筑物的荷载。

1. *砂石桩法*

砂石桩法是在土中打入或振入桩管成孔，然后填入粗砂或（砾）石，边拔管边振密实填料，在地基中形成砂石桩。

砂石桩直径一般为300～800mm，加固饱和黏性土地基宜采用大直径，桩间距不宜大于桩径的4倍，呈梅花形或正方形分布。桩长主要取决于需要加固的土层厚度和施工设备条件，应穿透可液化土层。砂石桩地基宽度应超出基础的宽度，每边放宽不应少于1～3排，用于防止砂层液化时，尚应根据土层情况适当加宽。

2. *振冲法*

振冲法是振动水冲法的简称。利用振冲器喷射压力水振冲成孔，当振冲器下沉至设计深度后，往孔中填入砂、石，同时振动喷水，自下而上振实，形成密实的圆柱形振冲桩。其施工过程如图10-2所示。

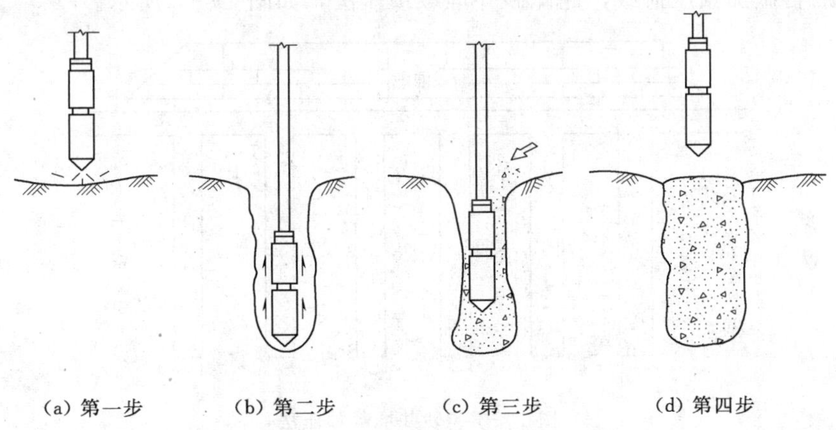

(a) 第一步　(b) 第二步　(c) 第三步　(d) 第四步

图10-2　振冲法施工过程示意图

振冲桩的直径常为0.8～1.2m，桩间距根据荷载大小和原土抗剪强度确定，一般为1.5～2.5m。桩长不宜小于4m，主要根据硬层埋藏深度和建筑物地基变形允许值确定。桩体材料可用碎石、卵石、角（圆）砾等含泥量不大的硬质材料，最大粒径不宜大于80mm。

振冲法在砂土和黏性土中的加固机理是不同的，因而分为振冲密实法和振冲置换法两类。对砂土的作用主要是振动密实和振动液化，随后孔隙水消散固结，从而加固了地基，称为振冲密实法。对黏性土振冲法的主要作用是振冲成碎石桩，置换软弱土层，桩与周围土体组成复合地基，称为振冲置换法。振冲密实法适用于处理砂土和粉土等地基，而振冲置换法则适用于不排水抗剪强度不小于20kPa的黏性土、粉土、饱和黄土和人工填土等地基。

关于问题二，饱和软黏土地基承载力低，变形量大，且固结缓慢历时长。为改善地基条件，采用排水固结法，可以加速土中自由水的排泄，促使孔隙水压力快速消散，减少结合水膜厚度，土粒靠拢，粒间连接加强，从而加快土体的固结，既增加了土体的强度，又减少了压缩性。排水固结法施工简便，效果显著，在工程上应用较多。

1. 堆载预压法

在建筑物修造之前，在场地内堆土或其他重物，对地基施加预压，使其逐渐排水固结，当强度提高到设计要求后卸去荷载，再建造建筑物，此即堆载预压法。这种方法适用于处理各类淤泥及淤泥质土和施工场地确定至建筑物正式施工有足够时间的情况。

堆载预压的效果取决于土的固结特性、预压荷载大小及预压时间的长短等。土层较厚（>10m）而固结系数又小时，排水固结所需时间很长，其应用就受限制。预压荷载宜大于设计荷载（一般超过10%～20%），但不得超过地基极限荷载，否则地基会发生剪切破坏。同时，应分级加载，控制加荷速率，使之与地基的强度增加相适应。还要随时观测地基沉降情况，注意堆载速率对周围建筑物的影响。一般要求堆载中心点地表日沉降量不超过10mm；要求在预压土体四周打观测边桩（长1.5～2.0m），边桩日水平位移不超过5～10mm，否则应立即停止加载。加载小于60kPa时，可不控制加荷速率。

2. 砂井堆载预压法

为了缩短排水通道，加速土层的固结，可在需加固处理的土层范围内设置砂井，地表铺一层砂垫层后再施加预压荷载，此即砂井堆载预压法，如图10-3所示。

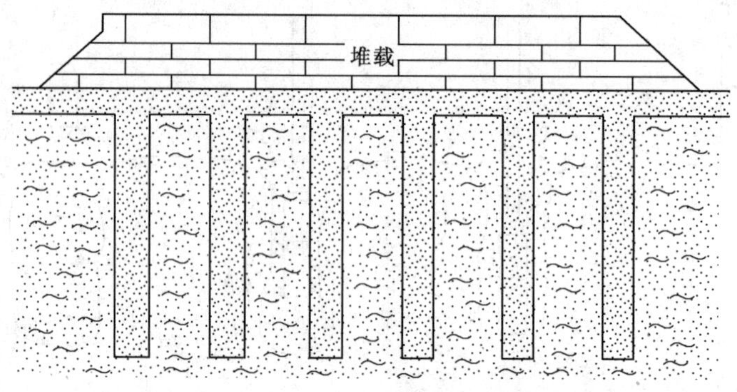

图10-3 砂井堆载预压法

砂井堆载预压法的关键是砂井的设计及施工。砂井设计包括砂井的长度、直径和间距，可根据工程要求，通过固结理论计算确定。通常要求预压期内完成80%的固结度。

砂井设计应采用“细而密”的方案，因为缩短砂井间距比加大砂井直径效果更好。砂井的长度还与地基土层情况有关，必须穿过地基的主要受力层，穿越可能的滑动面，一般应打到砂土层。砂井平面布置一般采用三角形和正方形。一口砂井的有效排水圆柱体的直径 d_e 与砂井间距 s 的关系：等边三角形布置时 $d_e=1.05s$，正方形布置时 $d_e=1.13s$。

为改善排水条件，预压法必须在地表铺设排水砂垫层。砂垫层砂料宜用中粗砂，其含泥量应小于5%，可混掺少量粒径小于50mm的石粒，砂垫层厚度宜大于400mm。

砂井施工时，应尽量少扰动饱和软黏土，以免破坏土体结构。排水砂井的主要功能是排泄地下水，没有挤密地基的功能，所以不能采用沉管法成孔，宜采用钻进方法掏空孔内土体，填砂时，要求密实度均匀连续，不得中断。

3. 真空预压法

真空预压法是在砂井顶部铺设砂垫层后，再在砂垫层上铺一层不透气的薄膜（塑料布、橡皮布、黏土膏或沥青），四周埋入土中，将抽气管伸入砂垫层和砂井内，然后用射流泵抽气，使薄膜内保持真空度，促使土体排水固结，如图 10-4 所示。

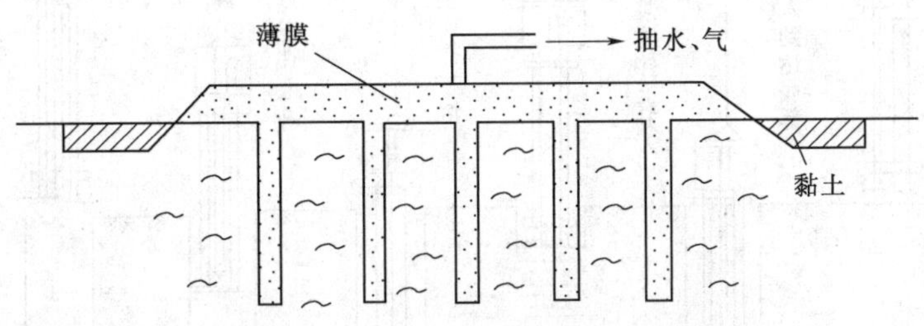

图 10-4 砂井真空降水预压示意图

真空预压法的原理是，抽气前薄膜内外均受一个大气压作用，抽气后膜内压力下降，膜内外形成一个压力差（称真空度），此压力差相当于作用在膜上的预压荷载，使土体逐渐排水固结。由于在土中产生了负的孔隙压力，孔隙水被吸出，所以此法又称负压排水法。当真空度达 80kPa 时，相当于预压荷载 80kPa。

真空预压法的优点是不需要大量预压材料，不需要分期加载，工期短；可在很软的地基上采用，而不会引起地基失稳。

关于问题三，化学加固法又称胶结法，通过压力灌注或机械搅拌混合等方式，利用水泥浆液或化学浆液将土颗粒胶结起来，从而改善土的性质，提高地基承载力，减少沉降量。其可分为高压喷射注浆法、深层搅拌法、灌浆法、硅化法和碱液法。常用的有高压喷射注浆法和深层搅拌法。

1. 高压喷射注浆法

高压喷射注浆法是用钻机先钻出直径 100～200mm 的钻孔，然后用带有特殊喷嘴的注浆管插至孔底，通过地面的高压设备使浆液（水泥浆）等形成压力为 20MPa 左右的高压射流，从喷嘴喷出冲击切割土体，使浆液和冲下的土体强制混合，待凝结后便在土中形成具有一定强度的加固体，从而达到加固改良地基的目的。

高压喷射注浆法的注浆形式分旋转喷射注浆（旋喷）、定向注浆喷射（定喷）和在某一角度范围内摆动喷射注浆（摆喷）三种。旋喷注浆形成的水泥土加固体呈圆柱状，称为旋喷桩。

高压喷射注浆法适用于处理淤泥、淤泥质土、流塑至可塑的黏性土、粉土、砂土、黄土、素填土和碎石土等地基，可用于既有建筑物和新建筑物地基加固、深基坑与地铁等工程的加固或防水。

2. 深层搅拌法

深层搅拌法是利用一种特制的深层搅拌机械，将水泥或石灰等固化剂，在地层深处与土体强制拌和，使软弱土硬结成整体，形成具有水稳性和足够强度的水泥（或石灰）土桩或地下连续墙。这些加固体可以是柱状、壁状和块状等不同形状，与周围地基土形成复合地基，共同承担建筑物荷载。

深层搅拌法的施工程序如图 10－5 所示。搅拌机就位，将搅拌头沉至设计标高，搅拌头强烈搅拌，破坏土体结构使其变成泥浆，同时，输浆管输入的水泥浆从搅拌机底部喷出并与泥浆均匀拌和，逐渐匀速提搅拌机直至地表。重复多次搅拌，直到达到设计要求为止。

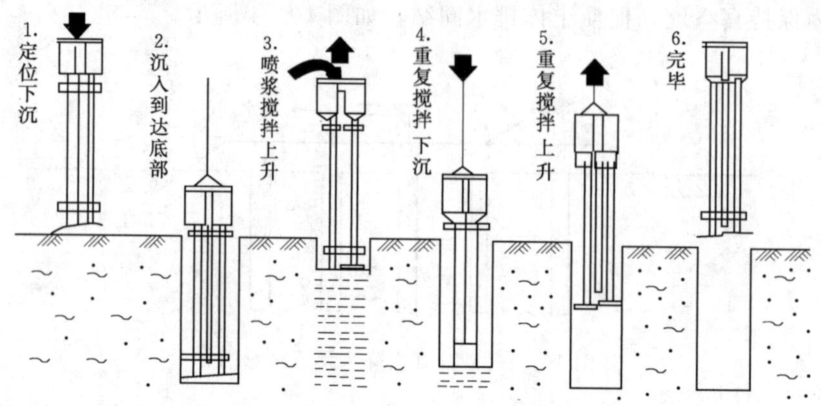

图 10－5 深层搅拌法的施工程序

深层搅拌法适用于处理淤泥、淤泥质土、粉土和含水量较高且地基承载力标准值不大于 120kPa 的黏性土地基。该法是将固化剂直接与原有土体搅拌混合，与桩基相比没有成孔过程，不存在横向挤压问题，施工时，振动和噪声都较小，对邻近建筑物影响不大。同时经处理后的土体重度基本上不变，对软弱下卧层不会引起附加沉降。与高压旋喷桩相比，桩体强度不如旋喷桩，但水泥用量少得多，造价为旋喷桩的 1/6～1/5。

思 考 题

1. 在工程建设中，地基处理的目的是什么？
2. 软弱土地基包括哪些地基，具有什么特点？
3. 地基处理方法按其原理及作用可以如何分类？各自的原理和作用是什么？
4. 换土垫层法按照其工作原理体现出哪些作用？施工时有什么注意事项？

习 题

某砖混结构办公楼，承重墙下为条形基础，宽 1.2m，埋深 1m，承重墙传至基础荷载 $F=120\text{kN/m}$，地表为 1m 厚的杂填土，$\gamma=17\text{kN/m}^3$，$\gamma_{sat}=18\text{kN/m}^3$，下面为淤泥层，$\gamma_{sat}=19\text{kN/m}^3$，地基承载力标准值 $f_{ak}=50\text{kPa}$，地下水距地表深 1m。试设计基础的垫层。

附录一　工程地质实验指导书

实训任务一　常见造岩矿物的肉眼鉴定

一、实验目的

（1）学会观察描述矿物的形态、颜色、条痕、光泽、透明度等光学性质的方法；了解矿物各种光学性质之间的相互关系。

（2）学会观察描述矿物解理、硬度、断口、相对密度等力学性质和其他性质。

（3）掌握常见造岩矿物的肉眼鉴定方法和矿物的鉴定特征。

二、实验方法

本次造岩矿物的鉴定方法是矿物外表特征鉴定法，又称为肉眼鉴定法，主要是根据矿物的物理性质即常见的外表特征，利用人的肉眼和日常生活中的小刀、小钢刀、铜钥匙、玻璃片和实验室的磁铁、条痕板、稀盐酸等简单工具、试剂，以及自己的指甲对常见矿物进行鉴别区分，通过比较测试确定其类别和名称。

三、实验内容

认识和熟悉常见的石英、正长石、斜长石、白云母、方解石、白云石、石膏、高岭石、黑云母、角闪石、辉石、橄榄石、绿泥石、滑石、石榴子石、黄铁矿、褐铁矿、赤铁矿等20余种造岩矿物。

四、实验步骤

1. 颜色

从观察颜色入手将矿物分成浅色、暗色和金属色三组，结合条痕、透明度和光泽等性质，初步将矿物分成三类，缩小鉴定范围。

2. 硬度

用指甲和小刀初试矿物硬度，将矿物分成软矿物、中矿物和硬矿物三组，进一步缩小鉴定范围。同时用小铁刀、小钢刀、铜钥匙、玻璃片、硬铅笔等小工具刻画矿物，或用矿物与矿物相互刻画，进一步确定矿物的相对硬度。一般精确度可以达到1左右，通常可以将石英以下矿物用1～7个等级区分开。

3. 综合比较

进一步缩小范围，用矿物的形态、解理与断口、比重（相对密度）及其和稀盐酸反应情况来鉴别出每一种矿物和别的矿物区分的唯一特征——鉴定特征。

4. 查表命名

经过上述多次比较后，大多数常见矿物基本上都能轻易区分，少数矿物可以通过再进一步比较或查表得出。

五、实验报告

本次报告可参考附表1-1完成，要规范整洁并有所创新。

附表 1-1　　常见造岩矿物的肉眼鉴定报告表

编号	颜色	硬度	解理断口	其他性质	加 HCl 后	鉴定特征	命名

责任栏　班级：　　　　学号：　　　　姓名：　　　　日期：

实训任务二　常见岩浆岩的肉眼鉴定

一、实验目的

(1) 熟悉岩浆岩的一般特征。

(2) 学会肉眼鉴定岩浆岩的基本方法。

(3) 掌握常见岩浆岩的肉眼鉴定特征。

二、实验方法

常见岩浆岩肉眼鉴定的基本方法是在造岩矿物肉眼鉴定方法的基础上进行的，主要是根据岩石中矿物颜色等物理特征，先确定矿物成分，然后鉴别岩石的结构和构造，再判断岩石的产状后进一步比较分类命名。

三、实验内容

常见岩浆岩中的花岗岩、花岗斑岩、流纹岩、正长岩、正长斑岩、粗面岩、闪长岩、闪长玢岩、安山岩、辉长岩、辉绿岩、玄武岩、橄榄岩、浮岩、松脂岩、珍珠岩、黑曜岩等。

四、实验步骤

1. 观察岩石的颜色，将矿物进行成分分类

观察颜色时，把岩石标本距离人眼稍远一点，以求看到岩石的整体颜色。岩石的颜色量指组成岩石的矿物颜色之总和，而非某一种或几种矿物的颜色。颜色描述同矿物鉴定一样，用二元色法，主要色调放在后面，次要的放在前面。可用深、浅等词来加以修饰，如形容安山岩为灰紫色，辉绿岩为深绿色或黑绿色等。也可用相似物体颜色代替，如花岗岩为肉红色等。

正确估计主要矿物含量，将岩石类别区分准确。各类岩浆岩中只有一种或两种主要矿物，如酸性岩中是石英和正长石，中性岩中正长石多的是正长岩类，而角闪石和斜长石多的是闪长岩类，基性岩则以斜长石和辉石为主，超基性岩是辉石或橄榄石。

2. 确定岩石的结构构造，将矿物进行成因和产状分类

根据结构构造可以判断岩浆岩的大致产状，其表现分别如下：

(1) 喷出岩。有气孔大且多，斑状结构，斑晶细粒，基质为隐晶质或玻璃质。

(2) 浅成岩。有气孔小且少，斑状结构，斑晶中粒，基质为微粒或隐晶质。

(3) 深成岩。无气孔或极少，似斑状结构，斑晶粗粒，基质为中细粒显晶质。

鉴别结构时，应注意矿物的结晶程度、颗粒的绝对大小和相对大小的区别：岩浆岩常见的构造有块状、气孔、杏仁和流纹状构造等。有流纹状构造的应该是喷出岩。岩浆岩的野外

产状和粗粒结晶结构是区别沉积岩和变质岩的重要依据。

3. 对坐标

利用对坐标的办法可以在“常见岩浆岩分类及肉眼鉴定表”中方便地找到所鉴定矿物的位置，以颜色和矿物确定横坐标位置，以结构构造推断成因产状，确定岩石的纵坐标位置，然后对相似岩石再进行对比鉴别，对照常见岩浆岩分类及肉眼鉴定表，确定岩石名称的确切位置。

4. 命名

岩浆岩命名原则如下：

（1）矿物。以主要矿物成分为主要命名依据，取岩石中主要矿物名字的第一个字合起来就是岩石的名字，如闪长岩、辉长岩。当主要矿物只有一种矿物时，用矿物的前两个字来命名，如正长岩、橄榄岩。这种命名多见于深成岩。

（2）结构。以主要结构为主要依据，主要是以斑状结构来命名，如花岗斑岩、正长斑岩、闪长玢岩等，“玢”这里是斑的意思，这种命名多见于浅成岩。其他如粗粒、细粒等结构有时也参加命名。

（3）构造外貌特征。以构造外貌特征命名多用于喷出岩，如流纹状构造的称为流纹岩，气孔状的称为气孔状××岩等。由于喷出岩易氧化且颗粒细小不易辨认，这时看其外貌像什么就叫什么，如松脂岩、珍珠岩、黑曜岩（像黑色玻璃），类似命名还有粗面岩等。

（4）习惯。以习惯为命名的岩石有：花岗岩是以特有的花岗状山岗地貌而命名，反映了其所含石英和正长石耐风化的特性；安山岩的安山是安第斯山地名；玄武岩是以特有的墨绿色命名，玄武乃乌龟的别称；辉绿岩属特有命名，看似是辉石加绿色命名，实际上指一种特殊的斑状结构——辉绿结构，即由柱状的辉石构成三角框架中间充填长石的结构，该岩石风化裂解后多成三角形块体；浮岩的命名意为比水轻的岩石，多数可以浮于水面。

五、实验报告

在矿物鉴定报告的基础上，本次报告可参考附表1-2完成。注意内容要正确简洁、不得前后矛盾，表格布局要设计合理美观。

附表1-2　　常见岩浆岩的肉眼鉴定报告表

编号	颜色	主要矿物	结构	构造	化学分类	鉴定特征	命名

责任栏　班级：　　　　学号：　　　　姓名：　　　　日期：

实训任务三　常见沉积岩的肉眼鉴定

一、实验目的

（1）熟悉沉积岩的一般特征。

（2）学会肉眼鉴定沉积岩的基本方法。

(3) 掌握常见沉积岩的肉眼鉴定特征，并能区别于岩浆岩。

二、实验方法

常见沉积岩肉眼鉴定的基本方法是在岩浆岩肉眼鉴定方法的基础上进行的，主要是根据岩石中碎屑颗粒的大小、形状、结构特征对沉积岩进行分类，再配合矿物成分、颜色和构造进一步比较分类命名。

三、实验内容

常见沉积岩的砾岩、角砾岩、砂岩、粉砂岩、泥质岩石（黏土岩、泥岩、页岩）、石灰岩、白云岩及生物化学岩类等。

四、实验步骤

1. 构造

野外看大的成层构造，确定所鉴定的岩性为沉积岩，手标本上看较小的层理层面构造、化石及结核构造等，这是区别岩浆岩的重要依据。

2. 结构

主要从辨认岩石中可见颗粒入手，然后确定沉积岩的结构类型。

3. 颗粒成分

沉积岩的碎屑成分有两类：矿物成分和岩石颗粒，不仅要正确估计沉积岩中主要成分的含量百分比，而且要进一步确定颗粒周围胶结物的成分（附表 1-3）。

附表 1-3　　不同成分胶结物的区别

胶结物成分	颜　色	岩石固结程度	胶结物成分	加稀盐酸
钙质	浅灰	中等	<小刀	剧烈起泡
硅质	浅灰	致密坚硬	>小刀	无反应
铁质	褐红、褐	致密坚硬	≈小刀	无反应
泥质	浅灰	松软	<小刀	无反应

4. 颜色

大致判断岩石的生成环境是氧化还是还原，进一步补充判断岩石的主要成分和次要成分，还可利用简单化学试剂（如 HCl）进行辅助鉴定。

5. 查表命名

命名的主要依据以结构为主，按四大结构作为岩石的基本名称，如碎屑岩、泥质岩、化学岩等。

进一步命名可以加上形状、构造、矿物等，如砾岩、砂岩、页岩、致密状石灰岩、竹叶状白云岩等。

进一步详细命名：石英砂岩、石灰岩角砾岩、含砾砂岩、硅藻土岩、油页岩、粗砂岩、细砂岩、红色泥岩、绿色页岩、砂质页岩、介壳石灰岩等。

五、实验报告

在岩浆岩鉴定报告的基础上，本次报告可参考附表 1-4 完成，要进一步提高鉴定水平，能清楚区分沉积岩和岩浆岩。注意沉积岩和岩浆岩鉴定方法的不同点。

附表 1-4　　常见沉积岩的肉眼鉴定报告表

编号	颜色	主要成分	结构	加 HCl	胶结物	鉴定特征	命名

责任栏　班级：　　　　　　学号：　　　　　　姓名：　　　　　　日期：

实训任务四　常见变质岩的肉眼鉴定

一、实验目的

（1）要求在矿物、岩浆岩和沉积岩鉴定的基础上，进一步熟练掌握变质岩肉眼鉴定的方法，为岩石工程地质性质评价打好基础。

（2）学会变质岩肉眼鉴定的基本方法，并能区别于岩浆岩和沉积岩。

（3）要求能分析变质岩的构造，并根据矿物粗略判断变质岩的原岩。

二、实验方法

常见变质岩肉眼鉴定的基本方法是在岩浆岩和沉积岩肉眼鉴定方法的基础上进行的。首先，主要是根据岩石中矿物结晶程度及有无定向排列，按构造特征对变质岩进行分类；其次，注意变质作用标志，变质矿物是变质岩中特有的；再者，动力变质结构与构造破碎带是动力变质岩的分类依据；最后再配合矿物成分、颜色等进一步比较分类命名。

三、实验内容

常见变质岩有板岩、千枚岩、片岩、片麻岩、大理岩、石英岩、断层角砾岩、糜棱岩、硅卡岩等。

四、实验步骤

1. 构造

鉴定变质岩与岩浆岩、沉积岩有一个共同的特点，就是要首先注意观察岩石在野外的产状和宏观构造，再进一步确定岩石的大类。接触变质岩常位于岩浆岩与围岩接触带上，在找矿中有较强的鉴定意义；动力变质岩在野外位于构造破碎带，十分容易区别于其他岩石；区域变质岩常具有片理构造。

实验室内鉴定变质岩也是先看构造，首先观察手标本的构造。大多数变质岩具有特殊的片理构造，片理是片状、柱状矿物具有定向排列，且断断续续；而沉积岩的层理是矿物或小岩石碎屑颗粒大小一致连续排列。

2. 矿物

变质岩中矿物有三种：一是新结晶的矿物，与岩浆岩等相同，无鉴定意义；二是继承性矿物，常具有重结晶结构，只具有显微镜下鉴定意义；三是变质矿物，如石榴子石、滑石、金刚石、蛇纹石、绿泥石等，这些矿物含量虽然不高却是变质岩中所特有的，是变质岩的标志，如蛇纹石是橄榄石的变质产物。

3. 结构

变质岩的变余结构（残余结构）、变晶结构、重结晶结构、碎裂结构中，只有碎裂结构具有肉眼鉴定意义。

4. 综合比较命名

变质岩的命名：一是考虑片理构造，如板岩、千枚岩；二是考虑碎裂结构；三是矿物，如石榴子石云母片岩；四是习惯命名，如大理岩、石英岩，大理是我国云南的地名；五是继承性命名，如变质石英砂岩、变质花岗岩、变质火山岩等。

五、实验报告

在岩浆岩、沉积岩报告的基础上，写好常见变质岩的肉眼鉴定报告，报告参考附表 1－5 完成，要进一步提高鉴定水平，能清楚地区分沉积岩、岩浆岩和变质岩。注意三大岩类鉴定方法的异同。

附表 1－5　　常见变质岩的肉眼鉴定报告表

编号	颜色	主要矿物	结构	构造	原岩	鉴定特征	命名

责任栏　班级：　　　　学号：　　　　姓名：　　　　日期：

附录二　土工试验指导书

实训任务一　环刀法测定土的密度

一、试验目的

测定土的湿密度，以了解土的疏密和干湿状态，供换算土的其他物理性质指标和工程设计以及控制施工质量之用。

二、试验原理

土的湿密度 ρ 是指土的单位体积质量，是土的基本物理性质指标之一，其单位为 g/cm^3。密度试验方法有环刀法、蜡封法、灌水法和灌砂法等。对于细粒土，宜采用环刀法；对于易碎裂、难以切削的土，可用蜡封法；对于现场粗粒土，可用灌水法或灌砂法。环刀法是采用一定体积环刀切取土样并称土质量的方法，环刀内土的质量与体积之比即为土的密度。

三、仪器设备

（1）环刀：内径 6～8cm，高 2～3cm。

（2）天平：称量 500g，分度值 0.01g。

（3）其他：切土刀、钢丝锯、凡士林等。

四、操作步骤

（1）量测环刀：取出环刀，称出环刀的质量，并涂一薄层凡士林。

（2）切取土样：将环刀的刀口向下放在土样上，然后用切土刀将土样削成略大于环刀直径的土柱，将环刀垂直下压，边压边削使土样上端伸出环刀为止，然后将环刀两端的余土削平。

（3）土样称量：擦净环刀外壁，称出环刀和土的质量。

五、试验注意事项

（1）称取环刀前，把土样削平并擦净环刀外壁。

（2）如果使用电子天平称重则必须预热，称重时精确至小数点后 2 位。

六、计算公式

按下式计算土的湿密度：

$$\rho=\frac{m}{V}=\frac{m_1-m_2}{V}$$

式中　ρ——密度，计算至 $0.01g/cm^3$；

m——湿土质量，g；

m_1——环刀加湿土质量，g；

m_2——环刀质量，g；

V——环刀体积，cm^3。

密度试验需进行两次平行测定，其平行差值不得大于 0.03g/cm^3，取其算术平均值。

七、试验记录（附表 2-1）

附表 2-1　　密度试验记录表（环刀法）

工程名称：＿＿＿＿＿＿　　试验者：＿＿＿＿＿＿

工程编号：＿＿＿＿＿＿　　计算者：＿＿＿＿＿＿

试验日期：＿＿＿＿＿＿　　校核者：＿＿＿＿＿＿

试样编号	环刀号	湿土质量/g	试样体积/cm^3	湿密度/(g/cm^3)	试样含水率/%	干密度/(g/cm^3)	平均干密度/(g/cm^3)

实训任务二　灌砂法测土的密度

一、试验目的和适用范围

本方法适用于现场测定细粒土、砂类土和砾类土的密度。试样的最大粒径不得大于 15mm，测定密度层的厚度为 150～200mm。

注：(1) 在测定细粒土的密度时，可以采用 ϕ100mm 的小型灌砂筒。

(2) 如最大粒径超过 15mm，则应相应地增大灌砂筒和标定罐的尺寸，例如粒径达 40～60mm 的粗粒土，灌砂筒和现场试洞的直径应为 150～200mm。

二、仪器设备

(1) 灌砂筒：内径为 100mm，总高 360mm。灌砂筒分上下两部分：上部为储砂筒，筒深 270mm（容积约 2120cm^3），筒底中心有一个直径为 10mm 的圆孔；下部装一倒置的圆锥形漏斗。在储砂筒筒底与漏斗顶端铁板之间设有开关。

(2) 标定罐：内径 100mm、高 150mm 和 200mm 的金属罐各一个，上端周围有一罐缘。

注：如由于某种原因，试坑小于 150mm 或 200mm 时，标定罐的深度应与拟挖试坑深度相同。

(3) 基板：一个边长 350mm、深 40mm 的金属方盘，盘中心有一直径为 100mm 的圆孔。

(4) 打洞及取土的合适工具：如凿子、铁锤、长把勺、毛刷等。

(5) 玻璃板：边长 500mm 的方形板。

(6) 饭盒若干或比较结实的塑料袋。

(7) 台秤：称量 10～15kg，感量 5g。

(8) 其他：铝盒、天平、烘箱等。

三、量砂

粒径 0.25～0.5mm 清洁干燥的均匀砂 20～40kg。应先烘干，并放置足够时间，使其与空气的湿度达到平衡。

四、仪器标定

确定灌砂筒下部锥体砂的质量，其步骤如下：

（1）在灌砂筒内装满量砂。筒内砂的高度与筒顶的距离不超过15mm。称筒内砂的质量m_1，准确至1g。每次标定及以后的试验都维持这个质量不变。

（2）将开关打开，让砂流出，并使流出的砂的体积与工地所挖试洞的体积相当（或等于标定罐的容积）。然后关上开关，并称筒内砂的质量m_5，准确至1g。

（3）将灌砂筒放在玻璃板上。打开开关，让砂流出，直至筒内砂不再下流时，关上开关，并细心地取走灌砂筒。

（4）收集并称量留在玻璃板或称量筒内的砂，准确至1g。玻璃板上的砂就是灌砂筒的锥砂。

（5）重复上述试验至少三次。最后取其平均值m_2，准确至1g。

五、标定量砂的密度（g/cm³）

（1）用水确定标定罐的容积V(cm³)，方法如下：将空罐放在台秤上，使罐的上口处于水平状态，读记罐的质量m_7，准确至1g。向标定罐内灌水，将一直尺放在罐顶，当罐中水面快要接近直尺时，用滴管往罐中加水，直到水面接触直尺。移去直尺，测罐和水的总质量m_8。重复测量时，仅需用滴管从罐中取出少量水，并用滴管重新将水加满到接触直尺。标定罐的体积按下式计算：

$$V=m_8-m_7$$

（2）在灌砂筒内装入质量为m_1的砂，并将灌砂筒放在标定罐上，打开开关，让砂流出，直至储砂筒内的砂不在下流时，关闭开关。取下灌砂筒，称筒内剩余的砂质量，准确至1g。

（3）重复上述测定，至少三次，最后取其平均值m_3，准确至1g。

（4）按下式计算填满标定罐所需砂的质量m_a(g)：

$$m_a=m_1-m_2-m_3$$

式中 m_1——灌入标定罐前所需砂的质量，g；

m_2——灌砂筒下部锥砂的平均质量，g；

m_3——灌砂入标定罐后，筒内剩余砂的质量，g。

（5）按下式计算量砂的密度ρ_s(g/cm³)：

$$\rho_s=\frac{m_a}{V}$$

式中 V——标定罐的体积，cm³。

六、试验步骤

（1）在试验地点，选一块约40cm×40cm的平坦表面，并将其清扫干净。将基板放在此平坦表面上。如此表面的粗糙度较大，则将盛有量砂m_5的灌砂筒放在基板中间的圆孔上。打开灌砂筒开关，让量砂流入基板的中孔内，直到灌砂筒内的砂不再下流时关闭开关。取下灌砂筒，并称筒内砂的质量m_6，准确至1g。

（2）取走基板，将留在试验地点的量砂收回，重新将表面清扫干净。将基板放在清扫干净的表面上，沿基板中孔凿洞，洞的直径为100mm。试洞的深度应等于碾压层的厚度。凿洞毕，称全部试样和密封容器的质量，准确至1g。减去已知容器的质量后，即为试样的总质量 m_t。

(3) 从挖出的全部试样中取代表性的样品，放入铝盒中，测定其含水量 w。取样数量：对于细粒土，不少于100g；对于粗粒土，不少于50g。

(4) 将基板安放在试洞上，将灌砂筒安放在基板中间（灌砂筒内放满至恒量 m_1），使灌砂筒的下口对准基板中间及试洞。打开灌砂筒开关，让量砂流入试洞内。关闭开关，仔细取走灌砂筒，称灌砂筒内剩余砂的质量 m_4，准确至1g。

(5) 如清扫干净的平坦表面上，粗糙度不大，则不需放基板，将灌砂筒直接放在已挖好的试洞上。打开灌砂筒开关，让量砂流入试洞内。关闭开关，仔细取走灌砂筒，称灌砂筒内剩余砂的质量 m_4，准确至1g。

(6) 取出试洞内的量砂，以备下次再用。

(7) 如试洞中有较大孔隙时，则应按试洞外形，松弛地放入一层柔软的纱布，然后再进行灌砂工作。

七、试验结果与数据整理

(1) 按下式计算填满试洞所需量砂的质量 m_b(g)。

灌砂时试洞上放有基板的情况：

$$m_b = m_1 - m_4 - (m_5 - m_6)$$

灌砂时试洞上不放基板的情况：

$$m_b = m_1 - m_4 - m_2$$

式中 m_1——灌砂入试洞前筒内砂的质量，g；
m_2——灌砂筒下部锥砂的平均质量，g；
m_4——灌砂入试洞后，筒内剩余砂的质量，g；
$m_5 - m_6$——灌砂筒下部锥砂及基板和粗糙表面间砂的总质量，g。

(2) 按下式计算试验地点土的湿密度 ρ(g/cm^3)：

$$\rho = \frac{m_t}{m_b}\rho_s$$

式中 m_t——试洞中取出试样的全部土样的质量，g；
m_b——填满试洞所需砂的质量，g；
ρ_s——量砂的密度，g/cm^3。

(3) 按下式计算土的干密度：

$$\rho_d = \frac{\rho}{1 + 0.01\omega}$$

(4) 记录表格，本试验记录格式见附表2-2。

八、试验注意事项

(1) 在标定锥砂质量、量砂密度或进行试验时，灌砂筒内的量砂均避免振动、摇晃等。

(2) 在进行标定罐容积标定时，罐外的水一定要擦干。

附表 2-2　　　　　　　　　密度试验记录（灌砂法）

工程名称：__________　　　　试 验 者：__________

土样说明：__________　　　　计 算 者：__________

试验日期：__________　　　　校 核 者：__________

砂的密度：__________ g/cm³　　　　锥砂质量：__________ g

取 样 桩 号									
取样位置									
试洞中湿土样质量		g	m_1						
灌满试洞后剩余砂的质量		g	m_4						
试洞内砂的质量		g	m_b						
湿密度		g/cm³	ρ						
含水量测定	盒号								
	盒加湿土质量	g							
	盒加干土质量	g							
	盒质量	g							
	干土质量	g							
	水分质量	g	ρ_d						
	含水量	%							
干密度		g/cm³							

（3）试验时，在凿洞过程中，应注意不使凿出的试样丢失，并随时将凿松的试样取出，放在已知质量的密封容器内，防止水分丢失。

（4）若量砂的湿度已发生变化或量砂中混有杂质，则应将量砂重新烘干、过筛，并放置一段时间，使其与空气的湿度达到平衡后再用。

实训任务三　界限含水率试验——液限、塑限联合测定法

一、试验目的

测定黏性土的液限 ω_L 和塑限 ω_P，并由此计算塑性指数 I_P、液性指数 I_L，进行黏性土的定名及判别黏性土的软硬程度。

二、试验原理

液限、塑限联合测定法是根据圆锥仪的圆锥入土深度与其相应的含水率在双对数坐标上具有线性关系的特性来进行的。利用圆锥质量为 76g 的液塑限联合测定仪测得土在不同含水率时的圆锥入土深度，并绘制其关系直线，在上查得圆锥下沉深度为 17mm 所对应的含水率即为液限，查得圆锥下沉深度为 2mm 所对应的含水率即为塑限。

三、试验设备

（1）液塑限联合测定仪：如附图 2-1 所示，有电磁吸锥、测读装置、升降支座等，圆锥质量 76g，锥角 30°，试样杯等。

（2）天平：称量 200g，分度值 0.01g。

（3）其他：刮土刀、不锈钢杯、凡士林、称量盒、烘箱、干燥器等。

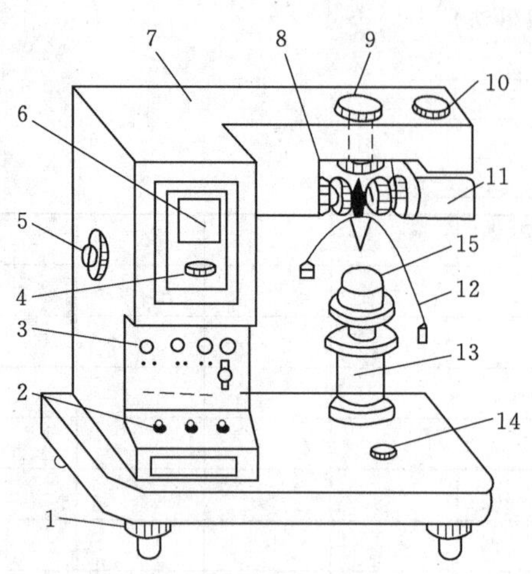

附图 2-1　光电式液塑限联合测定仪结构示意图

1—水平调节螺钉；2—控制开关；3—指示灯；4—零线调节螺钉；5—反光镜调节螺钉；6—屏幕；7—机壳；8—物镜调节螺钉；9—电池装置；10—光源调节螺钉；11—光源装置；12—圆锥仪；13—升降台；14—水平泡；15—盛土杯

四、操作步骤

(1) 土样制备：当采用风干土样时，取通过 0.5mm 筛的代表性土样约 200g，分成三份，分别放入不锈钢杯中，加入不同数量的水，然后按下沉深度为 4～5mm、9～11mm、15～17mm 范围制备不同稠度的试样。

(2) 装土入杯：将制备的试样调拌均匀，填入试样杯中，填满后用刮土刀刮平表面，然后将试样杯放在联合测定仪的升降座上。

(3) 接通电源：在圆锥仪锥尖上涂抹一薄层凡士林，接通电源，使电磁铁吸住圆锥。

(4) 测读深度：调整升降座，使锥尖刚好与试样面接触，切断电源使电磁铁失磁，圆锥仪在自重下沉入试样，经 5s 后测读圆锥下沉深度。

(5) 测含水率：取出试样杯，测定试样的含水率。重复以上步骤，测定另两个试样的圆锥下沉深度和含水率。

五、试验注意事项

(1) 土样分层装杯时，注意土中不能留有空隙。

(2) 每种含水率设三个测点，取平均值作为这种含水率所对应土的圆锥入土深度，如三点下沉深度相差太大，则必须重新调试土样。

六、计算及绘图

(1) 计算各试样的含水率。

$$\omega=\frac{m_{\mathrm{w}}}{m_{\mathrm{s}}}\times 100\%=\frac{m_1-m_2}{m_2-m_0}\times 100\%$$

(2) 以含水率为横坐标，圆锥下沉深度为纵坐标，在双对数坐标纸上绘制关系曲线，三点连一直线（如附图 2-2 中的 A 线）。当三点不在一直线上，可通过高含水率的一点与另两点连成两条直线，在圆锥下沉深度为 2mm 处查得相应的含水率。当两个含水率的差值不小于 2%时，应重做试验。当两个含水率的差值小于 2%时，用这两个含水率的平均值与高含水率的点连成一条直线（如附图 2-2中的 B 线）。

(3) 在圆锥下沉深度与含水率的关系上，查得下沉深度为 17mm 所对应的含水率为液限；查得下沉深度为 2mm 所对应的含水率为塑限。

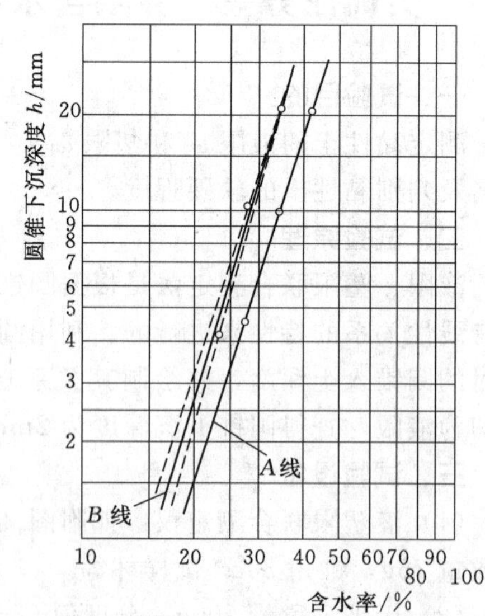

附图 2-2　圆锥入土深度与含水率关系

七、试验记录（附表 2－3）

附表 2－3　　液限、塑限联合试验记录表

工程名称：＿＿＿＿＿＿　　试验者：＿＿＿＿＿＿

工程编号：＿＿＿＿＿＿　　记录者：＿＿＿＿＿＿

试验日期：＿＿＿＿＿＿　　校核者：＿＿＿＿＿＿

试样编号	圆锥下沉深度/mm	盒号	湿土质量/g	干土质量/g	含水率/%	液限/%	塑限/%	塑性指数
①	②	③	④	⑤	⑥	⑦	⑧	⑨

实训任务四　直接剪切试验——快剪法

一、试验目的

直接剪切试验是测定土的抗剪强度的一种常用方法。通常采用四个试样为一组，分别在不同的垂直压力 σ 下，施加水平剪应力进行剪切，求得破坏时的剪应力 τ，然后根据库仑定律确定土的抗剪强度参数内摩擦角 φ 和黏聚力 c。直剪试验分为快剪（Q）、固结快剪（CQ）和慢剪（S）三种试验方法。在教学中可采用快剪法。

二、试验原理

快剪试验是在试样上施加垂直压力后立即快速施加水平剪切力，以 0.8～1.2mm/min 的速率剪切，一般使试样在 3～5min 内被剪破。快剪法适用于测定黏性土天然强度。

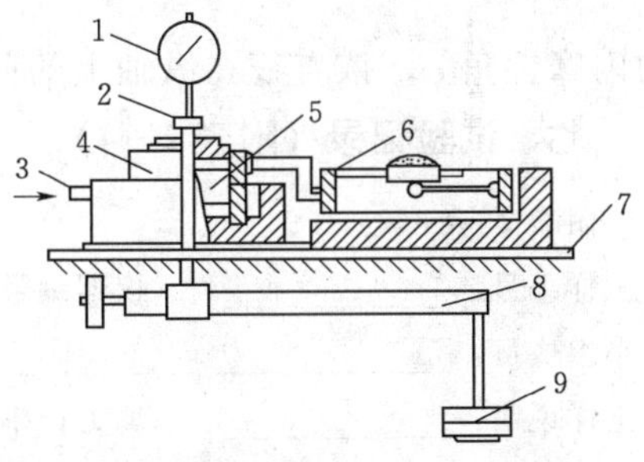

图 2－3　应变控制式直接剪切仪结构示意图

1—垂直变形百分表；2—垂直加压框架；3—推动座；4—剪切盒；5—试样；6—测力计；7—台板；8—杠杆；9—砝码

三、仪器设备

（1）应变控制式直接剪切仪：如附图 2－3 所示，有剪切盒、垂直加压框架、测力计及推动机构等。

（2）其他：量表、砝码等。

四、试验步骤

（1）切取试样。按工程需要用环刀切取一组试样，至少四个，并测定试样的密度及含水率。如试样需要饱和，可对试样进行抽气饱和。

（2）安装试样。对准上下盒，插入固定销钉。在下盒内放入一透水石，上覆隔水蜡纸一张。将装有试样的环刀平口向下，对准剪切盒，试样上放隔水蜡纸一张，再放上透水石，将试样徐徐推入剪切盒内，移去环刀。

（3）施加垂直压力。转动手轮，使上盒前端钢珠刚好与测力计接触，调整测力计中的量表读数为零。顺次加上盖板、钢珠压力框架。每组四个试样，分别在四种不同的垂直压力下进行剪切。在教学上，可取四个垂直压力分别为100kPa、200kPa、300kPa和400kPa。

(4) 进行剪切。施加垂直压力后，立即拔出固定销钉，开动秒表，以4～6r/min的均匀速率旋转手轮（在教学中可采用6r/min），使试样在3～5min内被剪破。如测力计中的量表指针不再前进，或有显著后退，表示试样已经被剪破。但一般宜剪至剪切变形达4mm。若量表指针仍继续增加，则剪切变形应达6mm为止。手轮每转一圈，同时测记测力计量表读数，直到试样被剪破为止。

(5) 拆卸试样。剪切结束后，吸去剪切盒中的积水，倒转手轮，尽快移去垂直压力、框架、上盖板，取出试样。

五、试验注意事项

(1) 先安装试样，再装量表。安装试样时要用透水石把土样从环刀推进剪切盒里，试验前量表中的大指针调至零。

(2) 加荷时，不要摇晃砝码；剪切时要拔出销钉。

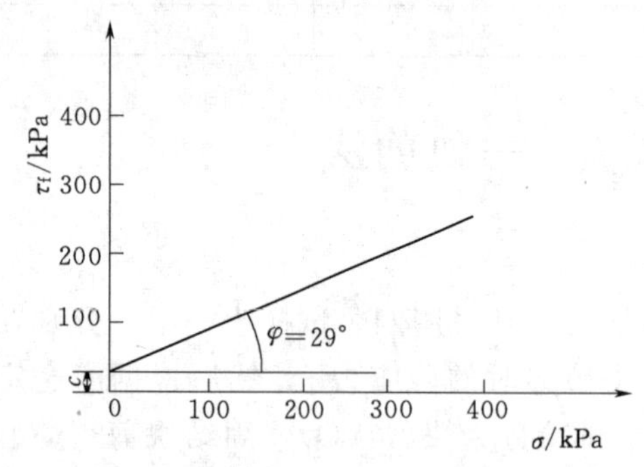

附图2-4　$\tau_f-\sigma$关系曲线

六、计算及绘图

(1) 按下式计算各级垂直压力下所测的抗剪强度：

$$\tau_f = CR$$

式中　τ_f——土的抗剪强度，kPa；

C——测力计率定系数，N/0.01mm；

R——测力计量表读数，0.01mm。

(2) 绘制$\tau_f-\sigma$曲线。以垂直压力σ为横坐标，以抗剪强度τ_f为纵坐标，纵横坐标必须同一比例，根据各点绘制$\tau_f-\sigma$关系曲线，该直线的倾角为土的内摩擦角φ，该直线在纵轴上的截距为土的黏聚力c，如附图2-4所示。

七、试验记录（附表2-4）

附表2-4　　直接剪切试验记录表

土样编号：＿＿＿＿＿　仪器编号：＿＿＿＿＿　试验方法：＿＿＿＿＿

小组成员：＿＿＿＿＿＿＿＿＿＿＿＿＿　记 录 者：＿＿＿＿＿

土样说明：＿＿＿＿＿　测力计率定系数：＿＿＿＿＿　校 核 者：＿＿＿＿＿

实验室温度：＿＿＿＿＿℃　手轮转数：＿＿＿＿＿　试验日期：＿＿＿＿＿

仪器编号	垂直压力 σ/kPa	测力计读数 R/0.01mm	抗剪强度 τ_f/kPa

实训任务五　击　实　试　验

一、试验目的

在击实方法下测定土的最大干密度和最优含水率，是控制路堤、土坝和填土地基等密实度的重要指标。

二、试验原理

土的压实程度与含水率、压实功能和压实方法有密切的关系。当压实功能和压实方法不变时，土的干密度随含水率增加而增大，当干密度达到某一最大值后，含水率继续增加反而使干密度减小，能使土达到最大密度的含水率，称为最优含水率 ω_{op}，与其相应的干密度称为最大干密度 ρ_{dmax}。

三、仪器设备

(1) 击实仪：如附图 2-5 所示，锤质量 2.5kg，筒高 116mm，体积 947.4cm^3。

(2) 天平：称量 200g，分度 0.01g。

(3) 台秤：称量 10kg，分度值 5g。

(4) 筛：孔径 5mm。

(5) 其他：喷水设备、碾土器、盛土器、推土器、修土刀等。

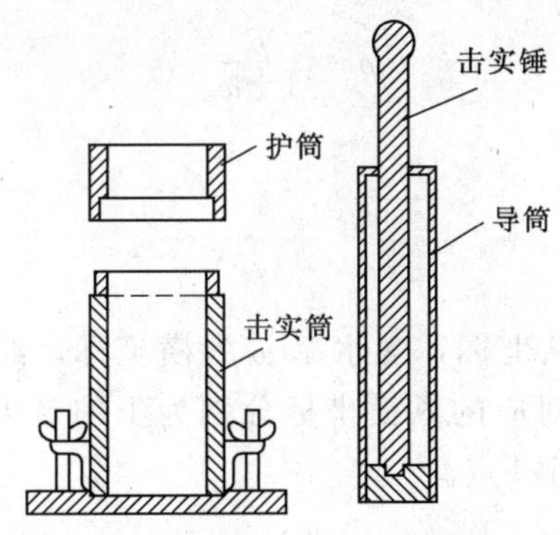

附图 2-5　击实仪示意

四、操作步骤

(1) 制备土样。取代表性风干土样，放在橡皮板上用木碾碾散，过 5mm 筛，土样量不少于 20kg。

(2) 加水拌和：预定 5 个不同含水率，依次相差 2%，其中有 2 个大于最优含水率，两个小于最优含水率。

所需加水量按下式计算：

$$m_w = \frac{m_{w0}}{1+\omega_0}(\omega - \omega_0)$$

式中　m_w——所需加水质量，g；

m_{w0}——风干含水率时土样的质量，g；

ω_0——土样的风干含水率，%；

ω——预定达到的含水率，%。

按预定含水率制备试样，每个试样取 2.5kg，平铺于不吸水的平板上，用喷水设备向土样均匀喷洒预定的加水量，并均匀拌和。

(3) 分层击实。取制备好的试样 600～800g，倒入筒内，整平表面，击实 25 次，每层击实后土样约占击实筒容积的 1/3。击实时，击锤应自由落下，锤迹须均匀分布于土面。重复上述步骤，进行第二、第三层的击实。击实后试样略高出击实筒（不得大于 6mm）。

(4) 称土质量。取下套环，齐筒顶细心削平试样，擦净筒外壁，称土质量，准确至 0.1g。

(5) 测含水率。用推土器推出筒内试样，从试样中心处取 2 个各 15～30g 土测定含水率，平行差值不得超过 1%。按步骤(2)～(4) 进行其他不同含水率试样的击实试验。

五、试验注意事项

(1) 试验前，击实筒内壁要涂一层凡士林。

(2) 击实一层后，用刮土刀把土样表面刨毛，使层与层之间压密，同理，其他两层也是如此。

(3) 如果使用电动击实仪，则必须注意安全。打开仪器电源后，手不能接触击实锤。

六、计算及绘图

(1) 按下式计算干密度：

$$\rho_d = \frac{\rho}{1+\omega}$$

式中 ρ_d——干密度，g/cm^3；

ρ——湿密度，g/cm^3；

ω——含水率，%。

(2) 绘图。以干密度 ρ_d 为纵坐标，含水率 ω 为横坐标，绘制干密度与含水率关系曲线（附图 2-6）。曲线上峰值点所对应的纵横坐标分别为土的最大干密度和最优含水率。如曲线不能绘出准确峰值点，应进行补点。

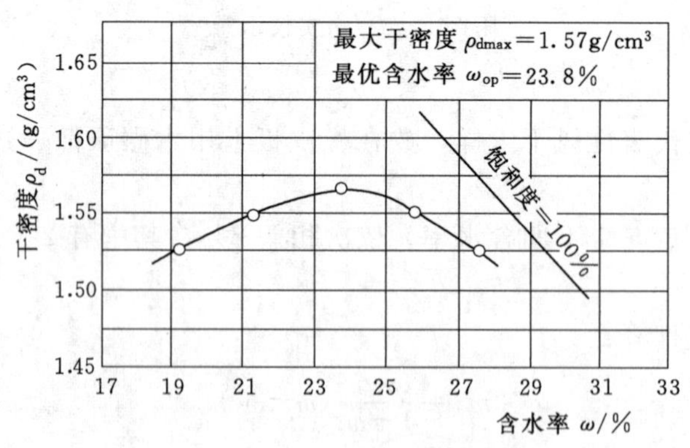

附图 2-6 $\rho_d-\omega$ 关系曲线

七、试验记录（附表 2-5）

附表 2－5

击实试验记录表

工程编号：________　土 粒 比 重：________　试验者：________

土样编号：________　每 层 击 数：________　计算者：________

仪器编号：________　风干含水率：________　校核者：________

土样类别：________　试 验 日 期：________

试验序号	干密度					含水率							
	筒加土质量/g	筒质量/g	湿土质量/g	密度/(g/cm³)	干密度/(g/cm³)	盒号	盒加湿土质量/g	盒加干土质量/g	盒质量/g	湿土质量/g	干土质量/g	含水率/%	平均含水率/%
	(1)	(2)	(3)	(4)	(5)		(6)	(7)	(8)	(9)	(10)	(11)	(12)
			(1)－(2)	$\frac{(3)}{V}$	$\frac{(4)}{1+0.01(12)}$					(5)－(8)	(7)－(8)	$\left[\frac{(9)}{(10)}-1\right]\times 100$	
最大干密度		g/cm³		最优含水率		%	校正后的最大干密度			g/cm³	校正后的最优含水率		%

实训任务六 快速法固结试验

一、试验目的

测定试样在侧限与轴向排水条件下的压缩变形 Δh 和荷载 p 的关系，以便计算土的单位沉降量 s_1、压缩系数 a_v 和压缩模量 E_s 等。

二、试验原理

土的压缩性主要是由孔隙体积减小而引起的。在饱和土中，水具有流动性，在外力作用下沿着土中孔隙排出，从而引起土体积减小而发生压缩，试验时由于金属环刀及刚性护环所限，土样在压力作用下只能在竖向产生压缩，而不可能产生侧向变形，故称为侧限压缩。

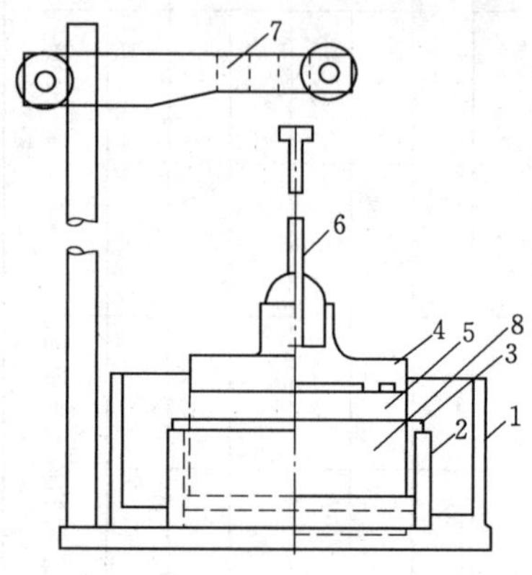

附图 2－7 固结仪示意图
1—水槽；2—护环；3—环刀；4—加压上盖；5—透水石；6—量表导杆；7—量表架；8—试样

三、仪器设备

(1) 固结仪：如附图 2－7 所示，试样面积 $30cm^2$，高 2cm。

(2) 量表：量程 10mm，最小分度 0.01mm。

(3) 其他：刮土刀、电子天平、秒表。

四、操作步骤

(1) 切取试样。用环刀切取原状土样或制备所需状态的扰动土样。

(2) 测定试样密度。取削下的余土测定含水率，需要时对试样进行饱和。

(3) 安放试样。将带有环刀的试样安放在压缩容器的护环内，并在容器内顺次放上底板、湿润的滤纸和透水石各一，然后放入加压导环和传压板。

(4) 检查设备。检查加压设备是否灵敏，调整杠杆使之水平。

(5) 安装量表。将装好试样的压缩容器放在加压台的正中，将传压钢珠与加压横梁的凹穴相连接。然后装上量表，调节量表杆头使其可伸长的长度不小于 8mm，并检查量表是否灵活和垂直（在教学试验中，学生应先练习量表读数）。

(6) 施加预压。为确保压缩仪各部位接触良好，施加 1kPa 的预压荷重，然后调整量表读数至零处。

(7) 加压观测。

1) 荷重等级一般为 50kPa、100kPa、200kPa 和 400kPa。

2) 如系饱和试样，应在施加第一级荷重后，立即向压缩容器注满水。如系非饱和试样，需用湿棉纱围住加压盖板四周，避免水分蒸发。

3) 压缩稳定标准规定为每级荷重下压缩 24h，或量表读数每小时变化不大于 0.005mm 认为稳定（教学试验可另行假定稳定时间）。测记压缩稳定读数后，施加第二级荷重。依次逐级加荷至试验结束。

4) 试验结束后迅速拆除仪器各部件，取出试样，必要时测定试验后的含水率。

五、试验注意事项

(1) 先装好试样，再安装量表。在装量表的过程中，小指针需调至整数位，大指针调至

零，量表杆头要有一定的伸缩范围，固定在量表架上。

（2）加荷时，应按顺序加砝码；试验中不要震动实验台，以免指针产生移动。

六、计算及绘图

（1）按下式计算试样的初始孔隙比：

$$e_0=\frac{d_s\rho_w(1+0.01\omega_0)}{\rho_0}-1$$

式中　d_s——土粒比重；

ρ_w——水的密度，g/cm³；

ω_0——试样起始含水率，%；

ρ_0——试样起始密度，g/cm³。

（2）按下式计算各级荷重下压缩稳定后的孔隙比 e_i：

$$e_i=e_0-(1+e_0)\frac{\sum\Delta h_i}{h_0}$$

式中　$\sum\Delta h_i$——在某一荷重下试样压缩稳定后的总变形量，其值等于该荷重下压缩稳定后的量表读数减去仪器变形量之差，mm；

h_0——试样起始高度，即环刀高度，mm。

（3）绘制压缩曲线。以孔隙比 e 为纵坐标、压力 p 为横坐标，绘制孔隙比与压力的关系曲线，如附图 2－8 所示。并求出压缩系数 a_v 与压缩模量 E_s。

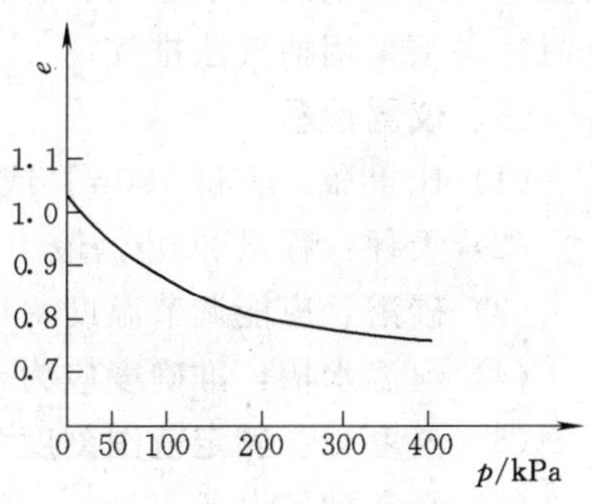

附图 2－8　$e-p$ 关系曲线

七、试验记录（附表 2－6）

附表 2－6　　固结试验记录表（快速法）

工程名称：＿＿＿＿　土样面积：＿＿＿＿　试验者：＿＿＿＿

土样编号：＿＿＿＿　起始孔隙比：＿＿＿＿　计算者：＿＿＿＿

试验日期：＿＿＿＿　起始高度：＿＿＿＿　校核者：＿＿＿＿

试样初始高度：$h_0=$　　　mm　　试样初始孔隙比：$e_0=$

$K=(h_n)_T/(h_n)_t=$

加压历时 /h	压力 /kPa	校正前试样总变形量 /mm	校正后试样总变形量 /mm	压缩后试样高度 /mm	孔隙比
	(p)	$(h_i)_t$	$\sum\Delta h_t=K(h_i)_t$	$h=h_0-\sum\Delta h_i$	$e_i=e_0-(1+e_0)\frac{\sum\Delta h_i}{h_0}$

$a_{1-2}=$＿＿＿＿＿＿(MPa⁻¹)　　$E_s=$＿＿＿＿＿＿(MPa)

因此，该土为＿＿＿＿＿＿（高、中、低）压缩性土

实训任务七　土的相对密度

土的相对密度是试样在105～110℃下烘至恒重时，土粒质量与同体积4℃时的水质量的比值。

一、试验目的

测定土的相对密度，它是土的物理性质基本指标之一，为计算土的孔隙比、饱和度以及其他土的物理力学试验（如颗粒分析的比重计法试验、压缩试验等）提供必需的数据。

二、试验方法

通常采用比重瓶法测定粒径小于5mm的颗粒组成的各类土。用比重瓶法测定土粒体积时，必须注意所排出的液体体积能代表固体颗粒的实际体积。土中含有的气体，试验时必须把它排尽，否则会影响测试精度。可用沸煮法或抽气法排出土内气体，所用的液体为纯水。若土中含有大量的可溶盐类、有机质、胶粒时，则可用中性溶液，如煤油、汽油、甲苯等，此时，必须采用抽气法排气。

三、仪器设备

（1）比重瓶：容量100mL或50mL，分长径和短径两种。

（2）天秤：称量200g，最小分度值0.001g。

（3）砂浴：应能调节温度（可调电加热器）。

（4）恒温水槽：准确度应为±1℃。

（5）温度计：测定范围刻度为0～50℃，最小分度值为0.5℃。

（6）真空抽气设备。

（7）其他：烘箱、纯水、中性液体、小漏斗、干毛巾、小洗瓶、磁钵及研棒、孔径为2mm及5mm筛、滴管等。

四、操作步骤

（1）试样制备。取有代表性的风干土样约100g，碾散并全部过5mm筛。将过筛的风干土及洗净的比重瓶在105～110℃下烘干，取出后置于干燥器内冷却至室温称量后备用。

（2）将比重瓶烘干，冷却后称得瓶的质量。

（3）称烘干试样15g（当用50mL的比重瓶时，称烘干试样10g）经小漏斗装入100mL比重瓶内，称得试样和瓶的质量，准确至0.001g。

（4）为排出土中空气，将已装有干试样的比重瓶注入半瓶纯水，稍加摇动后放在砂浴上煮沸排气。煮沸时间自悬液沸腾时算起，砂土应不少于30min，黏土、粉土不得少于1h。煮沸后应注意调节砂浴温度，比重瓶内悬液不得溢出瓶外。然后，将比重瓶取下冷却。

（5）将事先煮沸并冷却的纯水（或排气后的中性液体）注入装有试样悬液的比重瓶中，如用长颈瓶，用滴管注水恰至刻度处，擦干瓶内、外刻度上的水，称瓶、水、土总质量。如用短颈比重瓶，将纯水注满瓶塞紧瓶塞，使多余水分自瓶塞毛细管中溢出。将瓶外水分擦干后，称比重瓶、水和试样总质量，准确至0.001g。然后立即测出瓶内水的温度，准确至0.5℃。

（6）根据测得的温度，从已绘制的温度与瓶、水总质量关系曲线中查得各试验比重瓶、水总质量。

（7）用中性液体代替纯水测定可溶盐、黏土矿物或有机质含量较高的土的土粒密度时，

常用真空抽气法排出土中空气。抽气时间一般不得少于 1h，直至悬液内无气泡逸出为止，其余步骤同前。

五、注意事项

(1) 用中性液体，不能用煮沸法。

(2) 煮沸（或抽气）排气时，必须防止悬液溅出瓶外，火力要小，并防止煮干。必须将土中气体排尽，否则影响试验成果。

(3) 必须使瓶中悬液与纯水的温度一致。

(4) 称量必须准确，必须将比重瓶外水分擦干。

(5) 若用长颈式比重瓶，液体灌满比重瓶时，液面位置前后几次应一致，以弯液面下缘为准。

(6) 本试验必须进行两次平行测定，两次测定的差值不得大于 0.02，取两次测值的平均值，精确至 0.01g/cm³。

六、计算公式

土粒相对密度 d_s 应按下式计算：

$$d_s=\frac{m_d}{m_{bw}+m_d-m_{bws}}G_{iT}$$

式中 m_d——试样的质量，g；

m_{bw}——比重瓶、水总质量，g；

m_{bws}——比重瓶、水、试样总质量，g；

G_{iT}——T℃时纯水或中性液体的相对密度。

不同温度时水的密度见附表 2-7，中性液体的相对密度应实测，称量准确至 0.001g。

附表 2-7　不同温度时水的密度

水温/℃	4～5	6～15	16～21	22～25	26～28	29～32	33～35	36
水的密度/(g/cm³)	1.000	0.999	0.998	0.997	0.996	0.995	0.994	0.993

七、试验记录（附表 2-8）

附表 2-8　比重瓶法测定土的试验记录

工程名称：________　试验者：________

土样编号：________　计算者：________

试验日期：________　校核者：________

试样编号	比重瓶号	温度/℃	液体相对密度查表	比重瓶质量/g	干土质量/g	瓶+液体质量/g	瓶+液体+干土总质量/g	与干土同体积的液体质量/g	相对密度	平均值
		①	②	③	④	⑤	⑥	⑦	⑧	⑨

实训任务八 渗透试验

渗透系数是土的重要力学指标之一，它将用来分析堤坝、基坑开挖边坡的渗透稳定性，也是确定堤坝断面，计算堤坝和地基渗透流量的重要参数。

土的渗透系数和许多因素有关，除了土质因素外，还与试验条件（如水力坡降、土体饱和程度、试验用水处理及温度、所用仪器设备及试验方法的选择等）有关。本实训主要介绍在常水头用70型渗透仪测定土的渗透系数。

试验用水应采用实际作用于土体的天然水，如有困难允许用蒸馏水或一般经过滤的清水。试验用水必须在试验前用抽气法或煮沸法进行脱气。

一、常水头渗透试验

本试验适用于渗透性大的土（$K>10^{-3}$ cm/s），如砾石和砂土，试验采用的纯水，应在试验前用抽气法或煮沸法脱气。试验时的水温，宜高于室温3～4℃。

1. 试验目的

本试验的目的是测定砂性土的渗透系数。

2. 试验设备和仪器

常水头渗透仪装置：由金属封底圆筒、金属孔板、滤网、测压管和供水瓶组成，如附图2-9所示。金属圆筒内径为10cm，高40cm。当使用其他尺寸的圆筒时，圆筒内径应大于试样最大粒径的10倍。其他附属设备还有木击锤、秒表、天平、温度计等。

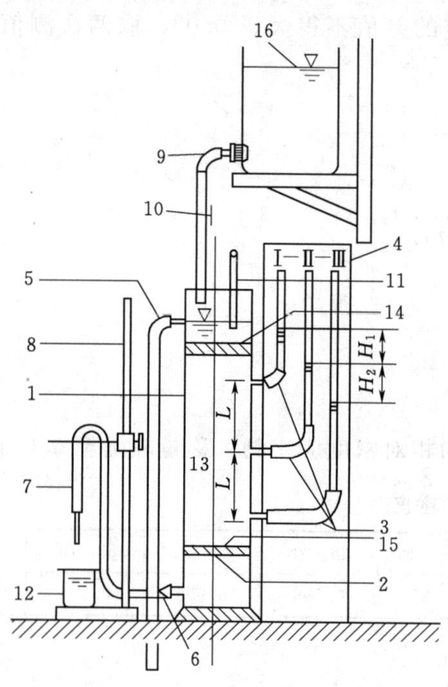

附图2-9 常水头（70型）渗透仪装置

1—金属圆筒；2—金属孔板；3—测压孔；4—测压管；5—溢水孔；6—渗水孔；7—调节管；8—滑动支架；9—供水管；10—止水夹；11—温度计；12—量杯；13—试样；14—砾石层；15—铜丝筛布滤网；16—供水瓶

3. 试验原理和计算公式

达西定律是水在土中渗透的基本定律，表明渗透速度与水力坡降呈线性关系，比例系数K即水力坡降$i=1$时的渗透速度，称为渗透系数，它是表示土的渗透性强弱的指标，试验中的计算公式均由达西定律导出。

（1）按下式计算试样的干密度ρ_d及孔隙比e：

$$m_s=\frac{m}{1+0.01\omega},\quad \rho_d=\frac{m_s}{Ah},\quad e=\frac{\rho_w d_s}{\rho_d}-1$$

式中 m_s——试样干质量，g；

m——风干试样总质量，g；

ω——风干含水率，%；

ρ_d——试样干密度，g/cm³；

ρ_w——水的密度，可近似取1g/cm³；

A——试样断面积，cm^2；

h——试样高度，cm；

e——试样孔隙比；

d_s——土粒比重。

（2）按下式计算渗透系数 k_t 及 k_{20}：

$$k_t=\frac{QL}{AHt},\quad k_{20}=k_t\frac{\eta_t}{\eta_{20}}$$

式中　k_t——水温 t℃时试样的渗透系数，cm/s；

Q——时间 t s 内的渗透水量，cm^3；

L——两侧压孔中心间的试样高度，10cm；

H——平均水位差，cm；

t——时间，s；

k_{20}——水温为20℃时试样的渗透系数，cm/s；

η_t——t℃水的动力黏滞系数，Pa·s；

η_{20}——20℃水的动力黏滞系数，Pa·s，η_t/η_{20} 与温度的关系见附表2-9。

附表2-9　η_t/η_{20} 与温度的关系

温度/℃	5.0	5.5	6.0	6.5	7.0	7.5	8.0	8.5	9.0	9.5	10.0	10.5	11.0
η_t/η_{20}	1.50	1.48	1.46	1.44	1.41	1.39	1.37	1.35	1.33	1.32	1.30	1.28	1.26
温度/℃	11.5	12.0	12.5	13.0	13.5	14.0	14.5	15.0	15.5	16.0	16.5	17.0	17.5
η_t/η_{20}	1.24	1.23	1.21	1.19	1.18	1.16	1.15	1.13	1.12	1.10	1.09	1.08	1.07
温度/℃	18.0	18.5	19.0	19.5	20.0	20.5	21.0	21.5	22.0	22.5	23.0	24.0	25.0
η_t/η_{20}	1.05	1.04	1.03	1.01	1.00	0.99	0.98	0.96	0.95	0.94	0.93	0.91	0.89
温度/℃	26.0	27.0	28.0	29.0	30.0	31.0	32.0	33.0	34.0	35.0			
η_t/η_{20}	0.87	0.85	0.83	0.82	0.80	0.78	0.77	0.75	0.74	0.72			

4. 试验步骤

（1）装好仪器，量测滤网至筒顶的高度，将调节器与供水管相连，从渗水孔向圆筒充水至水位略高于金属孔板，关止水夹。

（2）取具有代表性的风干试样3～4kg，称质量（精确至1.0g），测定其风干含水率。

（3）将试样分层装入仪器，每层厚2～3cm，用木槌轻轻击实，使其达一定厚度，以控制其孔隙比。第一层试样装好后，微开止水夹，使试样逐渐饱和，当水面与试样顶面齐平时，关止水夹。

（4）依上述步骤逐层装样，至试样高出测压孔3～4cm为止，在试样上端铺约2cm厚的砾石作缓冲层，并使水位上升至溢水孔有水溢出时，关止水夹。

（5）试样装好后，量测试样顶面至仪器上面的剩余高度，计算净高，称剩余试样质量（精确至1.0g），计算装入试样总质量。

（6）静置数分钟后，检查各测压管水位是否与溢水孔齐平，如不齐平，说明试样中或测压管接头处有集气阻隔，可用吸水球对水位低的管口吸水排气。

（7）提高调节管使其高于溢水孔，然后将调节管与供水管分开，并将供水管置于试样筒内，开止水夹，使水由上部注入筒内。

(8) 降低调节管口使其位于试样上部1/3处，造成水位差，水即渗过试样，经调节管流出。在渗透过程中，应调节供水管夹，使供水流量略多于渗出水量，溢水孔始终有些水溢出，以保持常水位。

(9) 测压管水位稳定后，记录其水位。开动秒表，同时用量筒接取一定时间的渗水量，并重复一次。接取渗水量时，调节管口不可没入水中。

(10) 测记进水与出水处的水温，取其平均值。

(11) 降低调节管口至试样中部及下部1/3处，以改变水力坡降，按步骤(8)～(10)重复进行测定。

5. 试验记录（附表2-10）

附表2-10　　常水头渗透实验记录表

工程名称：＿＿＿＿＿＿　试验者：＿＿＿＿＿＿　试样高度：＿＿＿＿＿＿
土样编号：＿＿＿＿＿＿　孔隙比 e：＿＿＿＿＿＿　试验日期：＿＿＿＿＿＿
测压孔间距：＿＿＿＿＿＿　计算者：＿＿＿＿＿＿

试验次数				1	2	3	4	5	6
经过时间/s		(1)							
测水压位管/cm	Ⅰ管	(2)							
	Ⅱ管	(3)							
	Ⅲ管	(4)							
水位差/cm	h_1	(5)	(2)－(3)						
	h_2	(6)	(3)－(4)						
	平均 h	(7)	(5)＋(6)/2						
水力坡降		(8)	0.1(7)						
渗透水量/cm³		(9)							
渗透系数/(cm/s)		(10)	(9)/[A(8)×(1)]						
平均水温/℃		(11)							
校正系数 η_t/η_{20}		(12)							
水温20℃渗透系数/(cm/s)		(13)	(10)×(12)						
平均渗透系数/(cm/s)									

根据计算的渗透系数，应取3～4个在允许差值范围内的数据的平均值，用以作为试样在该孔隙比下的渗透系数（允许差值不大于 2×10^{-n}）。

实训任务九　标准贯入试验

一、试验目的和适用范围

(1) 标准贯入试验是用(63.5±0.5)kg的穿心锤，以(0.76±0.02)m的自由落距，将一定规格尺寸的标准贯入器在孔底预打入土中0.15m，测记再打入0.30m的锤击数，称为标准贯入击数。

(2) 标准贯入试验的目的是用测得的标准贯入锤击数 N，判断砂土的密实程度或黏性土的稠度，以确定地基土的容许承载力；评定砂土的振动液化势和估计单桩的承载力；并可

确定土层剖面和取扰动土样进行一般物理性试验。

(3) 本规程适用于黏质土和沙质土。

二、仪器设备

1. 仪器设备

(1) 标准贯入器：采用 GB/T 12746—2007《土工试验仪器贯入仪》标准，由刃口形的贯入器靴、对开圆筒式贯入器身和贯入器头三部分组成。其机械要求和材料要求应符合 GB/T 15406—1994《岩土工程仪器基本参数及通用技术条件》的规定。具体规格见附表 2－11。其结构如附图 2－10 所示。

附表 2－11　　贯 入 器 规 格

贯入器靴	长度/mm	75
	刃口角度/(°)	18～20
	靴壁厚/mm	2.5
贯入器身	长度/mm	＞450
	外径/mm	51±1
	内径/mm	35±1
贯入器头	长度/mm	175

(2) 落锤（穿心锤）：质量为（63.5±0.5）kg 钢锤，应配有自动落锤装置，落距为(76±2)cm。

(3) 钻杆：直径 42mm，抗拉强度应大于 600MPa；轴线的直线度误差应小于 0.1%。

(4) 锤垫：承受锤击钢垫，附导向杆，两者总质量不超过 30kg 为宜。

2. 仪器设备的检定和校准

(1) 标准贯入器尺寸：用量程为 0～200mm、分度值为 0.1mm 的游标卡尺测量内、外径及靴壁厚；用钢直尺测量长度。当贯入器靴缺口或卷刃，单独缺口长度超过 5mm，或累计长度超过 12mm 时应更换。

(2) 应定期调整控制落距的器具，以保证落距的准确度。

(3) 定期检查钻杆的弯曲度（以使用总长度为标准），剔除弯曲杆及不符合同轴度的钻杆接头。

三、操作步骤

(1) 先用钻具钻至试验土层标高以上 0.15m 处，清除残土。清孔时应避免试验土层受到扰动。当在地下水位以下的土层进行试验时，应使孔内水位高于地下水位，以免出现涌砂和坍孔。必要时应下套管或用泥浆护壁。

(2) 贯入前应拧紧钻杆接头，将贯入器放入孔内，避免冲击孔底，注意保持贯入器、钻杆、导向杆连接后的垂直度。孔口宜加导向器，以保证穿心锤中心施力。

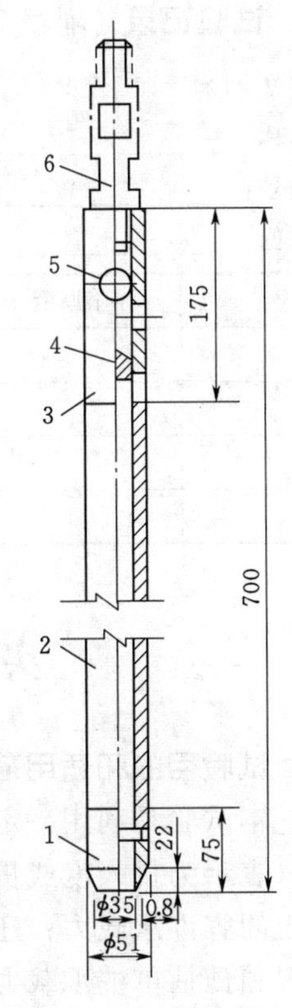

附图 2－10　标准贯入器结构图（单位：mm）

1—贯入器靴；2—贯入器身；3—贯入器头；4—钢球；5—排水孔；6—钻杆接头

注：贯入器放入孔内，测定其深度，要求残土厚度不大于0.1m。

（3）采用自动落锤法，将贯入器以每分钟15～30击打入土中0.15m后，开始记录每打入0.10m的锤击数，累计0.30m的锤击数为标准贯入击数N，并记录贯入深度与试验情况。若遇密实土层，贯入0.3m锤击数超过50击时，不应强行打入，记录50击的贯入深度。

（4）旋转钻杆，然后提出贯入器，取贯入器中的土样进行鉴别、描述、记录，并量测其长度。将需要保存的土样仔细包装、编号，以备试验之用。

（5）按步骤（1）～（4）进行下一深度的贯入试验，直到所需深度。

四、计算和制图

（1）用下式换算相应于贯入0.3m的锤击数N：

$$N=\frac{0.3n}{\Delta s}$$

式中 n——所选取贯入的锤击数；

Δs——对应锤击数为n的贯入深度。

注：根据用途及相应规范确定是否需要对N值修正。

（2）绘制击数（N）和贯入深度标高（H）关系曲线。

五、试验记录（附表2-12）

附表2-12　　标准贯入试验记录表

工程名称：＿＿＿＿＿　试验者：＿＿＿＿＿

钻孔编号：＿＿＿＿＿　孔口标高：＿＿＿＿＿　记录者：＿＿＿＿＿

地下水位：＿＿＿＿＿　日期：＿＿＿＿＿　校核者：＿＿＿＿＿

序号	浮土厚度/m	试验深度/m	灌入深度/m	锤击数n	描述

实训任务十　动力触探试验

一、试验目的和适用范围

（1）本试验是利用一定的落锤能量，将与触探杆相连接的探头打入土中。根据打入的难易程度（表示为贯入度或贯入阻力）来判断土的工程性质的一种原位测试方法。一般用于确定各类土的容许承载力；还可用于查明土层在水平和垂直方向上的均匀程度；确定桩基持力层的位置和预估单桩承载力。

（2）本试验根据锤击能量分为轻型、重型和超重型三种。轻型动力触探适用于一般黏质土及素填土；重型动力触探适用于中、粗、砾砂和碎石土；超重型触探适用于卵石、砾石类土。

（3）触探指标定义为每贯入一定深度所需的锤击数。轻型动力触探指每贯入0.30m所

需的锤击数，以 N_{10} 表示；重型和超重型动力触探指每贯入 0.10m 所需的锤击数，分别以 $N_{63.5}$ 和 N_{120} 表示。也可用动贯入阻力作为触探指标。

二、仪器设备

1. 仪器设备

（1）动力触探仪：由落锤、探头和触探杆（包括锤座和导向杆）组成，其规格见附表 2-13。

附表 2-13　　动力触探设备规格

设备类型		轻型	重型	超重型
落锤	质量 m/kg	10±0.2	63.5±0.5	120±1
	落距 H/m	0.50±0.02	0.76±0.02	100±0.02
探头	直径/mm	40	74	74
	截面积/cm^2	12.6	43	43
	圆锥角/(°)	60	60	60
触探杆	直径/mm	25	42.5	50～63
	每米质量/kg		<8	<12
	锥座质量/kg		10～15	

（2）重型和超重型动力触探设备须备有自动落锤装置。

（3）探头的尺寸如附图 2-11 和附图 2-12 所示。重型和超重型动力触探探头直径的最大允许磨损尺寸为 2mm；探头尖端的最大允许磨损尺寸为 5mm。

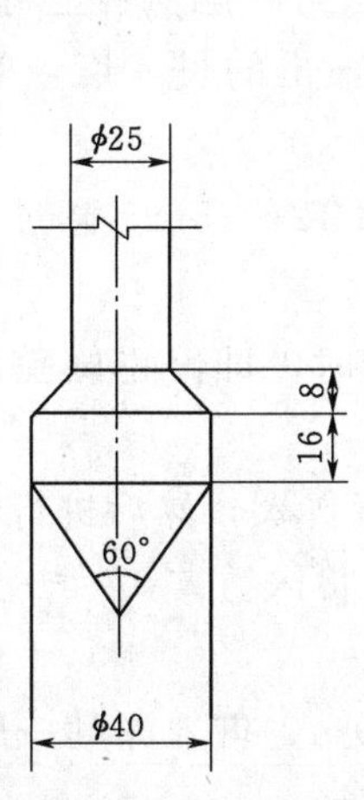

附图 2-11　轻型动力触探探头（单位：mm）

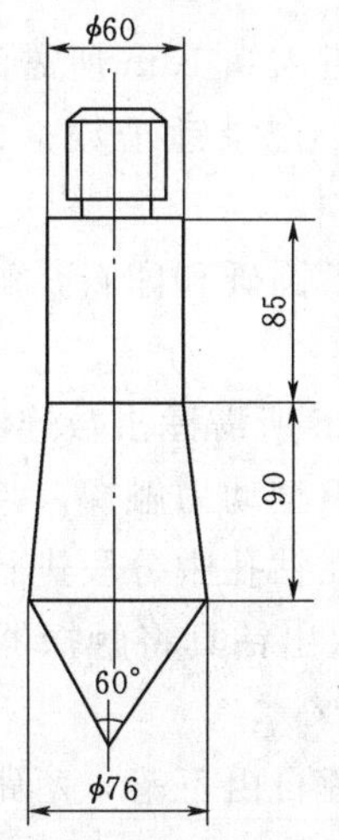

附图 2-12　重型、超重型动力触探探头（单位：mm）

（4）触探杆的接头应与触探杆具有相同的直径。每个接头的容许最大偏心为 0.2mm。

重型和超重型动力触探的锤座直径应小于 100mn，并不大于锤底面直径的一半。锤座、导向杆与触探杆的轴中心必须成一直线。锤座和导杆的总质量不应超过 30kg。

2. 仪器设备的检定和校准

（1）落锤的质量：应按产品生产厂规定的方法进行校准。

（2）探头尺寸：用分度值为 0.01mm 的卡尺进行检定。

（3）探杆接头偏心度应与探杆连接后在车床上校验。

三、操作步骤

1. 轻型动力触探

（1）先用轻便钻具钻至试验土层标高以上 0.3m 处，然后对所需试验土层连续进行触探。

（2）试验时，穿心锤落距为（0.50±0.02）m，使其自由下落。记录每打入土层中 0.30m 时所需的锤击数（最初 0.30m 可以不记）。

（3）若需描述土层情况，可将触探杆拔出，取下探头，换贯入器进行取样。

（4）如遇密实坚硬土层，当贯入 0.30m 所需锤击数超过 100 击或贯入 0.15m 超过 50 击时，即可停止试验。如需对下卧土层进行试验时，可用钻具穿透坚实土层后再贯入。

（5）本试验一般用于贯入深度小于 4m 的土层。必要时也可在贯入 4m 后用钻具将孔掏清后再继续贯入 2m。

2. 重型动力触探

（1）试验前将触探架安装平稳，使触探保持垂直地进行。垂直度的最大偏差不得超过 2%。触探杆应保持平直，连接牢固。

（2）贯入时，应使穿心锤自由下落，落锤落距为（0.76±0.02）m。地面上的触探杆的高度不宜过高，以免倾斜与摆动太大。

（3）锤击速率宜为每分钟 15～30 击。打入过程应尽可能连续，所有超过 5min 的间断都应在记录中予以注明。

（4）及时记录每贯入 0.10m 所需的锤击数。其方法可在触探杆上每隔 0.10m 划出标记，然后直接（或用仪器）记录锤击数；也可以记录每一阵击的贯入度，然后再换算为每贯入 0.10m 所需的锤击数。

（5）对于一般砂、圆砾和卵石，触探深度不宜超过 12～15m，超过该深度时，需考虑触探杆的侧壁摩阻影响。

（6）每贯入 0.10m 所需锤击数连续 3 次超过 50 击时，即停止试验。如需对土层继续进行试验时，可改用超重型动力触探。

（7）本试验也可在钻孔中分段进行。一般可先进行贯入，然后进行钻探直至动力触探所及深度以上 1m 处，取出钻具将触探器放入孔内再进行贯入。

3. 超重型动力触探

（1）贯入时穿心锤自由下落，落距为（100±0.02）m。贯入深度一般不宜超过 20m，超过该深度时，需考虑触探杆侧壁摩阻的影响。

（2）其他步骤可参照重型动力触探步骤（1）～（6）的规定进行。

四、计算与制图

（1）可按下列公式计算触探指标：

$$N_{63.5}=\frac{100}{e}$$

$$e=\frac{\Delta s}{n}$$

式中　$N_{63.5}$——每贯入 0.10m 所需的锤击数；超重型动力触探为 N_{120}；

e——每击贯入度，mm；

Δs——一阵击的贯入度，mm；

n——相应的一阵击锤击数；

100——单位换算系数。

（2）按下式计算动贯入阻力 q_d：

$$q_d = \frac{Q^2}{Q+q} \frac{H}{Ae} \times 1000$$

式中　q_d——动贯入阻力，kPa；

Q——落锤重，kN；

q——触探器，即被打入部分（包括探头、触探杆、锤座和导向杆）的重量，kN；

H——落距，m；

A——探头面积，m^2；

e——每击贯入度，mm；

1000——单位换算系数。

五、试验记录表（附表 2-14）

附表 2-14　　重型、超重型动力触探试验记录表

工程名称：________　孔　　号：________　试验者：________

工程地点：________　探杆直径：________　记录者：________

孔口标高：________　探杆质量：________　校核者：________

地下水位：________　锤座质量：________　日　期：________

触探杆总长 /m	触探深度 /m	一阵锤击数	贯入度 /mm	贯入 0.1m 锤击数	小层累计贯入度 /mm	小层平均锤击数	说明

参 考 文 献

[1] 王启亮，刘亚军．工程地质与土力学．北京：中国水利水电出版社，2014.

[2] 王启亮．工程地质与土力学．北京：中国水利水电出版社，2015.

[3] 吴玲洪．土力学与地基基础．郑州：黄河水利出版社，2012.

[4] 蒋红，张建隽．土力学与地基处理．北京：中国水利水电出版社，2013.

[5] GB 50007—2011 建筑地基基础设计规范．北京：中国建筑工业出版社，2011.

[6] GB/T 50123—1999 土工试验标准．北京：中国计划出版社，2000.

[7] SL 237—1999 土工试验规程．北京：中国水利水电出版社，1999.

[8] GB 50202—2013 建筑地基基础工程施工质量验收规范．北京：中国计划出版社，2013.

[9] SL 379—2017 水工挡土墙设计规范．北京：中国水利水电出版社，2017.